W0417333

STARK

ABITUR 2016

Original-Prüfungsaufgaben mit Lösungen

Chemie

Bayern

2011–2015

STARK

6. ergänzte Auflage
www.stark-verlag.de

Inhalt

Abituraufgaben 2011

Abituraufgaben 2012

Abituraufgaben 2013

Abituraufgaben 2014

Abituraufgaben 2015

Jeweils zu Beginn des neuen Schuljahres erscheinen die neuen Ausgaben der Abiturprüfungsaufgaben mit Lösungen.

Lösungen der Aufgaben:

Thomas Gerl

Vorwort

Liebe Schülerin, lieber Schüler,

das vorliegende Buch ermöglicht es Ihnen, sich effizient auf die Abiturprüfung im Fach Chemie vorzubereiten und dient Ihnen bereits während der Qualifizierungsphase als wertvolle Unterstützung bei der Festigung der im Unterricht erworbenen Kenntnisse.

Die **Hinweise und Tipps zum Abitur** helfen Ihnen dabei, sich mit den formalen Rahmenbedingungen für die schriftliche Abiturprüfung in Chemie vertraut zu machen. Sie erhalten Informationen über den Ablauf der Prüfung und über Struktur und Inhalt der Aufgaben. Zudem erhalten Sie nützliche Tipps zu den Anforderungsbereichen und den verwendeten Operatoren sowie zur Auswertung von Materialien, die Ihnen bei den Aufgaben begegnen werden.

Das Buch enthält das **offizielle Musterabitur** des Staatsinstituts für Schulqualität und Bildungsforschung (ISB) sowie die **Abiturprüfungen 2011** bis **2015**.

Zu allen Aufgaben wurden **ausführliche Lösungen** formuliert, die Ihnen dabei helfen, den Lösungsweg nachzuvollziehen. Die durch graue Rauten hervorgehobenen Bearbeitungshinweise bieten Ihnen wertvolle Tipps zum Lösungsansatz und wichtige Zusatzinformationen.

Sollten nach Erscheinen dieses Bandes noch wichtige Änderungen in der Abiturprüfung 2016 vom Kultusministerium bekannt gegeben werden, finden Sie aktuelle Informationen dazu im Internet unter:
www.stark-verlag.de/pruefung-aktuell

Viel Erfolg bei Ihrer Abiturprüfung!

Stichwortverzeichnis

Hinweise und Tipps zum Abitur

1 Ablauf der Prüfung

Alle Schülerinnen und Schüler, die sich für Chemie als schriftliches Abiturfach entschieden haben, schreiben ihre Abiturklausur am selben Tag. Landesweit erhalten die Schülerinnen und Schüler dieselben Prüfungsaufgaben. Die zentral gestellten Aufgaben gliedern sich in drei Blöcke A, B und C. Jeder Block besteht aus zwei Aufgaben zu je 40 Bewertungseinheiten. Der Lehrer wählt je eine Aufgabe aus dem Block A, dem Block B und dem Block C aus, die die Schüler dann bearbeiten. Für die Schülerinnen und Schüler gibt es keine Auswahlmöglichkeit, d. h. sie bearbeiten alle drei vom Lehrer ausgewählten Aufgaben. Jede Aufgabe umfasst dabei 40 Bewertungseinheiten, sodass die Schüler maximal 120 Bewertungseinheiten erreichen können.
Die Bearbeitungszeit beträgt für die Klausur 180 Minuten.
Als Hilfsmittel, die während der Abiturprüfung verwendet werden können, sind

- ein wissenschaftlicher, nicht programmierbarer Taschenrechner,
- ein Periodensystem,
- eine vom Staatsministerium für Unterricht und Kultus genehmigte naturwissenschaftliche Formelsammlung und
- ein deutsches Wörterbuch

zugelassen.

Aufbau der Prüfungsaufgaben

Die Inhalte der Prüfungsaufgabenblöcke sind nicht thematisch vorgegeben, d. h. mit großer Wahrscheinlichkeit werden innerhalb eines Aufgabenblockes Lerninhalte aus verschiedenen Semestern der Qualifizierungsphase abgeprüft. Zusätzlich können Inhalte zum Grundwissen der vorangegangenen Jahrgangsstufen Gegenstand der Abiturprüfung sein.
Folgende Aufgaben dieses Bandes beziehen sich auf Grundwissensinhalte vorangegangener Jahrgangsstufen: **ISB Musterabitur A 1/4 oder B 1/1.1, 2.2**
Eine Überschneidung der Themenbereiche zwischen dem A, B oder C-Teil der Abiturprüfung wird von den Aufgabenstellern vermieden.

2 Inhalte der Prüfungsaufgaben

Grundlage für die zentral gestellten schriftlichen Aufgaben der Abiturprüfung sind die verbindlichen Vorgaben der Lehrpläne für die gymnasiale Oberstufe aus dem Jahr 2009. Die Lehrpläne aller Fächer und Jahrgangsstufen lassen sich unter folgender Internetadresse abrufen:
http://www.isb-gym8-lehrplan.de/contentserv/3.1.neu/g8.de/index.php?StoryID=1
In der folgenden Tabelle finden Sie die fachspezifischen **Themenbereiche** des gültigen Lehrplans im Fach Chemie für das achtjährige Gymnasium und einen Verweis auf entsprechende Aufgabenbeispiele in diesem Buch.

Lehrplaninhalte	Aufgabenbeispiel
Jahrgangsstufe 11	
Aromatische Kohlenwasserstoffe	15/C1/1
• Benzol als Aromat: Eigenschaften, Verwendung, Umwelt- und Gesundheitsaspekte	13/C1/1.1, 15/C2/1.1, 1.2
• Mesomerie durch delokalisierte Elektronensysteme: Regeln zur Aufstellung von Grenzstrukturformeln, Mesomerieenergie	MA/B1/2.1, 14/C2/3
• Halogenierung als elektrophile Substitution	11/B1/2.2, C1/1.2, 13/C2/1.1, 14/C1/1
• Einfluss des Phenylrests auf die Acidität am Beispiel von Phenol und Anilin; Vergleich mit aliphatischen Alkoholen, Aminen und Carbonsäuren	13/B1/2
Struktur und Eigenschaften von Farbstoffen	
• strukturelle Voraussetzungen von Lichtabsorption und Farbigkeit: delokalisierte Elektronensysteme, Einfluss von Substituenten	11/B1/1.1, 12/A1, 13/A2/2.2, 14/C1/4, 15/C1/4.1, 4.2, 15/C2/3
• Naturfarbstoffe: Absorptionsspektrum von Chlorophyll	
• Azofarbstoffe als synthetische Farbstoffe: Struktur, Synthese (mit Mechanismus), Funktionsprinzip eines Indikators	13/C1/3, C2/2.1, 14/C2/5.1
• Färbeverfahren: Küpenfärbung am Beispiel des Indigo	11/B1/2.1
Struktur und Eigenschaften von Kunststoffen	
• Synthese von Polymeren:	
– radikalische Polymerisation	12/A2, 14/C1/5.1
– Polyaddition (Polyurethan)	
– Polykondensation (Polyamid, Polyester)	13/C1/2.1
• Struktur und Eigenschaften von Thermoplasten, Duroplasten und Elastomeren	MA/B1/3.1, 3.2, 12/A1, 13/C2/1.3
• Silikone und Carbonfasern als moderne Werkstoffe	11/C1/1.1, 15/B2/2.1
• Kunststoffabfall: Verbrennung, Verwertung, Vermeidung	11/C2/1.1, 1.2, 14/C2/4.2, 15/A1/2.3, A2/1.1

Fette und Tenside	15/C2/2.1
• Neutralfette als Triacylglycerine: gesättigte und ungesättigte Fettsäuren	13/B2/1.1
• physikalische Eigenschaften von Fetten: Schmelzbereich, Löslichkeit	12/B1
• Bedeutung als Nahrungsmittel (auch Fetthärtung), Energieträger und nachwachsende Rohstoffe	
• Verseifung von Fetten	MA/A1/3, 4, 13/B1/1.2
• Tenside: amphiphile Eigenschaften und Grenzflächenaktivität, Vergleich von Seifen und Alkylbenzolsulfonaten	11/B2/1.2, 1.3, 13/B2/2.1, 14/A2/3, 15/A1/1.1
Kohlenhydrate und Stereoisomerie	
Stereoisomerie	
• Molekülchiralität als Voraussetzung für optische Aktivität: Enantiomerie und Diastereomerie	13/A2/1.1, 15/B1/1.1, 1.2
• Fischer-Projektionsformeln; D- und L-Konfiguration an Beispielen	MA/A1/2.1; 2.2, 12/C1, 14/B2/1.2
Isomerie bei Monosacchariden	
• Kohlenhydrate als Polyhydroxycarbonylverbindungen; Fischer- und Haworth-Projektionsformeln	MA/B1/3.3, 11/A1/1.1, 1.2, 11/A2/1.1, 13/A1/1.1
• D-Glucose: Pyranosestruktur (nukleophile Addition); Mutarotation	12/C2, 15/B2/3.2.1
• D-Fructose: Furanosestruktur; Keto-Enol-Tautomerie	
Verknüpfungsprinzip bei Di- und Polysacchariden	
• Disaccharide: Maltose, Cellobiose, Saccharose; glykosidische Bindung; FEHLING-Probe und Silberspiegel-Probe	12/C1, 13/A2/1.2, 14/B1/4, 15/B2/3.2.2
• Polysaccharide: Stärke und Cellulose als Reserve- und Gerüstpolysaccharide; Zusammenhänge zwischen Molekülstruktur und Stoffeigenschaft	15/B2/3.1
Aminosäuren und Proteine	
Aminosäuren	
• Grundstruktur der α-Aminocarbonsäuren: Fischer-Projektionsformeln	13/B1/1.1.1
• Eigenschaften: Löslichkeit, Säure-Base-Eigenschaften; Zwitterionenstruktur	MA/A1/1.2.2, 11/A2/2, C1/2.3 14/A1/1, A2/2
• Prinzip der Elektrophorese, isoelektrischer Punkt	11/C2/2, 15/A2/2.3.3, 3

Peptide und Proteine • Peptidbindung: räumlicher Bau, Nachweisreaktionen für Peptide • Proteinstruktur: Von der Primär- zur Quartärstruktur • biologische Bedeutung	 13/B1/1.1.3 12/A2
Reaktionsgeschwindigkeit und Enzymkatalyse • zeitlicher Verlauf einer Reaktion, Ermittlung einer mittleren und einer momentanen Reaktionsgeschwindigkeit; Vorgänge auf Teilchenebene: Stoßtheorie • experimentelle Ableitung der Abhängigkeit der Reaktionsgeschwindigkeit von den Reaktionsbedingungen • Aktivierungsenergie und Katalyse • Enzyme: Substrat- und Wirkungsspezifität; Schlüssel-Schloss-Prinzip, Einfluss von Hemmstoffen • Abhängigkeit der Enzymaktivität von Substratkonzentration, Temperatur, pH-Wert, Schwermetallionen	MA/A1/1.1 MA/C1/3.1, 3.2 13/B1/1.3.1 14/A2/1.1 11/B2/2.2, 11/C1/2.2, C2/3, 12/B1, B2, 13/B1/1.3.2, 13/B2/1.2, 14/A1/2.1.1, 2.1.2, 15/A1/1.2, A2/2.3
Jahrgangsstufe 12 **Chemisches Gleichgewicht** • Aufgreifen von Grundwissen: reversible Reaktionen • dynamisches Gleichgewicht: Hin- und Rückreaktion • Massenwirkungsgesetz und Gleichgewichtskonstante K_c • Störung des Gleichgewichts; Prinzip von LE CHATELIER • technische Anwendung: Haber-Bosch-Verfahren • Entropie und Richtung chemischer Reaktionen	 15/B2/2.2 14/A2/1.2, B1/3.1, 15/B1/2.1 11/A1/2, 12/C2, 13/A1/1.1, 1.2, 13/A2/2.1, 14/A1/3.1, 15/B1/2.3
Protolysegleichgewichte • Aufgreifen von Grundwissen: Säure-Base-Definition nach Brönsted; korrespondierende Säure-Base-Paare • Ionenprodukt des Wassers und pH-Wert • Säure- und Basenstärke: pK_S- und pK_B-Wert • pH-Wert wässriger Lösungen starker und schwacher Säuren und Basen • Ermittlung und Interpretation von Titrationskurven: pK_S-Bestimmung durch Halbtitration, Auswahl geeigneter Indikatoren • Puffersysteme: Wirkungsweise und Bedeutung	MA/C1/1 11/B1/1.2 11/B2/2.1 12/A1, 13/B2/2.3, 15/C1/3.1, 3.2 14/A1/3.1, 3.2, 15/C2/4.2

Redoxgleichgewichte	
• Aufgreifen von Grundwissen: Donator-Akzeptor-Prinzip; korrespondierende Redoxpaare	15/B2/1.1
• galvanische Zelle: Leerlaufspannung als Potenzialdifferenz	13/A1/2.2
• Spannungsreihe: Standard-Wasserstoff-Halbzelle, Standardpotenziale	14/B2/2.1
• Konzentrationsabhängigkeit des Redoxpotenzials: Konzentrationszelle und NERNST'sche Gleichung	12/C2, 13/A2/2.3, 14/B1/2; 15/B1/1.2.2
• Elektrolyse: Zersetzungsspannung und Phänomen der Überspannung	MA/C1/2, 15/B2/1.2
• elektrochemische Energiequellen in Alltag und Technik: Batterie, Akkumulator, Brennstoffzelle	11/A1/3, A2/1.2
• Korrosion und Korrosionsschutz bei Metallen; Kontaktelement	11/C1/1.2, 13/A2/2.1

Ergänzende Hinweise zu den inhaltlichen Vorgaben

Zu den oben genannten Vorgaben müssen folgende Ergänzungen im Sinne einer Konkretisierung gemacht werden:

- Konstanten, die für Berechnungen benötigt und nicht in der physikalischen Formelsammlung aufgelistet sind, werden in den Materialien angegeben.
- Als bekannt vorausgesetzt werden chemische Größengleichungen, einschließlich der NERNST'schen Gleichung.
- Zur Erstellung eines Reaktionsmechanismus gehören Kenntnisse über den Ablauf der Reaktion in Einzelschritten sowie Belege über die Existenz von Zwischenprodukten.
- Messungen zur Konzentrationsermittlung von Metall- oder Oxoniumionen werden mit der Nernst-Gleichung ausgewertet.
- Die Kenntnis der HENDERSON-HASSELBALCH-Gleichung wird vorausgesetzt.
- Säure-Base-Titrationen werden sowohl zwischen starken Säuren und Basen als auch zwischen starken Säuren und schwachen Basen bzw. umgekehrt als bekannt vorausgesetzt.
- Kenntnisse über fotometrische Messungen bzw. Auswertungen werden nicht vorausgesetzt, gleichwohl müssen Zusammenhänge zwischen Absorption und Farbigkeit im Zusammenhang mit Spektren bekannt sein.

3 Leistungsanforderungen

3.1 Inhaltsbezogene Anforderungen

Die vom Lehrplan geforderten und in den inhaltlichen Schwerpunkten veröffentlichten thematischen Schwerpunkte werden als Basiswissen für die Abiturprüfung vorausgesetzt. Der Anspruch der Prüfungsaufgaben liegt jedoch nicht ausschließlich im Wiedergeben von lückenlosem Detailwissen, sondern in der Anwendung des von Ihnen erworbenen Fachwissens. Es soll überprüft werden, ob Sie Strukturen und Inhalte bisher unbekannter chemischer Sachverhalte erfassen können, diese dann mit dem eigenen Wissen zu verknüpfen vermögen und schließlich zu angemessenen Lösungen kommen. Die unbekannten Inhalte werden Ihnen als Materialien (z. B. in Form von Texten, Versuchsbeschreibungen, Diagrammen, Kurven, Abbildungen, Strukturausschnitten, Tabellen oder Skizzen) zur Prüfungsaufgabe vorgelegt. Diese Fähigkeiten, die über die Wiedergabe des reinen, angelernten Wissens hinausgehen, werden als **Kompetenzen** bezeichnet.

Dabei unterscheiden die Einheitlichen Prüfungsanforderungen für das Abitur im Fach Chemie folgende Kompetenzbereiche[1]

- Kompetenzbereich Fachwissen
  Die Prüflinge
  - nennen Fakten, Begriffe, Gesetze und Theorien zu Stoffumwandlungen,
  - erkennen die Zusammenhänge zwischen Struktur, Eigenschaften und Verwendung der Stoffe,
  - wenden Kenntnisse über Merkmale, Verlauf und Bedingungsabhängigkeit chemischer Reaktionen an,
  - erkennen und nutzen Möglichkeiten der vertikalen Vernetzung innerhalb der Chemie sowie der horizontalen Vernetzung mit anderen Unterrichtsfächern,
  - strukturieren erworbenes Wissen über Stoffe und chemische Reaktionen auf der Grundlage der facheigenen Basiskonzepte.
- Kompetenzbereich Fachmethoden (Erkenntnismethoden der Chemie nutzen)
  Die Prüflinge
  - können selbstständig chemische Experimente planen, durchführen, beobachten, beschreiben und auswerten,
  - wenden geeignete Modelle zur Beschreibung und Erklärung chemischer Sachverhalte an,
  - interpretieren chemische Reaktionen auf der Teilchenebene,
  - können Hypothesen bilden, Voraussagen formulieren und diese experimentell überprüfen,
  - wenden mathematische Verfahren und Hilfsmittel zur Lösung exemplarischer chemischer Aufgaben an,
  - nutzen den Computer zum Messen, zur Modellbildung, zur Berechnung oder zur Simulation.
- Kompetenzbereich Kommunikation (in Chemie und über Chemie kommunizieren)
  Die Prüflinge
  - beschreiben und veranschaulichen konkrete chemische Sachverhalte unter angemessener Nutzung der Fachsprache,
  - argumentieren sachlogisch und begründen schlüssig chemische Sachverhalte und Fragestellungen,
  - präsentieren chemisches Wissen, eigene Standpunkte und Überlegungen, sowie Lern- und Arbeitsergebnisse adressaten- und situationsgerecht,

1 Quelle: Einheitliche Prüfungsanforderungen in der Abiturprüfung (Chemie). Beschluss der Kultusministerkonferenz vom 1.12.1989 i.d.F. vom 5.2.2004.

- stellen chemische Sachverhalte und Erkenntnisse in unterschiedlicher Form (Symbole, Formeln, Gleichungen, Tabellen, Diagramme, Grafen, Skizzen, Simulationen) dar,
- interpretieren Fachtexte und grafische Darstellungen und können daraus Schlüsse ziehen,
- nutzen Informationsquellen, erkennen Kernaussagen, wählen Informationen gezielt und kritisch aus und verknüpfen diese mit dem erworbenen Wissen.

- Kompetenzbereich Reflexion (über die Bezüge der Chemie reflektieren)
  Die Prüflinge
  - betrachten Aussagen aus unterschiedlichen Perspektiven und bewerten diese sachgerecht auf der Grundlage chemischer Kenntnisse,
  - erörtern und bewerten Verfahren zur Gewinnung und Verarbeitung wichtiger Rohstoffe vor dem Hintergrund knapper werdender Ressourcen,
  - erkennen und beschreiben die gesellschaftliche Relevanz und Bedeutung der angewandten Chemie für die Ernährungssicherung, Energieversorgung, Werkstoffproduktion sowie in der Informations- und Biotechnologie,
  - nutzen chemische Kenntnisse zur Erklärung von Lebensvorgängen,
  - beurteilen Technikfolgen, wirtschaftliche Aspekte und Stoffkreisläufe im Sinne der Nachhaltigkeit.

3.2 Methodenbezogene Anforderungen

Neben den inhaltlichen Kompetenzen wird in den Aufgaben auch Ihre Fähigkeit geprüft, fachtypische Methoden zur Bearbeitung und Lösung von Problemstellungen angemessen einzusetzen. Dazu gehören:

- **Erarbeiten und Vergleichen mehrerer Lösungswege**
- **Darstellung von Zusammenhängen** zwischen Erscheinungen im Alltag und den fachwissenschaftlichen Grundlagen
- **Aufstellen von Hypothesen** und Ableiten von experimentell überprüfbaren Folgerungen
- **Beurteilen von Texten, Aussagen, Experimenten** nach selbst gewählten Kriterien
- **Interpretieren chemischer Reaktionen** auf der Teilchenebene sowie Anwenden geeigneter **Modelle** (zur Beschreibung und Erklärung chemischer Sachverhalte)
- **Anwenden mathematischer Verfahren** und Hilfsmittel zur Lösung chemischer Problemstellungen

3.3 Aufgabenstruktur und Aufgabentypen

Eine Prüfungsaufgabe besteht aus Teilaufgaben, die untereinander in Beziehung stehen und der Aufgabenthematik untergeordnet sind. Die **Struktur der Aufgabe** ist so angelegt, dass kein Lösungsweg zwingend vorgezeichnet ist. In den Prüfungsaufgaben bereitgestellte Materialien sind im Normalfall so konzipiert, dass sie **alle** für die vollständige Lösung der Aufgabe zu berücksichtigen sind. Aus der Aufgabenstellung der einzelnen Teilaufgaben selbst gehen Art und Umfang der geforderten Leistung hervor (siehe Abschnitt 4).

Im Fach Chemie herrschen folgende **Aufgabentypen** vor:

- **Materialbezogene Aufgaben:** Sie erhalten zusammen mit der Aufgabenstellung Materialien, die Sie auswerten sollen, etwa Strukturformeln, Texte oder Grafiken. Mithilfe der darin enthaltenen Informationen und der Ihnen bereits bekannten chemischen Sachverhalte können Sie die Aufgabe lösen.
- **Experimentbezogene Aufgaben:** Aus den Vorgaben in der Aufgabe sollen Sie ein Ihnen bisher unbekanntes Experiment neu entwickeln oder ein Ihnen bekanntes Experiment beschreiben. Die Anfertigung einer beschrifteten Skizze ist hierbei immer sehr nützlich. Auch müssen die ablaufenden Reaktionen in Form von Gleichungen genannt werden und das Grundprinzip der Reaktion erläutert werden.
- **Berechnungen:** Hier geht es um die Anwendung wichtiger chemischer Gesetze (z. B. Massenwirkungsgesetz) und Rechenverfahren (z. B. zur Bestimmung von pH-Werten).
- **Alltagsbezogene Aufgaben:** Ausgehend von einer aus dem Alltag bekannten Problemstellung wird von Ihnen verlangt, Ihre chemischen Fachkenntnisse zur Lösung dieses Problems anzuwenden.
- **Aufgaben zur chemischen Zeichensprache:** Dieser Aufgabentyp umfasst die Darstellung von bekannten Strukturformeln, die Entwicklung von Strukturformeln neuer Moleküle und die Darstellung von Reaktionsgleichungen und -mechanismen bzw. die Darstellung von Molekülen als Modelle.
- **Aufgaben zu ökonomisch-ökologischen Problemstellungen:** In diesem Aufgabentyp werden Sie zu einer strukturierten Darstellung der Konsequenzen von chemischen Reaktionen auf die Umwelt aufgefordert. Auch ein Vergleich zweier Substanzen kann Gegenstand der Aufgabe sein, im Rahmen dessen Sie die Eignung dieser Verbindungen unter ökonomischen und ökologischen Gesichtspunkten beurteilen sollen.

3.4 Bewertung der Aufgaben

Den Einzelaufgaben sind verbindlich Bewertungseinheiten zugeordnet. Sie zeigen Ihnen das relative Gewicht der einzelnen Aufgabenabschnitte innerhalb einer Prüfungsaufgabe. Bei der Bewertung werden alle von Ihnen in der Reinschrift erarbeiteten Teillösungen berücksichtigt. Es kann durchaus sein, dass unübersichtliche Textstellen nicht in vollem Umfang gewertet werden. Es steht dem Korrektor frei, auch Entwürfe zur Bewertung heranzuziehen, wenn sie zusammenhängend konzipiert sind. Sowohl die äußere Form als auch die sprachliche Darbietung kann in die Bewertung der Arbeit durch den Korrektor einbezogen werden.

Ihre Ausführungen werden bewertet hinsichtlich ihrer

- **fachlichen Richtigkeit und Vollständigkeit** entsprechend den inhaltlichen und methodischen Anforderungen der Aufgabenstellung.
- **Qualität:** Hierzu gehören u. a. das Erfassen der Aufgabe, die Genauigkeit der Kenntnisse und Einsichten, die Sicherheit in der Beherrschung der Methoden und der Fachsprache, Stimmigkeit und Differenziertheit der Aussage, die Herausarbeitung des Wesentlichen, das Anspruchsniveau der Problemerfassung, die Fähigkeit

zur kritischen Würdigung der Bedingtheit und Problematik eigener und fremder Auffassungen sowie die Differenziertheit und Adäquatheit Ihres Urteils.

- **Quantität**, also dem Umfang Ihrer Kenntnisse, der Breite Ihrer Argumentationsbasis und der Vielfalt der Aspekte und Bezüge.
- **Kommunikations- und Darstellungsfähigkeit:** Damit ist Ihre Fähigkeit gemeint, die Aufgabenstellung korrekt zu erfassen und sich in einer angemessenen Weise verständlich zu machen. Wichtige Kriterien sind dabei die Klarheit und Eindeutigkeit, die logische Gliederung Ihrer Aussagen, die sichere Verwendung der Fachsprache und, wenn es angemessen ist, die Veranschaulichung der Ausführungen durch geeignete Skizzen, Schemata etc.
- **äußeren Form:** Darin gehen die Lesbarkeit Ihrer Schrift, die übersichtliche Gestaltung (durch Absätze, Aufzählungszeichen, Unterstreichungen, Leerzeilen usw.) und die sprachliche Richtigkeit (Grammatik, Rechtschreibung, Zeichensetzung) ein. Gehäufte Verstöße können auch hier zu einem Abzug von Punkten führen.

Die Zuordnung der Noten (einschließlich der jeweiligen Tendenzen) geht von folgendem verbindlichen Bewertungsmaßstab aus:

Bewertungseinheiten	Noten mit Tendenzangabe	Notenpunkte	Intervalle in %
120 … 115	+1	15	
114 … 109	1	14	15
108 … 103	1–	13	
102 … 97	+2	12	
96 … 91	2	11	15
90 … 85	2–	10	
84 … 79	+3	09	
78 … 73	3	08	15
72 … 67	3–	07	
66 … 61	+4	06	
60 … 55	4	05	15
54 … 49	4–	04	
48 … 41	+5	03	
40 … 33	5	02	20
32 … 25	5–	01	
24 … 00	6	0	20

Muss eine Leistung in der Abiturprüfung mit 0 Notenpunkten, d. h. der Note 6, gewertet werden, so gilt die Abiturprüfung als nicht bestanden. Über die zusätzlichen Anforderungen, die für den Erhalt der allgemeinen Hochschulreife erreicht werden müssen, informieren Sie die Oberstufenbetreuer an Ihrer Schule bzw. die vom Staatsministerium für Unterricht und Kultus an Sie verteilten Informationsbroschüren, sodass an dieser Stelle auf eine detaillierte Auflistung der „Hürden“ verzichtet werden kann.

4 Anforderungsbereiche und Operatoren

Die Prüfungsaufgaben im Fach Chemie kann man drei **Anforderungsbereichen** zuordnen, die ein unterschiedliches Maß an Selbstständigkeit und Abstraktionsvermögen bei der Bearbeitung erfordern. Alle drei Bereiche werden in Abfragen, Tests und Klausuren sowie den Abituraufgaben berücksichtigt.
Nicht immer lassen sich die drei Anforderungsbereiche scharf gegeneinander abgrenzen. Auch kann die zur Beantwortung einer Prüfungsaufgabe erforderliche Leistung nicht in jedem Fall eindeutig einem bestimmten Bereich zugeordnet werden. Trotzdem ist es für Sie hilfreich, diese Anforderungsbereiche zu kennen, da Sie hierdurch leichter nachvollziehen können, wie die Verteilung der Bewertungseinheiten und die unterschiedliche Gewichtung der (Teil-)Aufgaben zustande kommen.

- **Anforderungsbereich I:** Inhalte und Fakten reproduzieren
  Von **Reproduktion** spricht man, wenn erlerntes Wissen wiedergegeben oder eine erworbene Fertigkeit in einem bekannten Zusammenhang gezeigt werden soll. Dabei kann es sich um einen theoretischen Sachverhalt oder um ein im Praktikum eingeübtes Vorgehen handeln. Schätzen Sie die Bedeutung des „nur" Gelernten nicht gering ein. Dieses Grundlagenwissen ist die Basis für die Lösung vieler Aufgaben, die den beiden im Folgenden dargestellten Anforderungsbereichen zuzuordnen sind.
- **Anforderungsbereich II:** Zusammenhänge und Strukturen erkennen und darstellen
  Höhere Anforderungen als die der reinen Reproduktion stellt eine Prüfungsaufgabe, die **Reorganisation** bzw. eine **Transferleistung** von Ihnen verlangt. In der Regel geht damit auch eine höhere Bewertung einher. Eine Prüfungsaufgabe ist dieser zweiten Anforderungsebene zuzuordnen, wenn ein bekannter Sachverhalt, etwa das typische Reaktionsverhalten einer Verbindungsklasse, auf andere chemische Verbindungen übertragen („transferiert"), richtig benannt und in diesen neuen Zusammenhang ein- und zugeordnet („reorganisiert") werden soll. Auch die selbstständige Übertragung von Grafiken oder Versuchsaufbauten in die korrekte Fachsprache („Verbalisierung") gehört zu diesem Anforderungsbereich.
- **Anforderungsbereich III:** Probleme lösen und Meinungen vertreten
  Am anspruchsvollsten sind Fragen, die problemlösendes Denken verlangen. Häufig erfordern solche Aufgaben, dass Sie Kenntnisse aus mehreren Themengebieten auswählen, anwenden und abwandeln können. Oft gibt es verschiedene Lösungsmöglichkeiten, die Sie darstellen und die dem Problem bestangepasste Variante auswählen sollen. Hier ist Ihre Kreativität gefragt, das „Abarbeiten" der Aufgabenstellung nach einem vorgefertigten Schema reicht nicht aus.

Die unterschiedlichen Anforderungsbereiche werden mit unterschiedlichen Anzahlen an Bewertungseinheiten in der Abiturprüfung repräsentiert. Eine Faustregel besagt, dass die meisten Bewertungseinheiten dem Anforderungsbereich II zugeordnet werden können.

Einen wichtigen Hinweis auf den jeweiligen Anforderungsbereich erhalten Sie durch den **Operator**, mit dem die Aufgabe gestellt wird. Darunter versteht man Schlüsselbegriffe, die sicherstellen sollen, dass alle Schüler und Lehrer unter einer bestimmten Aufgabenstellung das gleiche verstehen.

In der folgenden, nach den Anforderungsbereichen geordneten Auflistung wird erläutert, welche Begriffe dies sind und welche Erwartungen damit verbunden sind.

Operator	**Bedeutung**
analysieren / untersuchen	Unter einer gegebenen Fragestellung wichtige Bestandteile oder Eigenschaften herausarbeiten.
anwenden/ übertragen	Einen bekannten Sachverhalt oder eine bekannte Methode auf etwas Neues beziehen.
auswerten	Daten, Einzelergebnisse oder sonstige Sachverhalte in einen Zusammenhang stellen und gegebenenfalls zu einer abschließenden Gesamtaussage zusammenführen.
begründen	Sachverhalte auf Regeln, Gesetzmäßigkeiten bzw. kausale Zusammenhänge zurückführen.
berechnen/ bestimmen	Mittels Größengleichungen eine chemische oder physikalische Größe bestimmen.
beschreiben	Strukturen, Sachverhalte oder Zusammenhänge wiedergeben.
bestätigen	Die Gültigkeit einer Aussage z. B. einer Hypothese oder einer Modellvorstellung durch ein Experiment verifizieren.
beurteilen	Zu einem Sachverhalt eine selbstständige Einschätzung unter Verwendung von Fachwissen und Fachmethoden begründet formulieren.
bewerten/ Stellung nehmen	Eine eigene Position nach ausgewiesenen Kriterien vertreten.
darstellen	Sachverhalte, Zusammenhänge, Methoden und Bezüge in angemessenen Kommunikationsformen strukturiert wiedergeben.
diskutieren	In Zusammenhang mit Sachverhalten, Aussagen oder Thesen unterschiedliche Positionen bzw. Pro- und Contra-Argumente einander gegenüberstellen und abwägen.
durchführen (Experimente)	Eine vorgegebene oder eigene Experimentieranleitung umsetzen.
entwickeln / aufstellen	Sachverhalte und Methoden zielgerichtet miteinander verknüpfen. Eine Hypothese, eine Skizze, ein Experiment oder ein Modell schrittweise weiterführen und ausbauen.
erklären	Einen Sachverhalt nachvollziehbar und verständlich zum Ausdruck bringen.
erläutern	Einen Sachverhalt durch zusätzliche Informationen (chemische Formeln und Gleichungen) veranschaulichen und verständlich machen.
ermitteln	Einen Zusammenhang oder eine Lösung finden und das Ergebnis formulieren.

interpretieren / deuten	Kausale Zusammenhänge im Hinblick auf Erklärungsmöglichkeiten untersuchen und abwägend herausstellen.
nennen / angeben	Elemente, Sachverhalte, Begriffe, Daten ohne nähere Erläuterung aufzählen.
planen (Experimente)	Zu einem vorgegebenen Problem eine Experimentieranleitung erstellen.
skizzieren	Sachverhalte, Strukturen oder Ergebnisse auf das Wesentliche reduzieren und diese grafisch oder als Fließtext übersichtlich darstellen.
strukturieren / ordnen	Vorliegende Objekte oder Sachverhalte kategorisieren und hierarchisieren.
überprüfen / prüfen	Sachverhalte oder Aussagen an Fakten oder innerer Logik messen und eventuelle Widersprüche aufdecken.
verallgemeinern	Aus einem erkannten Sachverhalt eine erweiterte Aussage formulieren.
vergleichen	Gemeinsamkeiten, Ähnlichkeiten und Unterschiede ermitteln.
zeichnen	Eine anschauliche und hinreichend exakte grafische Darstellung beobachtbarer oder gegebener Strukturen anfertigen.

Folgende Tabelle ordnet einen Teil der in diesem Band veröffentlichten Aufgaben einem Kompetenzbereich und einem Anforderungsbereich (AB) zu:

	AB I	**AB II**	**AB III**
Fachwissen	MA/A1/1.2.1, B1/3.1, MA/C1/1.2; 12/C1, 1.2.1; 15/A1/2.1, 15/B2/3.1, 3.2.2, C2/4.1	MA/A1/2.1, 2.2, 4, MA/B1/2.1, 3.2, 3.3, MA/C1/1.1; 12/A1/1.1, B2/2; 15/B1/1.1, C1/4.2	15/B1/1.2.2, B2/3.2.1, 15/C2/4.2
Erkenntnisgewinnung	MA/C1/1.4; 15/A2/2.3.1	15/C1/4.1	MA/C1/1.3, 2; 15/A2/2.3.2, 15/B1/1.2.1, 2.2, 2.3, 15/C2/2.2
Kommunikation	MA/C1/3.1; 15/A1/1.2	MA/A1/1.1, 1.2.2;, MA/C1/3.2; 15/A1/1.1, B1/2.1	MA/A1/3; 15/A1/3, A2/3, C2/1.1
Reflexion	15/A2/2.1	MA/B1/1.2; 12/B1/2.1.2, C2/1.2	15/A2/2.2

5 Methodische Hinweise und allgemeine Tipps zur schriftlichen Prüfung

Um eine Prüfungsaufgabe effizient und erfolgreich zu bearbeiten, ist ein strukturiertes, sorgfältiges Vorgehen unumgänglich. Im folgenden Lösungsplan sind die hierfür wichtigen Arbeitsschritte erläutert. Darüber hinaus finden Sie wertvolle Tipps zur Materialienanalyse. Die abschließende Auflistung häufig anzutreffender Fehlertypen hilft Ihnen, Fehler zu vermeiden.

5.1 Lösungsplan zur Bearbeitung der Aufgaben

Folgende Einzelschritte sind bei der Bearbeitung der Aufgaben zu beachten:

- **Lesen der Gesamtaufgabe**
  Es ist sinnvoll, dass Sie sich zunächst einen Überblick über die in den Prüfungsaufgaben angesprochenen unterschiedlichen Themengebiete der Chemie verschaffen. Für die weitere Bearbeitung setzen Sie sich einen Zeitplan, damit Ihnen nicht am Ende die Zeit für die letzte Aufgabe oder das Korrekturlesen fehlt. Fangen Sie dann mit der Bearbeitung der für Sie am besten geeigneten Teilaufgabe an. Dabei kann Ihnen ein systematisches Vorgehen entsprechend der nachfolgend dargestellten Schritte das Erarbeiten der zu den Anforderungen jeder Teilaufgabe passenden Lösung erleichtern.
  Beginnen Sie mit einer für Sie einfachen Aufgabe, um zunächst ein positives Gefühl für die Prüfung zu entwickeln. Wenden Sie sich dann den schwierigeren Teilaufgaben zu, um bei guter Konzentration diese Aufträge zu bearbeiten. Sollten Sie eine Teilaufgabe nicht lösen können, dann verschieben Sie die Bearbeitung und wenden sich der nächsten Aufgabe zu, um keine Zeit zu vergeuden.
  Versuchen Sie sich für den Schluss der Prüfung Aufgaben aufzuheben, die sie routiniert bearbeiten können, da die Konzentration im Verlauf der sehr langen Prüfung meist nachlässt. Achten Sie dabei aber unbedingt auf ein geeignetes Zeitmanagement, um keine Bewertungseinheiten zu verschenken, weil Sie nicht mehr zur Bearbeitung dieser „Routineaufgaben" kommen!
- **Analysieren der Materialvorgaben**
  Zur Bearbeitung der Aufgaben werden Sie Fakten und Daten aus den Informationstexten und den Zusatzinformationen benötigen. Deshalb sollten Sie diese, bevor Sie mit der Bearbeitung der Aufgaben beginnen, gründlich lesen und sich wichtige Informationen markieren.
- **Analysieren der Teilaufgaben**
  Die Teilaufgaben beziehen sich auf die nachgestellten Informationen. Deshalb ist es wichtig zu analysieren, welche Materialien für die Bearbeitung der Aufgaben benötigt werden. Nachdem Sie sich ein Bild von der Thematik der Aufgabe gemacht haben, sollten Sie sich gezielt mit den einzelnen Arbeitsaufträgen auseinandersetzen:
  - Unterstreichen Sie die Arbeitsanweisungen/Operatoren.
  - Markieren Sie wichtige Begriffe, die den zu bearbeitenden Sachverhalt betreffen.
  - Verdeutlichen Sie in der Fragestellung und in den Einführungstexten Informationen, die für den zu bearbeitenden Sachverhalt wichtig sein könnten, durch Randbemerkungen und/oder optische Hervorhebungen.

- **Darstellen der Ergebnisse**
  - Verfahren Sie bei der Beantwortung nach dem Prinzip: Vom Allgemeinen zum Detail.
  - Behalten Sie auch bei der Auseinandersetzung mit dem Detail immer den Gesamtzusammenhang im Auge und beziehen Sie Ihre Aussagen auf den in der Aufgabe geforderten Gegenstand.
  - Stellen Sie die Ergebnisse logisch und nach erkennbaren Ordnungsprinzipien zusammen.
  - Konzentrieren Sie Ihre Aussagen auf das Thema und vermeiden Sie weitschweifige Ausarbeitungen. Dadurch geht der rote Faden verloren und Sie verlieren wertvolle Zeit! Allerdings gilt für die Abiturprüfung in der Regel „Nicht weniger sondern mehr ist mehr".
  - Beschreiben Sie bei der Auswertung von Grafiken oder Tabellen zunächst kurz die wiedergegebenen Inhalte und erklären Sie diese erst danach.
  - Stellen Sie komplexe Sachverhalte, wenn angebracht, grafisch dar (Skizzen, Schaubilder, Fließdiagramme etc.).
  - Berücksichtigen Sie bei der Ausformulierung Ihrer Antworten immer die vorgegebenen Operatoren, damit Sie die Lösung im Sinne der Aufgabenstellung erstellen. Sie sollten z. B. beim Operator „nennen/angeben" keine weiteren Erklärungen geben, dies wäre auch nicht im Sinne einer sinnvollen Zeiteinteilung bei der Prüfung.
  - Achten Sie auf sprachlich korrekte Formulierungen und eine klare, verständliche Ausdrucksweise. Alle Antworten sollten Sie, sofern es nicht ausdrücklich anders verlangt ist (z. B. die Lösung der Aufgabe in Form einer Tabelle oder Skizze), durchgehend in vollständigen Sätzen formulieren. Kurze Sätze sind besser als ineinander verschachtelte.
  - Verwenden Sie sorgfältig die Fachsprache. Fachbegriffe müssen nur bei ausdrücklicher Aufforderung umschrieben werden (oder wenn Sie bei deren Verwendung unsicher sind).
  - Schreiben Sie verwendete Abkürzungen, sofern es sich nicht um Standardabkürzungen wie PE oder PSE handelt, zumindest einmal aus (z. B. RG = Reagenzglas). Ungebräuchliche Abkürzungen gelten als Rechtschreibfehler.
  - Achten Sie auf eine angemessene äußere Form Ihrer Ausführungen (lesbare Schrift, eine übersichtliche Gestaltung durch das Einhalten eines Randes rechts und links, Absätze, Aufzählungszeichen, Unterstreichungen usw.). Sind Zeichnungen, Skizzen oder Tabellen anzufertigen, dann erstellen Sie diese sauber, übersichtlich und nicht zu klein. Sie sind grundsätzlich vollständig zu beschriften.
  - Beginnen Sie die Beantwortung der nächsten Frage auf einer neuen Seite oder lassen Sie zumindest mehrere Leerzeilen frei, sodass sie gegebenenfalls beim Überprüfen auf Vollständigkeit problemlos noch Ergänzungen einfügen können. Reicht in diesem Fall der Leerraum dennoch nicht für Ihre Nachträge, dann müssen Sie diese auf dem Zusatzblatt eindeutig unter Verwendung sinnvoller Symbole dem ersten Teil Ihrer Antwort zuordnen.

- **Überprüfen auf Vollständigkeit**
  - Kontrollieren Sie, ob Sie alle Bedingungen und Aspekte der Aufgabenstellung (unter Einbeziehung der Materialien zu den Teilaufgaben) erfasst haben.
  - Prüfen Sie, ob alle wesentlichen Inhalte berücksichtigt wurden.
  - Überprüfen Sie, ob das vorgegebene Material sinnvoll und angemessen ausgewertet wurde.
  - Lesen Sie den Text noch einmal durch und berichtigen Sie eventuelle Fehler in der Grammatik, Rechtschreibung oder Zeichensetzung.
  - Kennzeichnen Sie in Ihrer Angabe, welche Aufgaben Sie bereits bearbeitet haben bzw. welche Aufgaben Sie auslassen mussten.
  - Zuletzt sollten Sie die Seiten vollständig durchnummerieren und auf jedes Einzelblatt Ihren Namen schreiben.

5.2 Tipps zur Analyse von Tabellen, Diagrammen und Abbildungen

Ein Bestandteil der Aufgabenstellungen im Fach Chemie kann auch die Analyse von Material in Form von Tabellen sowie Grafiken sein.

In **Tabellen** sind oft Daten aus chemischen Experimenten zusammengefasst. Eine andere Art der Präsentation von Zahlenmaterial sind **Diagramme**. Zur Auswertung einer Tabelle oder eines Diagramms dient ein Fragenkatalog, mit dem alle wesentlichen Aspekte erfasst werden können:

- Welche Größen sind in der Tabelle/dem Diagramm dargestellt? Achten Sie auf die Überschriften und den Begleittext sowie die Achsenbeschriftungen.
- Welcher Diagrammtyp liegt vor (z. B. Säulendiagramm, Energiediagramm)?
- Welche Größen sind gegeneinander aufgetragen? Welche ist die unabhängige, welche die abhängige Größe?
- Was sind die Bezugsgrößen: Zahlenarten (absolute Zahlen, Prozentzahlen, logarithmische Auftragung), Zahlenwerte (gerundet, geschätzt, vorläufig), Skaleneinteilungen (linear, logarithmisch, Größenordnungen, …)?
- Welche Auffälligkeiten/Tendenzen sind zu erkennen?
- Welche Kategorien werden miteinander in Beziehung gesetzt (z. B. bei Tabellen in Kopfzeile, Spalten und Vorspalten)?
- Welche Hauptaussagen lassen sich formulieren (Trends/Tendenzen)?
- Welche Teilaussagen lassen sich treffen (Minima, Maxima, Zunahme, Abnahme, Stagnation, Zahlensprünge, Anomalien, Gleichmäßigkeiten und regelhafte Verläufe, unterschiedliche Phasen, Wechselbeziehungen zwischen verschiedenen Variablen/Merkmalen usw.)?
- Welcher Arbeitsauftrag ist mit dem Diagramm/der Tabelle verbunden? (Unabhängig davon sollten Sie Ihrer Lösung immer eine knappe Beschreibung der in der Tabelle oder der Darstellung enthaltenen Gegebenheiten im Rahmen der jeweiligen Fragestellungen voranstellen. Geben Sie dabei die markanten Punkte (Minima, Maxima) mit den Zahlenwerten an.)
- Welche Antwort gibt die Tabelle/das Diagramm auf die Fragestellung?
- Welche Aussagen werden durch die Daten nahegelegt?

- Was sind mögliche Ursachen für die der Tabelle/dem Diagramm entnommenen Sachverhalte?
- Welche neuen Fragen werden durch die Informationen der Tabelle/des Diagramms aufgeworfen?

Abbildungen in der Chemie zeigen meist entweder Strukturen (z. B. einen Formelausschnitt, Elektrolysezelle) oder Prozesse (z. B. Herstellung von Aluminium). Der erste Schritt Ihrer Lösung sollte auch hier immer darin bestehen, die bildlich dargestellte Information in Worte zu fassen („Untertitel" der Abbildung), d. h. die Abbildung zu beschreiben. Die weitere Analyse ist dann sehr stark von der Art der Abbildung und der damit verbundenen Fragestellung abhängig. Aber auch hier helfen einige Grundfragen weiter:

- Wie ist die Abbildung zustande gekommen? Ist es z. B. die Skizze zur Struktur von Eiweiß oder die schematische Darstellung eines Experiments? (Beachten Sie dabei auch den vorangestellten Text, die Bildunterschrift und die angegebene Quelle.)
- Was wissen Sie über die dargestellten Strukturen oder Abläufe? Welche Fachbegriffe können Sie zuordnen?
- Was sind die wichtigen Merkmale der dargestellten Objekte oder Sachverhalte? Vergleichen Sie Teilabbildungen miteinander. Formulieren Sie Kern- und Teilaussagen.
- Welche Arbeitsanweisung ist mit der Abbildung verknüpft? Sollen Sie z. B. die Abbildung zur Erläuterung eines Sachverhaltes verwenden oder wird von Ihnen eine Hypothese über den Ablauf des dargestellten Experiments erwartet?
- Welche für die Beantwortung der Fragestellung relevanten Informationen lassen sich aus den Darstellungen entnehmen und welche Fragen stellen sich?
- Welche Ursachen und Mechanismen könnten hinter den dargestellten Prozessen stecken? Wie sind auftretende Besonderheiten zu erklären?

5.3 Häufig anzutreffende Fehlertypen im Fach Chemie

- **Reaktionsgleichungen:** Achten Sie genau darauf, dass die Reaktionsgleichungen ausgeglichen sind. Kontrollieren Sie die Anzahl der einzelnen Atomarten auf beiden Seiten der Gleichung und die Anzahl der Ladungen.
- **Valenzstrichformeln, Strukturformeln:** Überprüfen Sie die Anzahl der Bindungsstriche bzw. Valenzstriche. Dividieren Sie einfach die Gesamtzahl der Außenelektronen durch 2. Beachten Sie weiterhin die Anzahl der Bindungen, die von einem Atom ausgehen (z. B. jedes C-Atom genau 4 Bindungen, jedes H-Atom genau 1, …). Achten Sie beim Erstellen von Strukturformeln oder mesomeren Grenzformeln darauf, dass eine Oktettaufweitung erst für Atome ab der dritten Periode des PSE erlaubt und möglich ist.
- **Stoffe und Teilchen unterscheiden:** Bei Erläuterungen und Darstellungen ist häufig nach Zusammenhängen zwischen der Stoffebene und der Teilchenebene gefragt. Es ist wichtig, dass Sie durch korrekten Ausdruck und durch Verwendung der Fachsprache die beiden Ebenen nicht vermischen.

- **Stöchiometrie, Rechnen mit Einheiten:** Grundsätzlich sind die Ergebnisse **mit Einheiten** anzugeben, ein fehlender aufgabenbezogener Antwortsatz führt sehr häufig zum Punktverlust. Nutzen Sie Teile der Aufgabenstellung zur korrekten Formulierung des Antwortsatzes. Beachten Sie die gesuchten Größen und prüfen Sie, ob die Einheiten passend dazu angegeben sind. Ordnen Sie den Größen in Klammern immer den jeweiligen Stoff zu.
- **Notieren von offensichtlich falschen Ergebnissen:** Prüfen Sie, ob das Ergebnis Ihrer Rechnung die richtige Größenordnung besitzt. Diese lässt sich anhand der gegebenen Größen, die in die Rechnung eingehen, oft schon abschätzen. Bei offensichtlich falschen Ergebnissen, die Sie während der Prüfungszeit nicht mehr korrigieren können, sollten Sie unbedingt einen kurzen Hinweis geben („Das korrekte Ergebnis müsste im Bereich … liegen."), sodass Sie noch Bewertungspunkte „retten" können – erst recht dann, wenn Sie vielleicht sogar die Fehlerquelle umreißen können.

6 Tipps zur mündlichen Prüfung

6.1 Mündliche Prüfungsformen im Abitur

Grundsätzlich unterscheidet man im bayrischen Abitur zwei Formen der mündlichen Prüfung:

1. Das Kolloquium im 4. und 5. Abiturfach als **Bestandteil** der regulären Abiturprüfung.
2. Die (freiwillige) mündliche Zusatzprüfung zur Notenverbesserung **nach** der Abiturprüfung.

Die folgenden Ausführungen konzentrieren sich im Wesentlichen auf die Kolloquiumsprüfung, da die mündliche Zusatzprüfung nur in seltenen Fällen zur Anwendung kommt. Sie soll der reinen Notenverbesserung in Fächern mit schriftlicher Abiturprüfung dienen und ist dementsprechend in allen Fällen freiwillig, wenn das Abitur bestanden wurde.

6.2 Ablauf Kolloquium

Die Gymnasiale Schulordnung Bayerns (= GSO) regelt den Ablauf der mündlichen Prüfung im 4. bzw. 5. Abiturfach. Es gilt dabei GSO § 81 (2) Satz 1, 4 und 6:

„Das Kolloquium gliedert sich in zwei Prüfungsteile von je etwa 15 Minuten Dauer:
1. Kurzreferat der Schülerin oder des Schülers zum gestellten Thema (ca. 10 Minuten) aus dem gewählten Prüfungsschwerpunkt sowie ein Gespräch ausgehend vom Kurzreferat;
2. Gespräch zu den Lerninhalten aus zwei weiteren Ausbildungsabschnitten. […]"

Spätestens vier Wochen vor dem vom Prüfungsausschuss festgesetzten Prüfungstermin entscheidet sich die Schülerin oder der Schüler für einen der angebotenen Themenbereiche. […]

Das Thema wird der Schülerin oder dem Schüler etwa 30 Minuten vor Prüfungsbeginn schriftlich bekannt gegeben."

Mit anderen Worten bedeutet dies, dass das Kolloquium in allen bayrischen Gymnasien nach folgendem Muster ablaufen muss:
Unmittelbar vor dem Kolloquium hat jeder Prüfling eine Vorbereitungszeit von ca. 30 Minuten. In dieser Zeit wird ihm eine schriftlich formulierte Aufgabenstellung aus seinem gewählten Schwerpunktgebiet vorgelegt. Die gestellte Aufgabe darf dabei nicht den gesamten Schwerpunkt umfassen.
Während der gesamten Abiturprüfung, d. h. auch während der Vorbereitungszeit, sind folgende zugelassenen Hilfsmittel für den Prüfling verfügbar[2]:

- Taschenrechner
- Periodensystem der Elemente
- Vom Kultusministerium zugelassene naturwissenschaftliche Formelsammlung

Ob man seine eigenen Materialien verwenden darf oder ob die Schule entsprechende Hilfsmittel stellt, ist nicht geregelt, d. h. man sollte sich rechtzeitig vor der Prüfung bei der prüfenden Lehrkraft oder den entsprechenden Oberstufenkoordinatoren erkundigen, ob man Hilfsmittel selber mitbringen muss oder nicht.
Direkt im Anschluss an die Vorbereitungszeit beginnt die etwa 30-minütige Prüfung. Im Prüfungsraum sind dabei der Erstprüfer (Ihr Fachlehrer) und ein Zweitprüfer (ebenfalls ein Fachlehrer) anwesend. In der Regel wird Ihnen der Erstprüfer die entsprechenden Fragen stellen und der Zweitprüfer Ihre Antworten protokollieren. Es ist allerdings möglich, dass auch der Zweitprüfer Ihnen Fragen stellt. In einigen Fällen kann an der Prüfung auch der Schulleiter/die Schulleiterin bzw. sein(e)/ihr(e) StellvertreterIn teilnehmen. Auch wenn diese keine Fachlehrer der Prüfung sind, haben sie dennoch das Recht, Fragen zu stellen. Dies ist jedoch die absolute Ausnahme.
Das Kolloquium startet zunächst mit einem Referat aus dem gewählten Schwerpunktthema, dessen wesentliche Aspekte Sie in der Vorbereitungszeit geplant haben sollten. Das Referat dauert ca. 10 Minuten. Diese Zeit gilt es möglichst einzuhalten. Ist das Referat zu kurz, werden eventuell wichtige Aspekte fehlen. Ist das Referat zu lang, kann es sein, dass die Prüfer das Referat abbrechen (müssen), um den strikten Zeitrahmen einzuhalten. Im Anschluss werden ausgehend vom Referat von den Prüfern ca. fünf Minuten lang Fragen gestellt (zum Inhalt dieser Fragen s. Inhalte der mündlichen Abiturprüfung).
Die zweiten ca. 15 Minuten der Prüfung bestehen aus Aufgaben zu den beiden anderen Semestern. Die Art der Aufgabenstellung hängt sehr von den Prüfern ab, d. h. es könnte sein, dass Sie anhand von materialgeleiteten Aufgaben größere Zusammenhänge darstellen sollen. Es besteht aber auch die Möglichkeit, dass sie eher kleinschrittige Fragen beantworten müssen. Da die Bandbreite hier sehr groß ist, empfiehlt es sich, vorab Informationen zu den Vorlieben Ihres Prüfers einzuholen, indem Sie und Ihre Mitprüflinge das Gespräch mit der Lehrkraft suchen bzw. sich bei bereits fertigen Abiturienten erkundigen, wie die Prüfungen abliefen.
Die in der Prüfung erzielte Leistung (Note) darf nicht von den Prüfern bekannt gegeben werden. Sie wird Ihnen mit den anderen schriftlich erzielten Leistungen an einem gesonderten Termin mitgeteilt.

2 Geregelt in: KMBek VI.9-5 S 5500-6b.41 619 vom 7. 6. 2011

Hier noch einmal das Wichtigste auf einen Blick:

- Unmittelbar vor der Prüfung haben Sie eine Vorbereitungszeit (Dauer: 30 Minuten).
- Während der Vorbereitungszeit arbeiten Sie eine Aufgabenstellung aus Ihrem Schwerpunktthema zu einem Referat aus.
- Die Prüfung beginnt mit einem Referat zu der gestellten Aufgabe (Dauer: ca. 10 Minuten).
- Danach werden Fragen ausgehend vom Referat gestellt (Dauer: ca. 5 Minuten).
- Im Anschluss müssen Sie Fragen zu Themen aus den beiden übrigen Semestern beantworten (Dauer: ca. 15 Minuten).

6.3 Inhalte der mündlichen Abiturprüfung

Die Inhalte der mündlichen Prüfung im 4. bzw. 5. Abiturfach werden im bayrischen Abitur ebenfalls durch die GSO geregelt. In GSO § 81 (2) Satz 2, 3 und 5 findet man folgende Aussage:

„Der Prüfungsausschuss benennt rechtzeitig die Themenbereiche der Kolloquiumsprüfung (mehr als zwei pro Ausbildungsabschnitt). Die Themenbereiche sind allen vier Ausbildungsabschnitten zu entnehmen. […] Aus dem gewählten Themenbereich legt der zuständige Fachausschuss die Themen für die Kurzreferate fest. […]“

Noch genauer geregelt wird dies in Teil 1 der Anlage 9 zur GSO:

„1. Kolloquium (§ 81 Abs. 2)

a) Die geforderte Prüfungsvorbereitung wird auf drei Ausbildungsabschnitte in der Weise beschränkt, dass die Schülerin oder der Schüler

- *die Lerninhalte des ersten oder des zweiten Ausbildungsabschnitts ausschließen und*
- *die Lerninhalte eines der drei verbleibenden Ausbildungsabschnitte zum Prüfungsschwerpunkt erklären darf.“*

Rechtzeitig vor Beginn der Abiturprüfungen, d. h. in etwa zu Beginn des Semesters 12/2 erhalten Sie von Ihren Fachlehrern (oder evtl. über die Oberstufenkoordinatoren) eine Liste von mindestens drei Themenbereichen für alle vier Semester Ihres Kolloquiumsfaches.

Sie können nun die Inhalte eines Semesters aus der 11. Jahrgangsstufe für die mündliche Abiturprüfung komplett ausschließen. Ein Ausschluss von Inhalten aus der 12. Jahrgangsstufe ist **nicht** möglich.

Aus den verbleibenden 3 Semestern werden sich die Inhalte Ihrer Prüfung zusammensetzen. Sie haben nun also mindestens 9 Themenbereiche vor sich liegen. Aus diesen Themen wählen Sie ein Schwerpunktthema. In diesem Bereich werden von Ihnen dann vertiefte Kenntnisse erwartet. Innerhalb dieses Schwerpunktthemas wird vom Prüfungsausschuss, im Prinzip also Ihrem Fachlehrer ein Referatsthema gestellt, das Sie dann während der Vorbereitungszeit vor der Prüfung ausarbeiten müssen. Eine Absprache der Themen mit dem Lehrer ist im Vorfeld der Prüfung natürlich nicht zulässig. Dennoch ist es sehr empfehlenswert, das Gespräch mit der Lehrkraft

zu suchen, um sich noch vor der endgültigen Festlegung Ihres Themenschwerpunktes möglichst genau über die Erwartungen zu den Themenbereichen zu informieren.
Leider ist die GSO in einer Formulierung unscharf, sodass es an verschiedenen Schulen, ja sogar zwischen verschiedenen Lehrern ein und derselben Schule zu einer unterschiedlichen Praxis kommen kann, wie die letzten 5 Minuten zum Schwerpunktthema der Prüfung gestaltet werden. In GSO § 81 (2) Satz 1 Teil 1 steht zum ersten Prüfungsteil folgender Satz:
„1. Kurzreferat der Schülerin oder des Schülers zum gestellten Thema (ca. 10 Minuten) aus dem gewählten Prüfungsschwerpunkt sowie ein Gespräch ausgehend vom Kurzreferat.“
Das bedeutet mit anderen Worten, dass nicht genau geregelt ist, welche Inhalte das „Gespräch ausgehend vom Kurzreferat“ hat. Es ist nicht verbindlich geregelt, dass hier nur Inhalte aus dem gewählten Prüfungsschwerpunkt geprüft werden, d. h. es könnten hier auch Fragen zu anderen Schwerpunkten des gewählten Semesters vorkommen oder gar völlig andere Gebiete abgedeckt werden.
In sehr vielen Schulen gilt aber die Regelung, dass sich das Gespräch nur um den gewählten Themenschwerpunkt dreht und die anderen Inhalte des Semesters kaum oder nur sehr oberflächlich geprüft werden. Diese Regelung ist deshalb sinnvoll, weil die GSO ausdrücklich vorschreibt, das Kurzreferat in den Fragen zu würdigen und in dem vorgegebenen Rahmen von nur ca. 5 Minuten wohl kaum Zeit bleibt, sehr viele andere Bereiche in entsprechender Qualität zu prüfen. Diese Variante der Durchführung ist aber **nicht** rechtlich verbindlich, d. h. Sie können sich nicht darauf verlassen, dass es auch in Ihrem Kolloquium so ablaufen wird. Auch hier sollten Sie also in Ihrem eigenen Interesse abklären, wie es diesbezüglich an Ihrer Schule, bei Ihrem Lehrer genau gehandhabt wird. Obwohl es also keine rechtsverbindliche Aussage zu diesem Teil des Kolloquiums gibt, ist es dennoch von großer Bedeutung für die Wahl Ihres Schwerpunktes.
Werden an Ihrer Schule die gesamten Inhalte des Semesters zusätzlich zu Ihrem gewähltem Schwerpunkt geprüft, sollten Sie einen Themenbereich wählen, wo Sie sich sehr sicher sind und auch die größten fachlichen Kenntnisse im Umfeld des Schwerpunktes besitzen, denn hier gilt es, vertieftes Wissen und Fertigkeiten zu beweisen.
Werden an Ihrer Schule aber die beiden anderen Themenbereiche aus dem Schwerpunktsemester **nicht** geprüft, sondern es sind nur die Inhalte Ihres gewählten Themas Gegenstand des Gesprächs zum Referat, so sind die taktischen Überlegungen bei der Wahl des Schwerpunktes etwas komplizierter, wie folgendes Beispiel verdeutlichen soll.

Im Semester 12/2 stehen folgende Themenbereiche zur Auswahl:
1. Themenbereich: Elektrochemische Stromerzeugung
2. Themenbereich: Konzentrationsabhängigkeit des Redoxpotenzials
3. Themenbereich: Elektrolyse und Korrosionsschutz als technische Anwendungen der Redoxchemie

Wählen Sie nun den Themenbereich Elektrochemische Stromerzeugung als Schwerpunkt, dann werden Sie nicht zu den Inhalten aus dem zweiten und dritten Themenbereich geprüft. Wie sollen Sie sich nun entscheiden? Folgende Möglichkeiten kommen in Betracht:

- Sie wählen den Schwerpunkt in dem Bereich, den Sie besonders gut können, weil hier vertiefte Kenntnisse erwartet werden.
- Sie wählen den Schwerpunkt aus einem Semester, dessen Inhalte Ihnen weniger gut liegen, weil Sie so den Fragenanteil aus diesem für Sie schwierigen Semester deutlich verringern und sich so gezielter auf die zu erwartenden Fragen vorbereiten können.

Welche Variante die bessere ist, lässt sich schwierig sagen. Sollten Sie jedoch in einem für Sie schwierigen Semester doch einen einzelnen Themenbereich entdecken, den Sie gut beherrschen, während die anderen beiden eine große Herausforderung darstellen, dann empfiehlt sich Variante 2. Auch hier einige Beispiele zur Verdeutlichung:

Fall 1: Ihnen fällt das Rechnen mit der NERNST'schen Gleichung sehr schwer und Sie haben auch Schwierigkeiten mit Zersetzungsspannung etc. Generell wären Sie froh, wenn möglichst wenig aus 12/2 dran kommt. Aber Sie trauen sich zu, den Aufbau verschiedener Batterien zu lernen und ihre Funktionsweise zu erklären.
Empfehlung: Wählen Sie Themenbereich 1 aus dem Semester 12/2 als Schwerpunkt für den ersten Prüfungsteil im Abitur, weil dann alle Inhalte zur NERNST'schen Gleichung etc. wegfallen.

Fall 2: Mit dem Rechnen in der Chemie haben Sie generell keine Probleme. Ihnen fällt es dagegen eher schwer, den Aufbau bestimmter Versuchsanordnungen etc. auswendig zu lernen.
Empfehlung: Wählen Sie Themenbereich 2 aus dem Semester 12/2 als Schwerpunkt für den ersten Prüfungsteil im Abitur, weil Sie dann durch Ihre vertieften Kenntnisse im Schwerpunktthema besonders brillieren können.

Fall 3: Die Inhalte des gesamten Semesters 12/2 fallen Ihnen eigentlich alle vergleichsweise leicht. Sie wissen gar nicht, wo Sie hier eine besondere Stärke oder Schwäche haben.
Empfehlung: Wählen Sie einen Schwerpunkt aus einem anderen Semester als 12/2, denn Sie sind hier in allen Bereichen für die Fragen im zweiten Prüfungsteil gewappnet.

Die Wahl des Schwerpunktthemas sollte also wirklich wohl überlegt sein. Wägen Sie genau das Für und Wider der einzelnen Aspekte ab, bevor Sie sich entscheiden. Eventuell hilft Ihnen auch eine Diskussion der Pros und Contras mit Ihren Mitschülern. Bedenken Sie aber bei Ihrer Entscheidung, dass Ihre Prüfung Ihnen und nicht Ihren Mitschülern liegen muss.
Generell ist es von Vorteil, sich im Vorfeld möglichst viele Informationen über mögliche Inhalte zu verschaffen. Suchen Sie hierzu das Gespräch mit Ihrer Lehrkraft und versuchen Sie so, die jeweiligen Erwartungen an die Inhalte der einzelnen Themenbereiche möglichst genau zu erfragen. Ganz besonders hilfreich sind Informationen von Schülern ehemaliger Abiturjahrgänge, die auch bei der betreffenden Lehrkraft eine mündliche Prüfung abgelegt haben. Die Prüfungen dürfen sich zwar nicht

wiederholen, doch werden sicher grundsätzliche Überlegungen und Konzepte einer Lehrkraft auch über die Jahre hinweg ähnlich bleiben.

Hier noch einmal das Wichtigste auf einen Blick:

- Sie können die Inhalte des Semesters 11/1 **oder** 11/2 komplett ausschließen. Alle Inhalte aus der 12. Jahrgangsstufe sind verpflichtend.
- Sie müssen aus einem der verbliebenen drei Semester ein Schwerpunktthema wählen, dessen Inhalte Sie vertieft kennen sollten.
- Wie die Prüfungsfragen zu dem Semester mit dem Schwerpunktthema aussehen, müssen Sie im Vorfeld mit Ihrem Lehrer besprechen.
- Alle weiteren Themenbereiche aus den beiden verbliebenen Semestern sind Gegenstand der Prüfung.

6.4 Beurteilung der Leistung

Neben dem Ablauf und dem Inhalt der Kolloquiumsprüfung ist in GSO §82 (3) Satz 1 und 3 auch der Rahmen für die Beurteilung der Prüfungsleistung vorgegeben:

„Die Leistungen in den mündlichen und praktischen Prüfungen bewertet der zuständige Ausschuss. [...] Bei der Bewertung der mündlichen Prüfungen ist neben den fachlichen Kenntnissen und Fähigkeiten die Gesprächsfähigkeit angemessen zu berücksichtigen."

Somit wird die Note Ihres Kolloquiums vom Prüfungsausschuss, d. h. Ihrem Erst- und Zweitprüfer, festgesetzt. Sollten diese beiden Lehrer keine Einigung über die Leistung erzielen, kommt es zu einem Drittentscheid durch den Schulleiter.
Wie nicht anders zu erwarten, stehen bei der Beurteilung natürlich Ihre fachlichen Kenntnisse und Fähigkeiten im Mittelpunkt. Es gilt hier also, das in vielen Lernjahren angehäufte Wissen zu Fachmethoden und -inhalten möglichst vollständig und richtig zu präsentieren.
Bei allem Fokus auf die inhaltliche Seite der Prüfung darf jedoch nicht vergessen werden, dass die GSO ausdrücklich einfordert, die „Gesprächsfähigkeit" des Prüflings mit in die Beurteilung einzubeziehen. Das heißt, es kommt nicht nur auf den Inhalt, sondern auch auf dessen Präsentation an. Auch hier wurden Sie in den vergangenen Jahren durch zahlreiche Referate und Rechenschaftsablagen ausgiebig vorbereitet.

6.5 Themenbereiche für die Kolloquiumsprüfung

Gemäß §81 (2) GSO muss Ihr Kursleiter Ihnen **mehr als zwei Themenbereiche pro Halbjahr**, d. h. mindestens drei anbieten. Die Themenbereiche werden von den Lehrern in der Regel so gewählt sein, dass sie möglichst allgemein formuliert sind, damit aus jedem Bereich möglichst viele Referatsthemen zu bilden sind.

Folgende Liste zeigt eine mögliche Gliederung der Halbjahre in Themenbereiche, die aber natürlich von Lehrer zu Lehrer verschieden ausfallen könnte.

Kurshalbjahr 11/1:

1. Themenbereich: Aromatische Verbindungen und Farbstoffe
2. Themenbereich: Kunststoffe
3. Themenbereich: Fette und Tenside

Kurshalbjahr 11/2:

1. Themenbereich: Kohlenhydrate
2. Themenbereich: Aminosäuren und Proteine
3. Themenbereich: Reaktionsgeschwindigkeit und Enzyme

Kurshalbjahr 12/1:

1. Themenbereich: Chemisches Gleichgewicht und Massenwirkungsgesetz
2. Themenbereich: Beeinflussung der Gleichgewichtslage im Rahmen großtechnischer Prozesse
3. Themenbereich: Protolysegleichgewichte

Kurshalbjahr 12/2:

1. Themenbereich: Elektrochemische Stromerzeugung
2. Themenbereich: Konzentrationsabhängigkeit des Redoxpotenzials
3. Themenbereich: Elektrolyse und Korrosionsschutz als technische Anwendungen der Redoxchemie

Beispiel-Beurteilungsbogen Referat

Referent: ______________________ Kurs: _____

Datum: ______________________

Thema: ____

Fachsystematik

Inhalt: ☐ keine Fehler ☐ mit Fehlern
Auftretende Fehler:

____

____

Problemstellung:	☐ klar erfasst	☐ in Teilaspekten	☐ oberflächlich
Fachsprache:	☐ gewandt	☐ sicher	☐ angemessen
	☐ unbeholfen		
Vortragsweise:	☐ souverän	☐ unabhängig vom Skript	
	☐ schleppend	☐ abgelesen	
Argumente:	☐ folgerichtig	☐ sachgerecht	☐ unsicher
	☐ verschwommen	☐ fehlerhaft	

Darbietung

Schwerpunkte geschaffen:		☐ ja	☐ nein
Querverbindungen:		☐ ja	☐ nein
Eigenständige Darstellung:		☐ ja	☐ nein
Folien:	☐ lobenswert	☐ ansprechend	☐ angemessen
	☐ schlecht	☐ fehlend	
Medieneinsatz:	☐ gewandt	☐ sicher	☐ angemessen
	☐ unbeholfen	☐ fehlend	
Anschauungsmaterial:		☐ fehlend	☐ vorhanden
Experimente:	☐ gewandt	☐ sicher	☐ angemessen
	☐ unbeholfen	☐ Sicherheitsregeln nicht beachtet	

Diskussion

Erkennen der Fragestellung:	☐ ja	☐ nein
Argumentation:	☐ folgerichtig	☐ sachgerecht
	☐ unsicher	☐ verschwommen
	☐ fehlerhaft	
Flexibilität:	☐ vorhanden	☐ fehlend

Sonstige Bemerkungen

____

____

Anhang

Standardelektrodenpotenziale E^0

Redox-System	E^0 [V]	Redox-System	E^0 [V]
Li/Li^+	–3,04	Cu^+/Cu^{2+}	+0,16
K/K^+	–2,93	Cu/Cu^{2+}	+0,34
Ca/Ca^{2+}	–2,84	Cu/Cu^+	+0,52
Na/Na^{2+}	–2,71	I^-/I_2	+0,54
Mg/Mg^{2+}	–2,36	Fe^{2+}/Fe^{3+}	+0,77
Al/Al^{3+}	–1,66	Ag/Ag^+	+0,80
Mn/Mn^{2+}	–1,18	Br^-/Br_2	+1,07
Cr/Cr^{2+}	–0,91	Pt/Pt^{2+}	+1,20
Zn/Zn^{2+}	–0,76	H_2O/O_2	+1,23
Cr/Cr^{3+}	–0,74	Mn^{2+}/MnO_2	+1,23
Fe/Fe^{2+}	–0,44	Cl^-/Cl_2	+1,36
Ni/Ni^{2+}	–0,26	$Cr^{3+}/Cr_2O_7^{2-}$	+1,38
Sn/Sn^{2+}	–0,14	Au/Au^{3+}	+1,50
Pb/Pb^{2+}	–0,13	Mn^{2+}/MnO_4^-	+1,51
Fe/Fe^{3+}	–0,04	MnO_2/MnO_4^-	+1,70
H_2/H_3O^+	0		

Abitur Chemie (Bayern G8)
Musterabitur A 1: Von organischen Molekülen zur Zelle

BE

Eine Reihe von Laboruntersuchungen stützen die These, dass sich die ersten organischen Verbindungen auf unserem Planeten direkt aus anorganischen Molekülen gebildet haben könnten. Stanley MILLER war 1953 der erste, der solche Versuche durchführte. Er setzte Mischungen von Ammoniak, Methan, Wasser und Wasserstoff in einer geschlossenen Apparatur (s. Abb. 1) für eine Woche und länger elektrischen Funkenentladungen (zur Simulation von Blitzen) aus. Unter den von MILLER identifizierten Produkten waren eine Reihe von α-Aminosäuren, z. B. Glycin und Alanin, die auch in natürlichen Proteinen vorkommen. Es entstanden aber auch Moleküle wie β-Alanin und Sarcosin, die nicht Bestandteile natürlicher Proteine sind.
Nach dem „Ursuppen"-Modell reicherten sich die organischen Moleküle mit der Zeit in den Urgewässern an. Es entstanden polymere Makromoleküle und schließlich von Membranen umschlossene Vorläufer von Zellen.

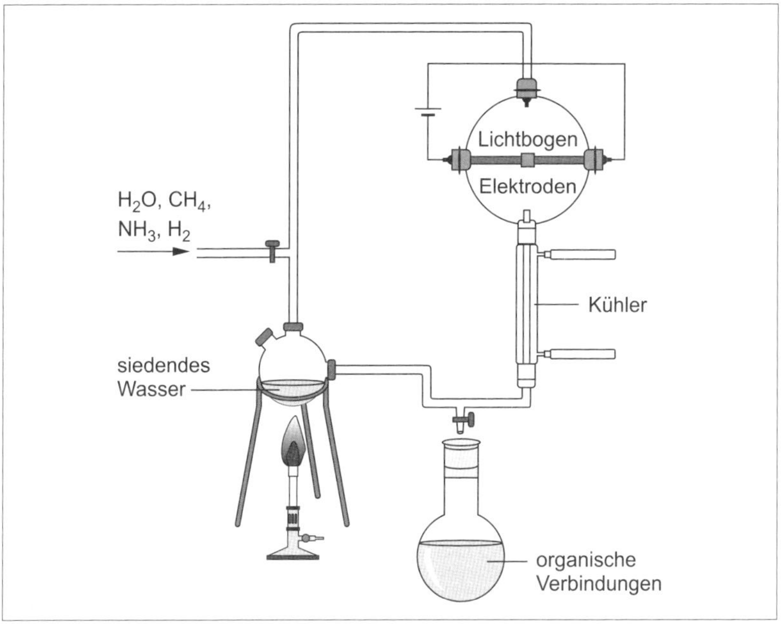

Abb. 1: MILLER-Versuch – Aufbau

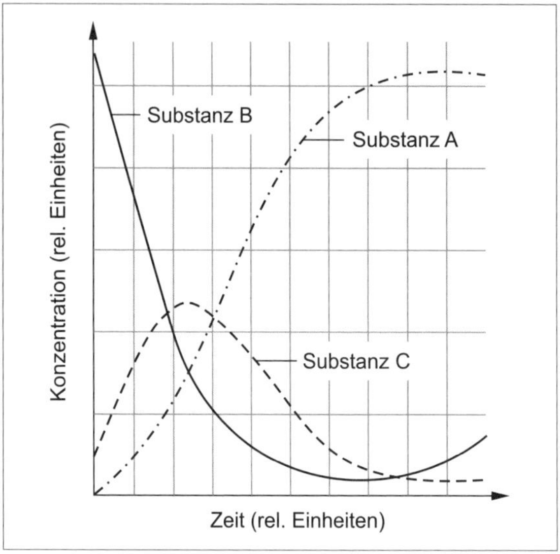

Abb. 2: MILLER-Versuch – Konzentrationsänderungen

1 Stickstoffhaltige Verbindungen im MILLER-Versuch

1.1 Ergebnisse eines typischen Ansatzes mit dem MILLER'schen Apparat zeigt das Diagramm in Abbildung 2. Als mögliche Deutung ergibt sich für die Startphase folgende zeitliche Reaktionsabfolge:
1. Ammoniak + Methan → Blausäure + „Aldehyd"
2. „Aldehyd" + Ammoniak + Blausäure → Aminonitril + Wasser
3. Aminonitril + Wasser → „Aminosäure" + Ammoniak

Ordnen Sie die Stoffe Blausäure, „Aminosäure" und Ammoniak den entsprechenden Kurven (A–C) zu und begründen Sie Ihre Zuordnung. 4

1.2 MILLER konnte die Bildung von bestimmten Aminosäuren, z. B. von Alanin, chromatographisch nachweisen.

1.2.1 Beschreiben Sie unter Mitverwendung von Strukturformeln und, sofern nötig, geeigneter Projektionsformeln am Beispiel des Alanins (Aminopropansäure) die Unterschiede zwischen:
- den Konstitutionsisomeren α- und β-Alanin bzw.
- den Stereoisomeren D- und L-Alanin. 4

1.2.2 Abbildung 3 zeigt das unvollständige Formelbild (Valenzstrichformel) einer natürlich vorkommenden Aminosäure (Isoelektrischer Punkt: pI = 2,9) bei pH = 1.

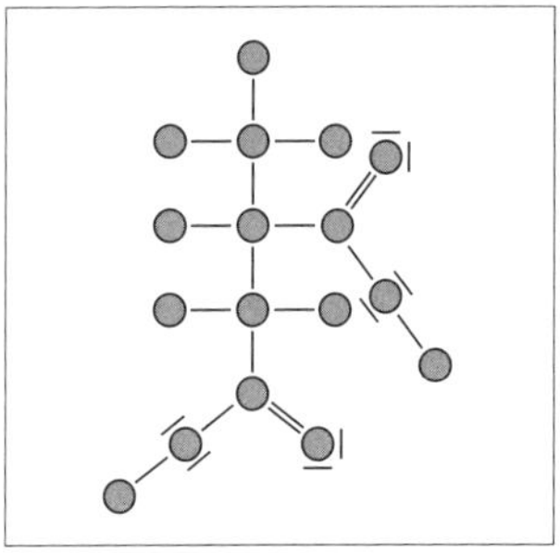

Abb. 3: Unvollständiges Formelbild einer natürlich vorkommenden Aminosäure (pH = 1)

Übertragen Sie das Formelbild auf Ihren Arbeitsbogen und ergänzen Sie dabei die fehlenden Elementsymbole und Formalladung(en) (pH = 1). Formulieren Sie die Strukturformel dieser Aminosäure bei pH = 2,9. 5

2 Unter den Reaktionsprodukten des MILLER-Versuchs wurden auch Kohlenhydrate, beispielsweise Ribose, gefunden.

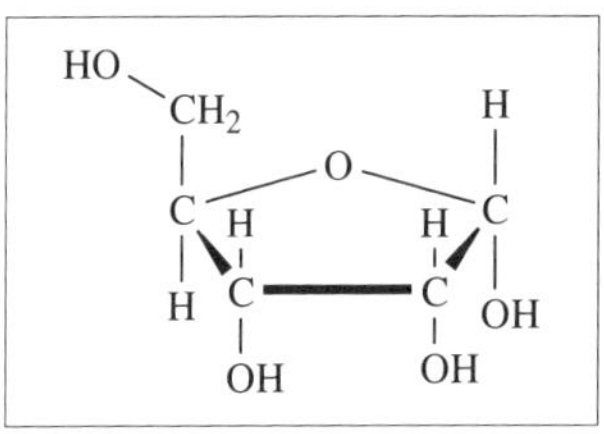

Abb. 4: HAWORTH-Projektionsformel von Ribose

2.1 Chemisch gesehen gehört dieses Kohlenhydrat zur Stoffgruppe der Aldosen. Ribose tritt u. a. in der in Abbildung 4 gezeigten Struktur mit der Bezeichnung α-D-(–)-Ribose auf.
Stellen Sie dar, welche Informationen die Symbole „α" und „–" enthalten. 4

2.2 Geben Sie die offenkettige Form der D-Ribose in der FISCHER-Projektion an.
Formulieren Sie die Strukturformelgleichungen für die Umwandlung der Ribose in die entsprechende Ketose (Ribulose) durch Keto-Enol-Tautomerie. 6

2.3 Die Silberspiegelprobe fällt bei einer wässrigen Ribose-Lösung positiv aus.
Beschreiben Sie die Vorgänge auf molekularer Ebene und stellen Sie die entsprechende Redoxgleichung mit Teilgleichungen auf. 5

3 Der zufällige Einschluss verschiedener Biomoleküle innerhalb einer Hülle aus einer Lipid-Doppelschicht war vermutlich ein weiterer Meilenstein bei der Entstehung von lebenden Zellen aus organischen Molekülen. Abbildung 5 zeigt eine Modellvorstellung zur Entstehung von Lipid-Doppelschichten in „Ursuppen". Solche Lipid-Doppelschichten können bedingt mit Zellmembranen verglichen werden.

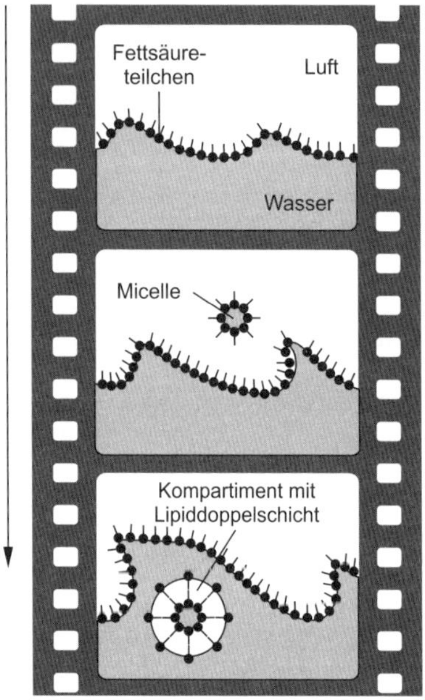

Abb. 5: Modellvorstellung zur Entstehung von Lipid-Doppelschichten

Erklären Sie den in Abbildung 5 dargestellten Prozess der Entstehung von Kompartimenten mit Lipiddoppelschicht auf der Basis der Eigenschaften von Fettsäuremolekülen. 6

4 Bakterien besitzen sehr ursprüngliche Zellen. Zusätzlich zu einer Zellmembran aus einer Lipid-Doppelschicht besitzen Bakterienzellen eine Zellwand. Teichonsäuren sind polymere Bestandteile mancher Zellwände. Die saure Hydrolyse einer Teichonsäure liefert unter anderem eine Aminosäure, Phosphorsäure (H_3PO_4), Glycerin (1,2,3-Propantriol), D-Glucosamin und Ethansäure.

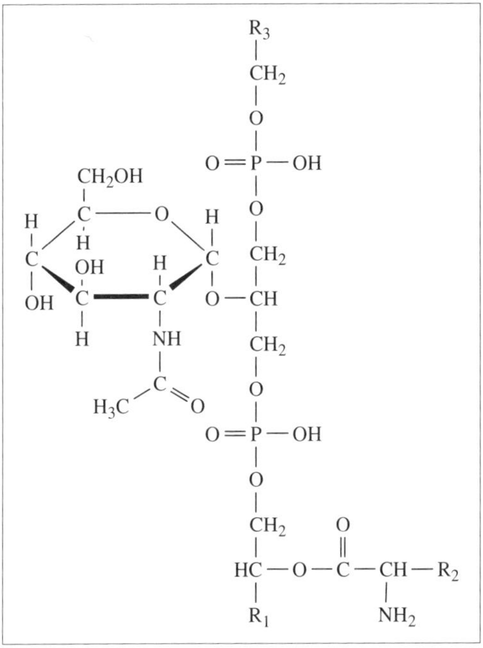

Abb. 6: Strukturformelausschnitt einer Teichonsäure

Geben Sie die Strukturformelgleichung für die vollständige Hydrolyse des in Abbildung 6 gezeigten Teichonsäureausschnitts an. Kennzeichnen Sie diejenigen Atome (Sauerstoff bzw. Stickstoff), an denen hierbei Bindungen geöffnet werden und benennen Sie dabei die hydrolysierbaren Bindungen. 6

40

Lösungsvorschläge

1.1 **Zuordnung**

A: Aminosäure; **B:** Ammoniak; **C:** Blausäure

Begründung

Im Diagramm sind die Konzentrationsänderungen der drei Stoffe A, B und C in Abhängigkeit von der Zeit dargestellt.
Zu Beginn des Experiments (Zeitpunkt t = 0) liegt nur die Substanz B vor. Es muss sich hierbei um Ammoniak handeln, da sich zu diesem Zeitpunkt Blausäure und die „Aminosäure“ noch nicht gebildet haben. Der Anstieg der Ammoniak-Konzentration gegen Ende des Experiments ist auf die Bildung von Ammoniak als Produkt bei Reaktionsschritt 3 zurückzuführen.
Im ersten Reaktionsschritt wird Blausäure gebildet, die zu einem späteren Zeitpunkt des Reaktionsgeschehens wieder verbraucht wird. Daher steigt die Konzentration der Blausäure zunächst an und sinkt anschließend wieder ab.
Substanz A entspricht der „Aminosäure“. Zum Zeitpunkt t = 0 ist noch keine Aminosäure vorhanden, im Verlauf der Reaktion steigt die Aminosäure-Konzentration aber bis zu einem Sättigungswert an.

1.2.1 **Strukturformeln von α- und β-Alanin**

α-Alanin

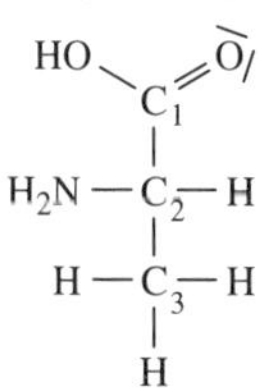

β-Alanin

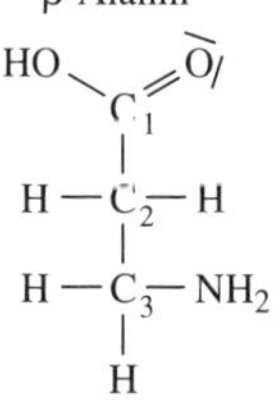

Bei α- und β-Alanin handelt es sich um **strukturisomere Verbindungen**, die sich in der Art der Verknüpfung der Atome voneinander unterscheiden.
Bei β-Alanin ist die Aminogruppe an das C_3-Atom gebunden, während bei α-Alanin die Bindung der Aminogruppe über das C_2-Atom erfolgt.

Strukturformeln von L- und D-Alanin

L-Alanin

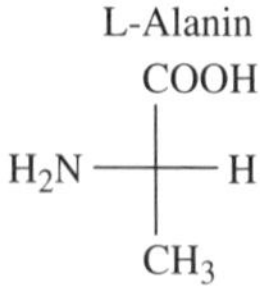

D-Alanin

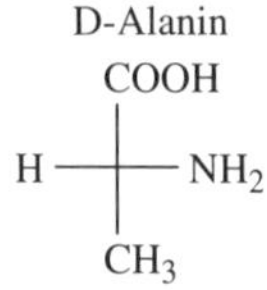

L- und D-Alanin sind **Stereoisomere**, die sich nicht in der Art der Verknüpfung der Atome, sondern in der räumlichen Anordnung der Substituenten am C_2-Atom unterscheiden. Das C_2-Atom stellt im Molekül ein Chiralitätszentrum dar, da es vier unterschiedliche Substituenten trägt. Die beiden Stereoisomere verhalten sich wie **Bild- und Spiegelbild**, d. h. sie sind zueinander **enantiomer**.

1.2.2 *Jede natürlich vorkommende Aminosäure enthält eine Carboxyl- und in α-Stellung dazu eine Aminogruppe; in der Modellskizze lassen sich die Carboxyl-Gruppen anhand der Doppelbindungen und der freien Elektronenpaare am O-Atom eindeutig identifizieren.*
Bei pH < pI (isoelektrischer Punkt) liegt das Molekül als Kation vor, d. h. die Aminogruppe und die beiden Carboxyl-Gruppen sind protoniert.
Am isoelektrischen Punkt ist das Molekül nach außen ungeladen (Zwitterionenstruktur), die Aminogruppe ist protoniert und die der Aminogruppe benachbarte Carboxyl-Gruppe deprotoniert.

Strukturformel bei pH = 1:

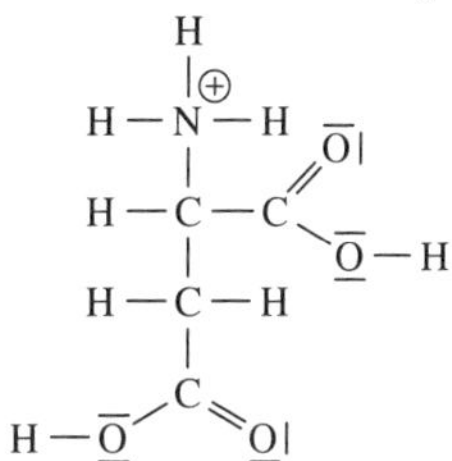

Strukturformel bei pH = 2,9:

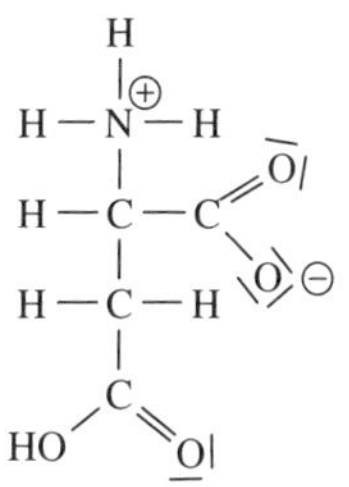

2.1 *Greift die Hydroxy-Gruppe am C_4-Atom das Carbonyl-C-Atom nucleophil an, so bildet sich ein cyclisches Halbacetal aus. Dabei entsteht am C_1-Atom ein neues chirales Zentrum und damit existieren zwei diastereomere Formen der cyclischen Ribose (Anomere). Das durch die Ringbildung neu entstandene chirale Zentrum bezeichnet man als anomeres C-Atom.*

Befindet sich die OH-Gruppe am anomeren C-Atom in der HAWORTH-Projektionsformel unterhalb der Ringebene, wird dies mit dem Symbol „α“ vor dem Namen des Zuckers gekennzeichnet.
Untersucht man eine optisch aktive Substanz mit einem Polarimeter, so werden all jene Moleküle mit einem „–“ gekennzeichnet, die die Schwingungsebene von linear polarisiertem Licht entgegen dem Uhrzeigersinn drehen.

2.2 *Bei der Übertragung der HAWORTH-Projektion in die FISCHER-Projektion gilt die Regel: Substituenten, die in der HAWORTH-Projektion oberhalb der Ringebene angeordnet sind, stehen in der FISCHER-Projektion auf der linken Seite und umgekehrt.*

FISCHER-Projektionsformel der offenkettigen D-Ribose

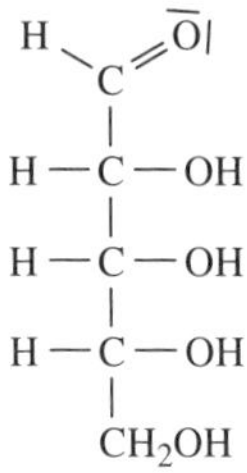

Keto-Enol-Tautomerie

Bei der Keto-Enol-Tautomerie existiert in alkalischer Umgebung ein Gleichgewicht zwischen dem α-Hydroxy-Alkanal und dem entsprechenden Keton.

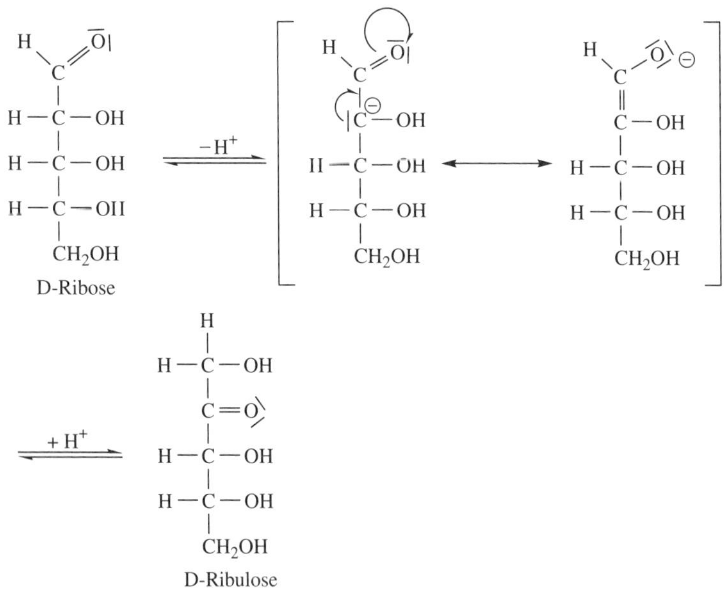

2.3 Bei der Silberspiegelprobe werden gelöste Silber(I)-Ionen zu elementarem Silber reduziert. Die benötigten Elektronen liefert die Oxidation eines Aldehyds zur entsprechenden Carbonsäure.

Red.: $Ag^+ + e^- \longrightarrow Ag \quad | \cdot 2$

Redox.: $R{-}CHO + 2\,Ag^+ + 2\,OH^- \longrightarrow RCOOH + 2\,Ag + H_2O$

3 **Eigenschaften von Fettsäuremolekülen**

Fettsäuremoleküle sind **amphiphil**. Sie setzen sich aus einem großen unpolaren Rest mit **hydrophoben** Eigenschaften und der polaren Carboxyl- bzw. Carboxylat-Gruppe, die **hydrophil** wirkt, zusammen.

Bild 1

An der Oberfläche von Gewässern ordnen sich die Fettsäuremoleküle so an, dass die hydrophile Carboxyl-Gruppe im Wasser ankert und die unpolaren Reste aus dem Wasser herausragen; es bildet sich ein monomolekularer Film auf der Oberfläche des Gewässers.

Bild 2

Durch mechanische Bewegung (Wellen) löst sich ein von Fettsäuren umschlossener Wassertropfen aus der restlichen Wassermenge. Die unpolaren Fettsäurereste ragen dabei in die umgebende Luft, die hydrophilen Carboxyl-Gruppen begrenzen die Hülle des Tropfens zur wässrigen Umgebung im Inneren.

Bild 3

Durch weitere Wellenbewegungen gelangen diese Micellen in Kontakt mit Fettsäuremolekülen auf der Oberfläche des Gewässers. Durch Wechselwirkungen (Van-der-Waals-Kräfte) zwischen den unpolaren Resten bildet sich eine Fettsäure-Doppelschicht um den Wassertropfen, die von einer hydrophilen Außenschicht an Carboxyl-Gruppen begrenzt und so in wässriger Umgebung stabilisiert wird.

4 Strukturformelgleichung für die vollständige Hydrolyse

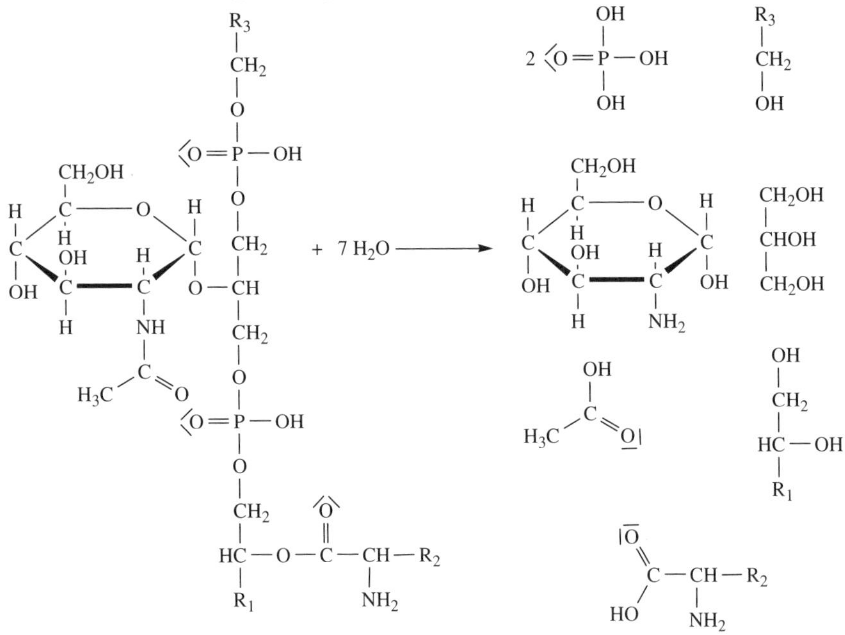

Kennzeichnung und Benennung der hydrolysierbaren Bindungen

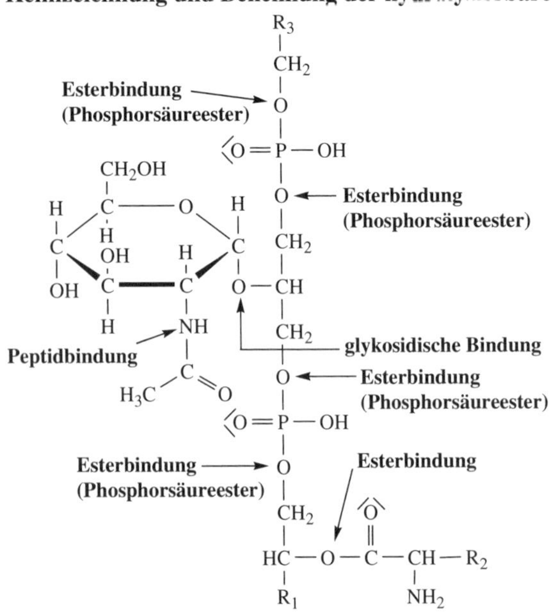

Abitur Chemie (Bayern G8)
Musterabitur B 1: Wasserspeichernde Polymere

BE

Der Amerikaner Victor MILLS gilt als Erfinder der Einmalwindel. Bis vor 20 Jahren enthielten Babywindeln lediglich Zellulose als Wasserspeicher. Erst die Verwendung von Superabsorbern brachte für die Einmalwindeln den endgültigen Durchbruch. Bei den Superabsorbern handelt es sich um Polymere der Acrylsäure (Propensäure), die in der Lage sind, das Dreißig- bis Fünfhundertfache ihres Volumens an Wasser zu speichern.

1 Acrylsäure lässt sich aus Milchsäure (2-Hydroxypropansäure) herstellen, die durch mikrobielle Fermentation aus Pflanzenmaterial gewonnen werden kann, oder durch die katalytische Oxidation des Erdölprodukts Propen an der Luft.

1.1 Formulieren Sie die Strukturformelgleichungen für die Herstellung von Acrylsäure aus Milchsäure (Verfahren A) und für die katalytische Oxidation von Propen (Verfahren B). 5

1.2 Im Gegensatz zu Verfahren B wird dem Herstellungsverfahren A für die Zukunft steigende Bedeutung zugesprochen. Begründen Sie diese Prognose. 4

2.1 Der pK_S-Wert der Acrylsäure beträgt 4,25 der pK_S-Wert von Propansäure liegt dagegen bei 4,87.
Erklären Sie auf der Grundlage des Mesomeriemodells die unterschiedliche Säurestärke der beiden Säuren. 6

2.2 Zur Unterscheidung von Propansäure und Propensäure werden beide Stoffe (von Licht abgeschirmt) mit Bromwasser versetzt. Nur in einem der beiden Fälle kommt es zur Entfärbung des Bromwassers.
Erklären Sie diese Beobachtung. 3

3 Polyacrylsäure wird meist durch radikalische Polymerisation von Acrylsäure hergestellt. Damit sie in Einmalwindeln verwendet werden können, müssen die wasserlöslichen Polymermoleküle anschließend mithilfe sogenannter Cross-Linker weitmaschig vernetzt und dadurch wasserunlöslich gemacht werden.

3.1 Formulieren Sie den Mechanismus der Polyreaktion für die Bildung von Polyacrylsäure und geben Sie eine Repetiereinheit für das Polymermolekül an. 8

3.2 Schlagen Sie einen Cross-Linker für Polyacrylsäure vor, benennen Sie den der Vernetzung zugrunde liegenden Reaktionstyp und zeichnen Sie einen Formelausschnitt des vernetzten Makromoleküls. 6

3.3 Erläutern Sie, weshalb sowohl Cellulose als auch vernetzte Polyacrylsäure in der Lage sind, Wasser zu speichern. Beurteilen Sie die Alkalibeständigkeit der Cellulose und des synthetischen Polymers. 8

40

Lösungsvorschläge

1.1 **Verfahren A:** Eliminierung von Wasser

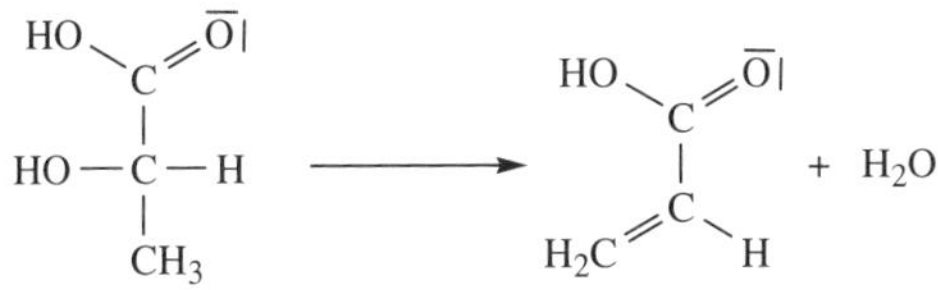

Milchsäure   Acrylsäure

Verfahren B: katalytische Oxidation von Propen

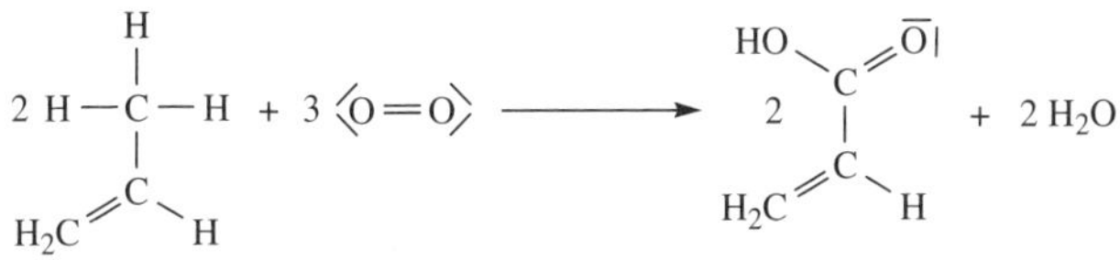

Propen   Acrylsäure

1.2 Da das Erdölprodukt Propen als Ausgangsmaterial für Verfahren B dient und die Vorräte an **fossilen Brennstoffen** immer knapper werden, verteuert sich das Edukt und dieser Syntheseweg wird unwirtschaftlich.
Milchsäure kann aus **nachwachsenden Rohstoffen** durch Fermentation gewonnen werden; die Verfügbarkeit dieses Edukts ist also nicht an fossile Energieträger gekoppelt. Die Substanz steht langfristig in größerer Menge zur Verfügung, sodass sich Verfahren A gegenüber Verfahren B durchsetzen könnte.

2.1 *Der pK_S-Wert ist ein Maß für die Säurestärke, also für das Bestreben eines Moleküls, ein Proton abzuspalten. Je kleiner der pK_S-Wert, desto stärker ist die Säure.*

Der kleinere pK_S-Wert der Acrylsäure zeigt, dass sich das Proton der Carboxylgruppe bei der Acrylsäure leichter abspalten lässt als bei der Propansäure. Der Grund dafür ist die unterschiedliche Stabilisierung der Säure-Anionen.

Mesomere Grenzstrukturen des Acrylations

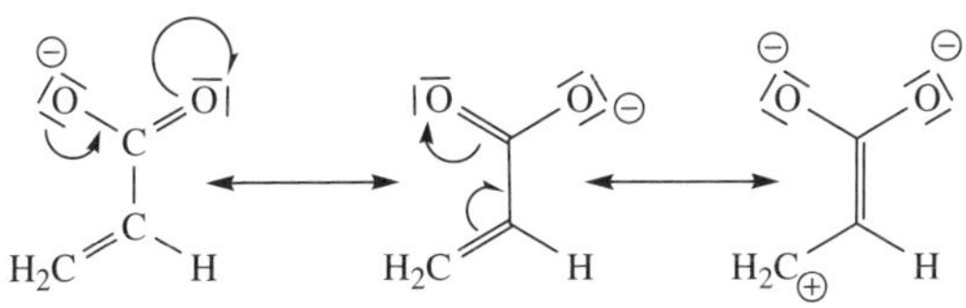

Mesomere Grenzstrukturen des Propanoations

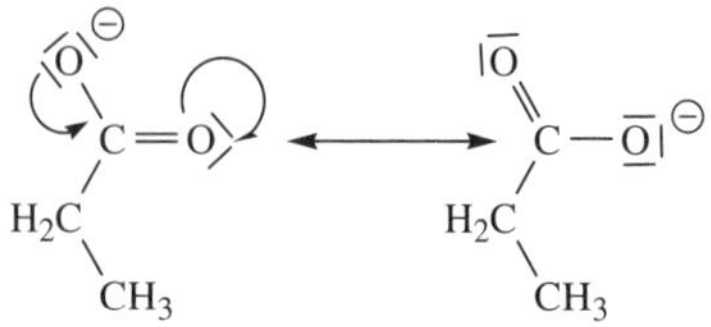

Im Acrylat-Anion ist die negative Ladung über das gesamte Molekül delokalisiert, da die drei C-Atome und die beiden O-Atome in einer Ebene liegen. Es wird mehr Mesomerieenergie frei, weshalb das gebildete Säureanion energieärmer ist als das Propanoat-Anion, in dem die negative Ladung lediglich über die Carboxylgruppe delokalisiert ist.

2.2 Propensäuremoleküle enthalten zwischen dem C_2- und dem C_3-Atom eine Doppelbindung, an die Halogene wie z. B. Brom im Dunkeln elektrophil addiert werden können. In Gegenwart von Propensäure entfärbt sich daher das Bromwasser. Für die Reaktion von Propansäure mit Bromwasser (radikalische Substitutionsreaktion) wäre als Aktivierungsenergie Licht nötig. Unter den in der Aufgabe vorgegebenen Bedingungen („von Licht abgeschirmt") entfärbt sich Bromwasser in Gegenwart von Propansäure also nicht.

3.1 *Das Monomer Acrylsäure enthält eine Doppelbindung, weshalb die Verknüpfung durch radikalische Polymerisation erfolgt.*

Reaktionsmechanismus der radikalischen Polymerisation

Startreaktion:

Um die Reaktion in Gang zu setzen, wird ein Radikalbildner (z. B. Dibenzoylperoxid) homolytisch gespalten.

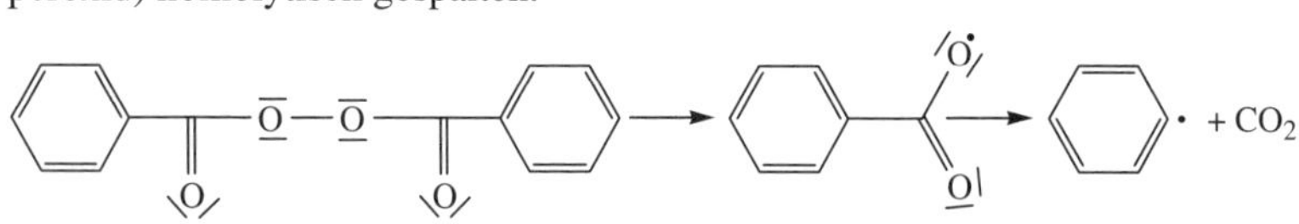

Die entstehenden Radikale greifen dann im kettenverlängernden Reaktionsschritt die Acrylsäuremoleküle an.

Kettenverlängernde Reaktionen:

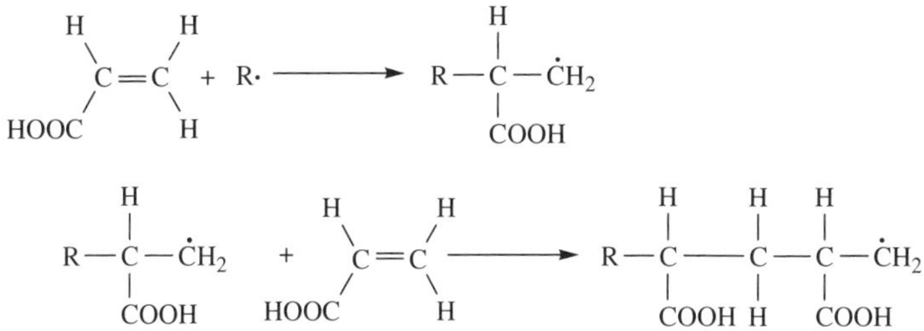

Das bei der Startreaktion gebildete Radikal greift das Monomer unter Bildung eines neuen Radikals an, das wiederum mit einem weiteren Edukt reagiert, wodurch die Kette kontinuierlich wächst.

Kettenabbruch-Reaktion:
Mit zunehmender Dauer des Experiments steigt die Anzahl der Radikale und mit ihr die Wahrscheinlichkeit der Rekombination zweier Radikale. Solche Abbruchreaktionen verringern die Gesamtzahl der Radikale im Versuchsansatz.

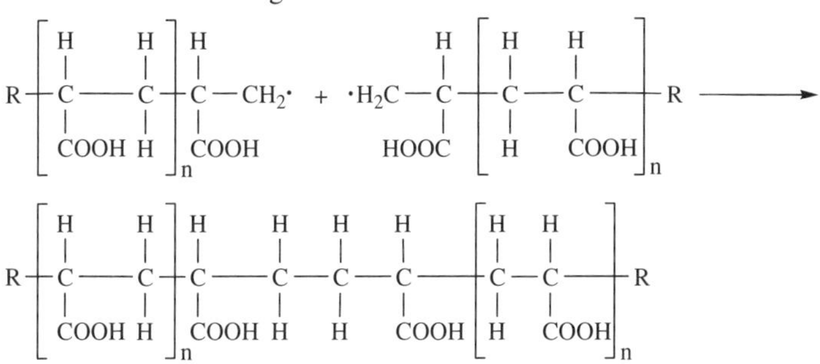

3.2 *Cross-Linker sind Moleküle, die Polyacrylsäure-Ketten miteinander vernetzen. Geeignet sind hierfür bifunktionelle Verbindungen, die mit der Carboxygruppe reagieren.*

Mögliche Cross-Linker-Moleküle
- Ethan-1,2-diol
- Ethan-1,2-diamin

Diese **bifunktionellen Verbindungen** verknüpfen die Polymerketten durch die Bildung von Carbonsäureestern bzw. Säureamiden.

Strukturformelausschnitt des vernetzten Moleküls

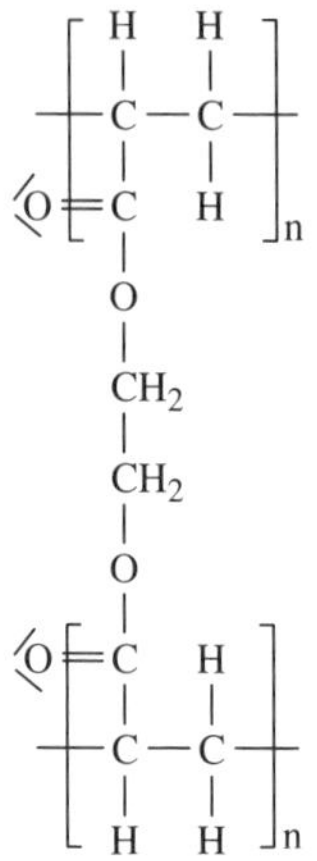

3.3 Sowohl das Polysaccharid Cellulose als auch das vernetzte Polyacrylsäure-Polymer enthalten sehr viele **polare Gruppen**. Wassermoleküle können über **Wasserstoffbrückenbindungen** an die betrachteten Makromoleküle binden und auf diese Weise gespeichert werden.

In alkalischer Umgebung werden Carbonsäureesterbindungen hydrolysiert, d. h. die vernetzenden Brücken zwischen den Polyacrylsäure-Polymeren werden gespalten. Die 1,4-glykosidischen Bindungen zwischen den β-D-Glucose-Bausteinen der Cellulose entsprechen **Vollacetal-Gruppierungen**, die gegen alkalische Hydrolyse weitgehend stabil sind.

Abitur Chemie (Bayern G8)
Musterabitur C 1: Stahlbeton

BE

1 Vor einigen Jahren titelte eine große deutsche Tageszeitung sinngemäß: „Männer-Urin zerstört Maracana-Stadion: Rio de Janeiro (dpa) – Urin bedroht den legendären „Fußballtempel“ Maracana in der brasilianischen Metropole Rio de Janeiro.“ Als Ursache für die Zerstörung der Bausubstanz wird in dem Artikel die „Ammoniaksäure“ genannt, die angeblich in den Beton eindringt und die Stahlträger oxidiert.

1.1 Erörtern Sie auf der Basis der Bindungsverhältnisse im Ammoniakmolekül und der angegebenen pK-Werte die Bezeichnung des Ammoniaks als Säure.
$pK_S(H_2O) = pK_B(H_2O) = 15{,}74$; $pK_S(NH_3) = 23$; $pK_B(NH_3) = 4{,}75$ 8

1.2 Ein bestimmtes Volumen einer Ammoniumchlorid-Lösung wird mit Natronlauge titriert. Dabei notiert man die pH-Werte und erhält so die dargestellte Titrationskurve.

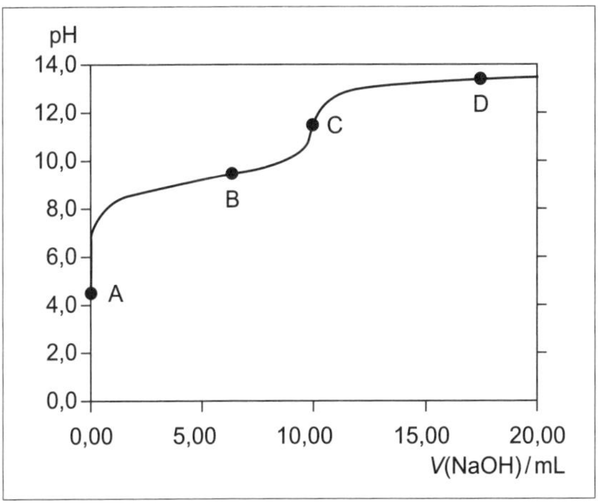

Abb. 1: Titrationskurve

Formulieren Sie die Neutralisationsgleichung der beschriebenen Titration und kennzeichnen Sie die korrespondierenden Säure-Base-Paare. 3

1.3 Die drei nachfolgenden Skizzen repräsentieren modellhaft Momentaufnahmen der Ammoniumchlorid-Lösung zu drei der vier in Abbildung 1 mit A bis D gekennzeichneten Zeitpunkten der Titration. Aus Gründen der Übersichtlichkeit sind die Wassermoleküle nicht eingezeichnet.

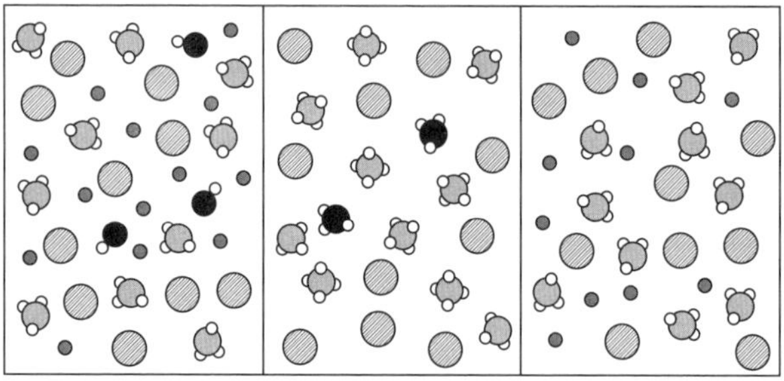

Abb. 2: Modellhafte Momentaufnahmen der Titrationslösung zu drei Zeitpunkten

Erstellen Sie eine Legende der dargestellten Teilchen und ordnen Sie die Skizzen 1–3 den entsprechenden Punkten der Titrationskurve zu. Begründen Sie Ihre Zuordnung. 6

1.4 Beschreiben Sie, wie man graphisch den pK_S-Wert des Ammoniumions ermitteln kann, und geben Sie den Wert an. Berechnen Sie sodann die anfängliche Stoffmengenkonzentration von Ammoniumionen in der Lösung. 7

2 Beton wird u. a. aus kalkhaltigem Zement hergestellt. Um die Zugfestigkeit des Betons zu erhöhen, werden Armierungen aus Stahl in den Beton eingebettet. Diesen Verbundwerkstoff bezeichnet man als Stahlbeton. Stellen Sie unter Zuhilfenahme der Materialen 1 bis 3 dar, wie es ausgehend vom Urin in der Betonmauer dazu kommen kann, dass das Eisen im Stahlbeton von innen heraus korrodiert. 8

Material 1:
Infolge von bakteriellem Abbau stickstoffhaltiger, organischer Verbindungen, z. B. Urin, bildet sich in Gegenwart von Kalk ($CaCO_3$) „Mauersalpeter“ ($Ca(NO_3)_2$). Durch diesen Prozess wird der Beton allmählich brüchig. Es können sich Poren und Risse bilden.

Material 2:
Bei Kraftfahrzeugen beobachtet man, dass eine ungeschützte Autokarosserie in engen, schlecht zugänglichen Bereichen und in Hohlräumen stärker korrodiert als an der Außenseite.

Material 3:
Zur Korrosion von Eisen wird folgendes Experiment durchgeführt:

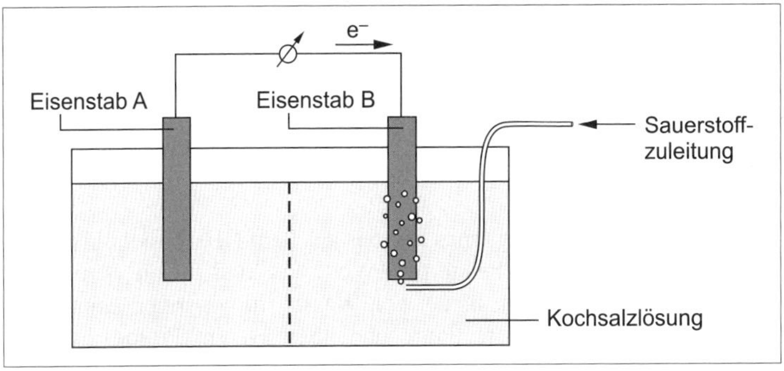

Abb. 3: Versuchsskizze mit Beobachtung

3 Zur Betonherstellung muss Zement mit Wasser versetzt werden. Dabei bildet sich eine alkalische Lösung. Im stark Alkalischen reagiert der Indikator Phenolphthalein (Phen) langsam mit Hydroxidionen unter Entfärbung. Für die Konzentration von Phenolphthalein in Abhängigkeit von der Zeit wurden experimentell folgende Messwerte ermittelt:

c(Phen) in 10^{-3} mol · L^{-1}	78,5	62,8	47,1	31,4	15,7	7,85
t in s	0	34,5	80,1	144,5	253	320

3.1 Zeichnen Sie mithilfe der Messwerte eine Näherungskurve, die die Veränderung der Phenolphthalein-Konzentration in Abhängigkeit von der Zeit veranschaulicht. 3

3.2 Ermitteln Sie für obige Reaktion die mittlere Reaktionsgeschwindigkeit für die erste und letzte Minute und erläutern Sie den Geschwindigkeitsverlauf. 5

40

Lösungsvorschläge

1.1 Im Ammoniakmolekül treten polare N–H-Bindungen auf. Da die Elektronegativität des Stickstoffatoms größer ist als die des Wasserstoffatoms, trägt das Stickstoffatom eine negative Partialladung, die Wasserstoffatome im Ammoniakmolekül hingegen positive Partialladungen.

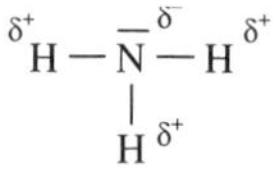

Die heterolytische Abspaltung eines Protons aus dem NH_3-Molekül ist also prinzipiell möglich. Der entsprechende pK_S-Wert, das Maß für die Säurestärke, ist mit 23 aber wesentlich größer als der von Wasser. In wässrigen Ammoniak-Lösungen ist Wasser die stärkere Säure und überträgt ein Proton auf das Ammoniakmolekül.

1.2 $NH_4^+ + OH^- \longrightarrow NH_3 + H_2O$

Säure-Base-Paar 1: NH_4^+ (Säure 1) / NH_3 (Base 1)

Säure-Base-Paar 2: H_2O (Säure 2) / OH^- (Base 2)

1.3 *Anhand der Moleküldarstellungen kann auf die Strukturformeln geschlossen werden, wobei gleiche Atomsorten mit gleichen Symbolen dargestellt werden.*

Legende

Na^+	Cl^-	OH^-	H_3O^+	NH_3	NH_4^+

Zuordnung der Skizzen

Skizze 1: Punkt D

Da keine NH_4^+-Teilchen mehr vorhanden sind und zusätzlich freie OH^--Teilchen existieren, gibt diese Skizze die Verhältnisse in Lösung wieder, wenn mehr als die äquivalente Menge an Natronlauge zugegeben worden ist.

Skizze 2: Punkt A

In der Lösung befinden sich keine Na^+-Ionen, es wurde also noch keine Natronlauge zugegeben. Zudem treten H_3O^+-Ionen auf, die bei allen anderen angegebenen Punkten deprotoniert worden wären.

Skizze 3: Punkt C

Da es in Lösung genauso viele Na^+- wie Cl^--Ionen gibt, handelt es sich hierbei um die Situation am Äquivalenzpunkt der Titration. Es treten auch keine NH_4^+-Ionen und OH^--Ionen auf, da sie vollständig zu Ammoniak- und Wassermolekülen umgesetzt wurden.

1.4 Graphische Ermittlung des pK_S-Wertes

Der erste Wendepunkt der Titrationskurve wird als **Halbäquivalenzpunkt** bezeichnet, da hier genau die Hälfte des bis zum Erreichen des Äquivalenzpunktes benötigten Volumens an Natronlauge-Maßlösung zugegeben wurde.
Am Halbäquivalenzpunkt entspricht die Konzentration der undissoziierten Säure (Ammoniumionen) der Konzentration ihrer korrespondierenden Base (Ammoniak).
Am Halbäquivalenzpunkt einer Titration gilt also: $pH = pK_S$
Der pK_S-Wert kann an der pH-Achse der Titrationskurve abgelesen werden.
$pK_S(NH_4^+) = 9{,}25$

Berechnung der Stoffmengenkonzentration $c_0(NH_4^+)$

- Ermittlung gegebener und gesuchter Größen:
  geg.: $pK_S(NH_4^+) = 9{,}25$
  pH-Wert zu Beginn der Reaktion: pH = 4,5
  ges.: $c_0(NH_4^+)$
- Aufstellen des chemischen Gleichgewichtes und des Massenwirkungsgesetzes

$$NH_4^+ + H_2O \rightleftharpoons NH_3 + H_3O^+$$

$$K = \frac{c(NH_3) \cdot c(H_3O^+)}{c(NH_4^+) \cdot c(H_2O)}$$

$$K_S = K \cdot c(H_2O) = \frac{c(NH_3) \cdot c(H_3O^+)}{c(NH_4^+)}$$

- Ermittlung von $c_0(NH_4^+)$
  Mit $c(NH_3) = c(H_3O^+)$ und $c(NH_4^+) \sim c_0(NH_4^+)$ gilt:

$$K_S = \frac{c^2(H_3O^+)}{c_0(NH_4^+)}$$

$$c_0(NH_4^+) = \frac{c^2(H_3O^+)}{K_S} = \frac{(10^{-pH})^2}{10^{-pKs}}$$

$$c_0(NH_4^+) = \frac{(10^{-4,5}\ mol \cdot L^{-1})^2}{10^{-9,25}\ mol \cdot L^{-1}} = \underline{\underline{1{,}78\ mol \cdot L^{-1}}}$$

2 *Zum Lösen der Aufgabe wertet man die in der Aufgabenstellung gegebenen Materialien aus und stellt zwischen ihnen einen Zusammenhang her.*

Material 3 beschreibt ein Experiment, bei dem zwei Eisenstäbe elektrisch leitend miteinander verbunden sind. Der Elektronenfluss erfolgt dabei von Elektrode A zu Elektrode B, also zu der Elektrode mit der höheren Sauerstoffkonzentration. Elektrode A, die nicht mit Sauerstoff umspült wird, korrodiert bei diesem Versuch.
Laut **Material 2** korrodieren schlecht zugängliche Bereiche in Karosserien, also Bereiche mit geringer Sauerstoffkonzentration, stärker als Karosserie-Außenteile.
Die Bildung von Mauersalpeter (**Material 1**) durch den Ammoniak im Urin sorgt für die Entstehung von Rissen und Spalten im Beton. An diesen Stellen herrschen ebenfalls geringere Sauerstoffkonzentrationen als an der Außenseite, was nach **Material 2** und **3** die Korrosion der Stahlträger erklären soll.

Verwendet man nur die in Material 1 gegebenen Informationen, so erscheint auch die folgende Lösung einleuchtend zu sein:
In Gegenwart von Ammoniak reagiert Kalk zu Mauersalpeter und es entstehen Risse im Beton. Durch diese Risse kann sowohl Wasser als auch Sauerstoff eindringen und es bilden sich lokale galvanische Elemente, bei denen Eisenatome oxidiert werden. Der Stahlbeton verliert dadurch an Festigkeit.

3.1 **Abhängigkeit der Phenolphthalein-Konzentration von der Zeit**

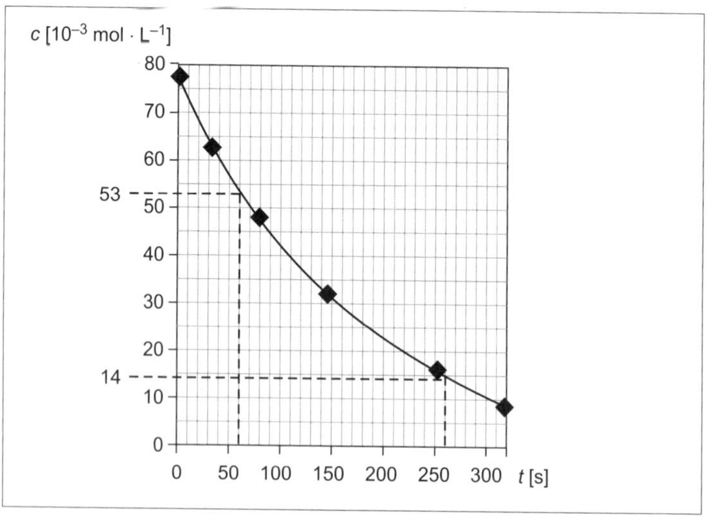

3.2 **Ermittlung der mittleren Reaktionsgeschwindigkeiten**

Erste Minute: $\overline{v_1} = \frac{|\Delta c|}{|\Delta t|} = \frac{|(53 - 78{,}5) \cdot 10^{-3}\ \text{mol} \cdot \text{L}^{-1}|}{60\ \text{s}} = 4{,}3 \cdot 10^{-4}\ \text{mol} \cdot \text{L}^{-1} \cdot \text{s}^{-1}$

Letzte Minute: $\overline{v_2} = \frac{|\Delta c|}{|\Delta t|} = \frac{|(7{,}85 - 14) \cdot 10^{-3}\ \text{mol} \cdot \text{L}^{-1}|}{60\ \text{s}} = 1{,}0 \cdot 10^{-4}\ \text{mol} \cdot \text{L}^{-1} \cdot \text{s}^{-1}$

Je länger die Reaktion dauert, desto geringer wird die Reaktionsgeschwindigkeit ($v_2 < v_1$). Für eine erfolgreiche chemische Reaktion müssen die Edukt-Teilchen mit genügend großer kinetischer Energie zusammenstoßen. Die Konzentration des Eduktes nimmt im Verlauf der Reaktion immer weiter ab und mit ihr die Wahrscheinlichkeit wirksamer Zusammenstöße und somit auch die Reaktionsgeschwindigkeit.

Abitur Chemie (Bayern G8)
Kolloquiumsprüfung 1: Kunststoffe

Kunststoffe als Verpackungsmaterialien werden zunehmend kritisch diskutiert, da konventionelle Verpackungsmaterialien wie z. B. Polypropen (= PP) sehr lange in Ökosystemen erhalten bleiben und kaum mikrobiell abgebaut werden. Sie reichern sich vor allem in den Meeren an und werden von Meereslebewesen sowie Vögeln mit der Nahrung aufgenommen.
Aus diesem Grund gewinnen biologisch abbaubare Biolactide (= PLAs) an Bedeutung. Diese können durch Enzyme in ihre Monomere gespalten werden, die dann als Nahrung für Bakterien dienen. Folgende Formel zeigt einen typischen Vertreter der PLAs:

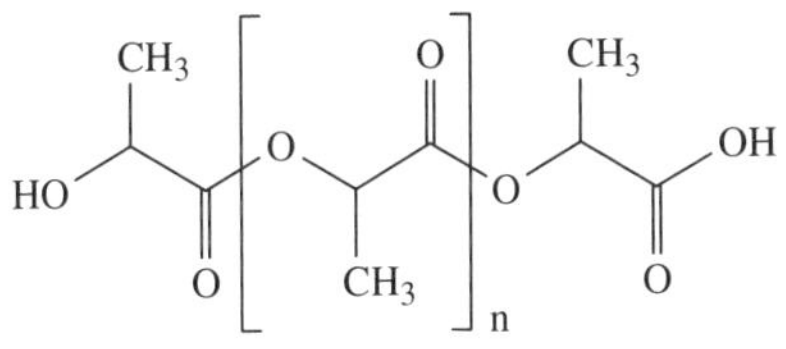

PP und das dargestellte PLA zeigen ein ähnliches Verhalten beim Erwärmen. Zur Herstellung von Werkstücken kann deshalb der geschmolzene Kunststoff in eine Form gegossen werden und dort aushärten.

Formulieren Sie die Herstellungsmechanismen des Polypropens und des abgebildeten PLA! Vergleichen Sie die thermischen Eigenschaften von PLA und PP mit einem anderen Kunststoff ihrer Wahl, der sich für ein Spritzgussverfahren nicht eignet!

Erwartungshorizont (Referat)

Polypropen entsteht durch **radikalische Polymerisation** von Propen.

Startreaktion:

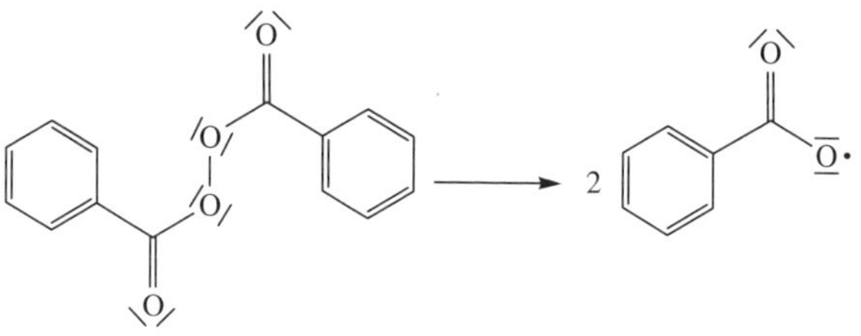

Benzoylperoxid Benzoylradikal (R•)

Das hier aufgeführte Benzoylperoxid ist ein häufig verwendetes Startermolekül für die radikalische Polymerisation. Alternativ könnte z.B. auch 2,2'-Azo-bis-isobutyronitril (AIBN) verwendet werden. Beide Verbindungen zerfallen leicht und bilden dabei Radikale.

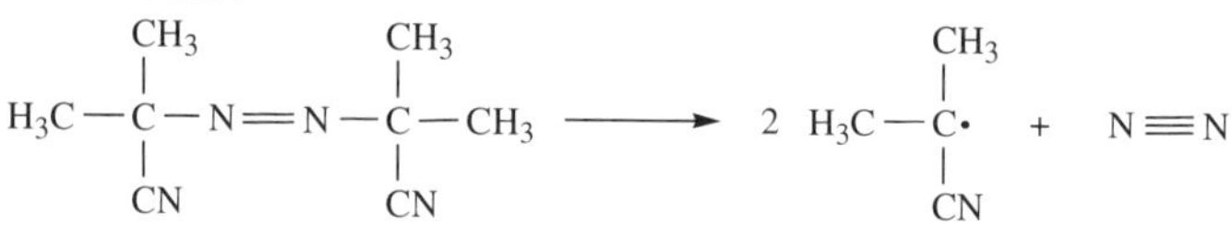

2,2'-Azo-bis-isobutyronitril (AIBN) Isobutyronitril-radikale Stickstoff

Kettenverlängernde Reaktionen:

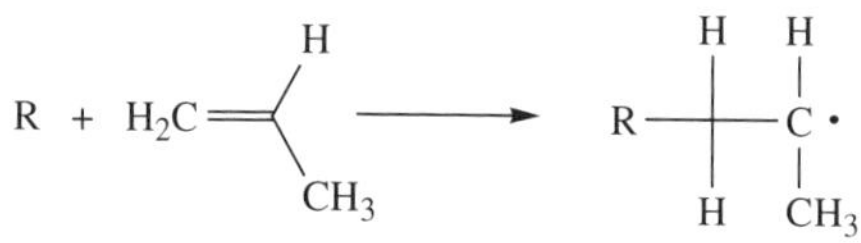

Propen

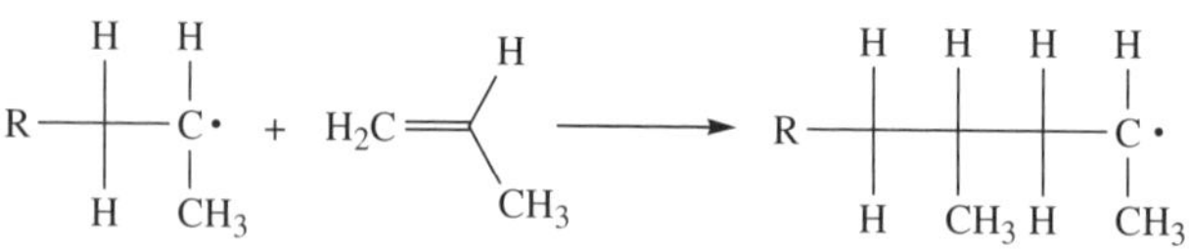

Abbruchreaktion, z.B.:

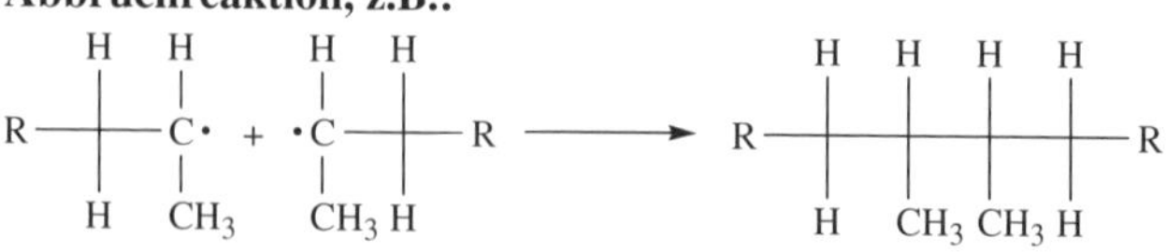

Je nach Reaktionsbedingungen können dabei auch verzweigte Molekülketten entstehen.

Das **Polylactid (PLA)** lässt sich durch **Polykondensation** aus 2-Hydroxypropansäure (Milchsäure) herstellen. Es entsteht ein Polyester vom Typ I.

In dem gegebenen Polymer ist deutlich die Estergruppierung zu erkennen. Solche Polyester entstehen durch Polykondensation und können nach der Art ihrer Monomere in 2 Typen unterschieden werden. Typ I Polyester entstehen aus Hydroxycarbonsäuren, wohingegen Polyester vom Typ II aus Dicarbonsäuren und Dialkoholen synthetisiert werden.

Bei der Synthese des Polylactids (PLA) reagieren die Hydroxylgruppe eines Moleküls mit der Carboxyl-Gruppe des zweiten 2-Hydroxypropansäure-Moleküls zu einem Carbonsäureester und Wasser.

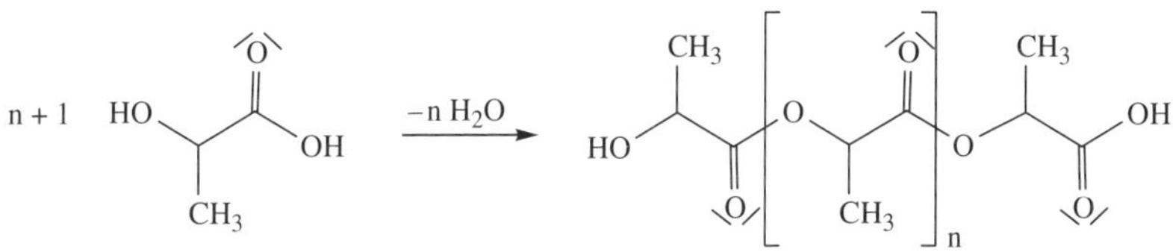

2-Hydroxypropansäure Polylactid (PLA)

Die thermischen Eigenschaften eines Kunststoffes hängen von der Art der Vernetzung der Polymerketten ab.

Beide Kunststoffe, d. h. PP und PLA, sind **thermoplastisch**. Beim Erwärmen lassen sie sich verformen und bei höheren Temperaturen auch einschmelzen. Durch Guss in eine Form nimmt der flüssige Kunststoff die neue Form an und erstarrt, weil die Molekülketten nicht kovalent miteinander verbunden sind.

Werden bei der Polykondensation statt bivalenter (eine Hydroxyl- und eine Carboxylgruppe pro Molekül), tri- oder polyvalente Monomere mit mehr reaktiven Gruppen als Edukte eingesetzt, entsteht bei der Polymerisation ein dreidimensionales Netzwerk. Solche Kunststoffe verhalten sich **duroplastisch**, d. h. sie lassen sich durch Erwärmen nicht verformen, sondern zersetzen sich.

Ein mögliches Edukt für die Synthese eines duroplastischen Kunststoffes wäre z. B. 2-Hydroxy-Butandisäure, das zu einem vernetzten Kunststoff polymerisiert:

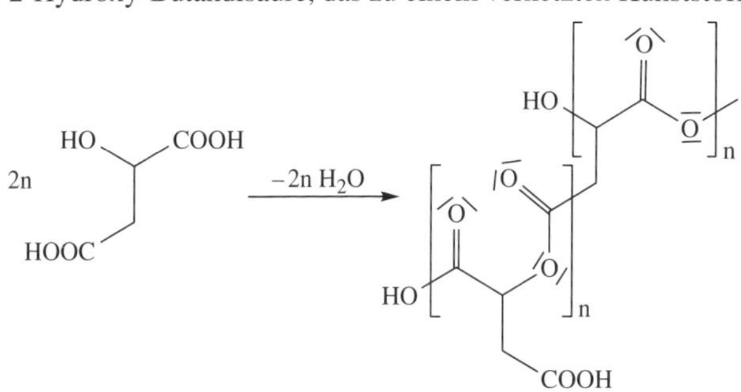

Abitur Chemie (Bayern G8)
Kolloquiumsprüfung 2: Fette und Tenside

Die reinigende Wirkung von Seifen wurde bereits in der römischen Antike erkannt, wobei aber erst Ludwig XIV. der Herstellung von Seife zum endgültigen Durchbruch in Europa verhalf.
Stellen Sie mithilfe geeigneter Strukturformeln ein Verfahren zur Herstellung von Schmierseife vor. Erklären Sie die Wirkungsweise von Schmierseife als waschaktives Tensid und diskutieren Sie, warum Schmierseifen in modernen Waschmitteln kaum mehr eingesetzt werden.

Erwartungshorizont (Referat)

Herstellung von Seife aus einem Fett durch alkalische Hydrolyse des Triglycerids:

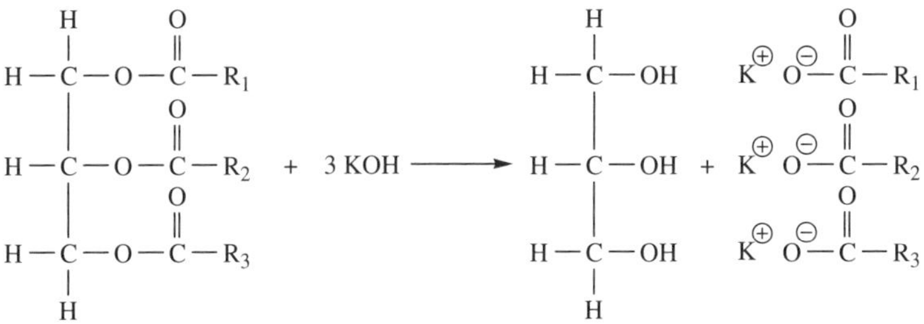

Triglycerid Kalilauge Glycerin Schmierseife

Seifen-Moleküle sind amphiphil (polarer und unpolarer Molekülteil) und deshalb waschaktiv:

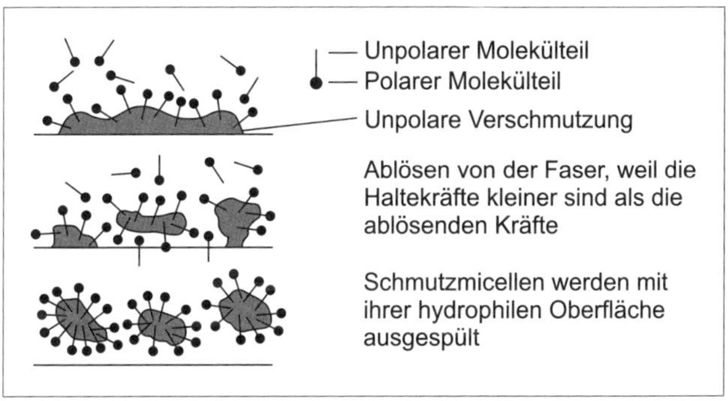

Nachteile der Schmierseife gegenüber synthetischen waschaktiven Substanzen:

Alkalische Reaktion in Wasser ⇒ Denaturierung von Geweben

Reaktion mit Ca^{2+} ⇒ Bildung schwerlöslicher Kalk-Seife

Reaktion mit H_3O^+-Ionen ⇒ Bildung schwerlöslicher Fettsäuren

Abitur Chemie (Bayern G8)
Kolloquiumsprüfung 3: Elektrochemische Stromerzeugung

Als Energiequelle der Zukunft wird in der Fahrzeugtechnik der Elektromotor gepriesen. Als Stromquelle könnten dabei eine Brennstoffzelle oder die bereits heute verwendeten Blei-Akkumulatoren dienen.
Vergleichen Sie Aufbau und Funktionsweise einer Brennstoffzelle mit dem Blei-Akkumulator und diskutieren Sie, welche der beiden Energiequellen für den Einsatz in Elektro-Autos geeigneter ist.

Erwartungshorizont (Referat)

Brennstoffzelle

Vorteile:
Hohe Effizienz, geringes Gewicht, betankbar, …

Nachteile:
Wasserstoff ist explosiv und leicht flüchtig, …

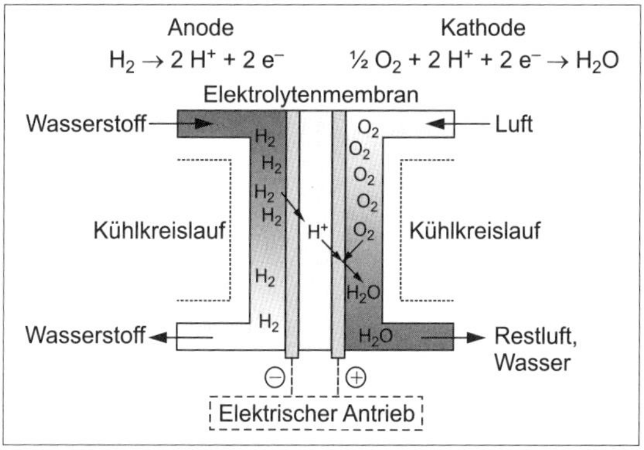

Blei-Akkumulator

Vorteile:
Bekannte Technologie, relativ ungefährliche Chemikalien, …

Nachteile:
Hohes Gewicht, bei relativ geringer Leistung, …

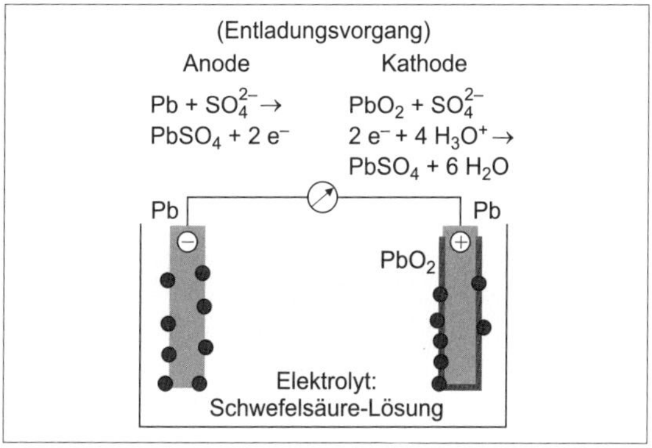

Abiturprüfung 2011 Chemie (Bayern G8)
Aufgabe A1: Landwirtschaft

BE

1 Milchzucker (Lactose) kommt in der Kuhmilch mit einem Massenanteil von ca. 4,5 % vor. Personen, die an einer Lactose-Unverträglichkeit leiden, fehlt das Enzym Lactase. Bei der Herstellung von lactosefreier Milch wird dieses Enzym zugesetzt, um das Disaccharid Milchzucker in zwei Monosaccharide aufzuspalten. Bei einem dieser Monosaccharide handelt es sich um D-Galactose, die im Tierreich im Vergleich zu L-Galactose häufig vorkommt. L-Galactose tritt nur vereinzelt im Pflanzenreich, z. B. bei den Schaumkressen (*Arabidopsis sp.*), auf.

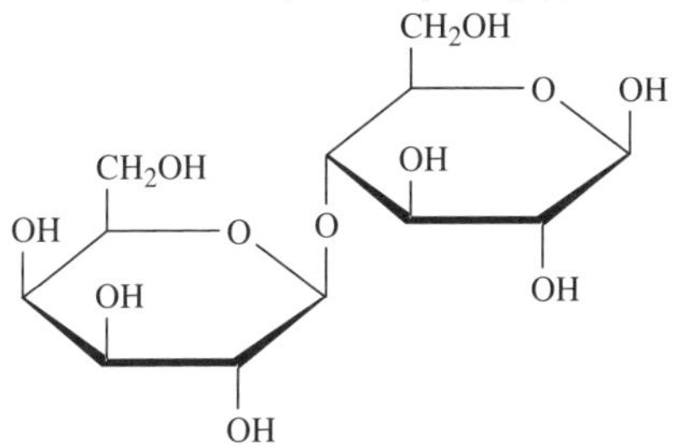

Abb. 1: Haworth-Projektionsformel von Lactose

1.1 Stellen Sie die beiden Produkte der beschriebenen enzymatischen Spaltung sowie die L-Galactose jeweils in der Fischerprojektion dar und beschreiben Sie die stereochemischen Beziehungen dieser drei Moleküle zueinander! 9

1.2 Beschreiben Sie das Phänomen der Mutarotation und leiten Sie unter Mitverwendung von Strukturformelgleichungen ab, ob Lactose Mutarotation zeigt! 9

2 Bei der Produktion von Futtermitteln für Milchvieh werden Düngemittel verwendet, bei deren Synthese Salpetersäure einen bedeutenden Grundstoff darstellt. Eines der ersten technischen Verfahren zur Salpetersäureherstellung geht von Stickstoffmonooxid aus, das in einer reversiblen Reaktion aus Stickstoff und Sauerstoff gebildet wird.

2.1 Die folgende Tabelle gibt den Stoffmengenanteil von Stickstoffmonooxid im Gleichgewicht in Abhängigkeit von der Temperatur an:

Temperatur [°C]	1 500	2 500	3 000
Stoffmengenanteil NO [%]	0,2	3,0	5,4

Tab. 1: Stoffmengenanteil von NO im Gleichgewicht in Abhängigkeit von der Temperatur bei konstantem Druck

Leiten Sie mithilfe dieser Daten ab, ob die Synthese von Stickstoffmonooxid aus den Elementen exotherm oder endotherm ist, und begründen Sie Ihre Aussage mithilfe des Prinzips von LE CHATELIER! 5

2.2 Die folgende Abbildung zeigt die Messergebnisse eines Experiments, bei dem Stickstoff und Sauerstoff im Stoffmengenverhältnis 1 : 1 gemischt und zur Reaktion gebracht wurden:

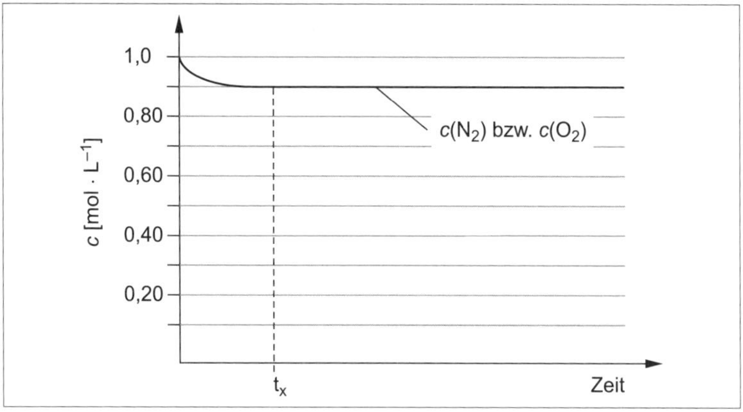

Abb. 2: Konzentration der Edukte der Stickstoffmonooxidsynthese in Abhängigkeit von der Zeit bei konstanter Temperatur und konstantem Druck

Formulieren Sie die Reaktionsgleichung für das beschriebene Gleichgewicht und ergänzen Sie Abbildung 2 durch den Kurvenverlauf für die Konzentration von Stickstoffmonooxid! 5

2.3 Berechnen Sie die Gleichgewichtskonstante K_C für die Synthese von Stickstoffmonooxid im Versuch aus 2.2 und charakterisieren Sie das Reaktionsgeschehen auf der Stoff- und auf der Teilchenebene zum Zeitpunkt t_x! 6

3 Neben einer Steigerung der Ernteerträge wird in der Landwirtschaft eine bessere Futterverwertung durch die Tiere angestrebt, die durch die Verwendung von desinfiziertem Tränkewasser erreicht werden kann. Zur Desinfektion von Wasser kann ein Desinfektionsmittel eingesetzt werden, das durch Elektrolyse einer wässrigen Kochsalzlösung mit z. B. Graphitelektroden gewonnen wird.

Redoxsystem	**Potenzial**
Na/Na^+	$E^0 = -2,71$ V
H_2/H_3O^+ bei pH = 7	$E^0 = -0,410$ V
H_2/H_3O^+	$E^0 = 0$ V
OH^-/O_2 bei pH = 7	$E^0 = +0,820$ V
Cl^-/Cl_2	$E^0 = +1,36$ V

Tab. 2: Redoxpotenziale

Gas	Überpotenzial
Wasserstoff	−0,970 V
Sauerstoff	+1,09 V
Chlor	+0,25 V

Tab. 3: Überpotenziale an Graphitelektroden bei einer Stromdichte von 10^{-1} A · cm^{-2}

Bei der oben genannten Elektrolyse können an den beiden Elektroden prinzipiell je zwei verschiedene Reaktionen ablaufen.
Geben Sie die Reaktionsgleichungen für diese elektrochemischen Vorgänge an!
Leiten Sie mithilfe der angegebenen Potenziale und Überpotenziale die Produkte ab, die bei der Elektrolyse einer wässrigen Kochsalzlösung (c(NaCl) = 1 mol · L^{-1}) gebildet werden! 6

40

Lösungsvorschläge

1.1 *Durch das zugesetzte Enzym kommt es zur hydrolytischen Spaltung der glykosidischen Bindung im Disaccharid. Dabei entstehen die beiden Monosaccharide Galactose und Glucose. Da der Glucosebaustein im Disaccharid bekannt sein sollte (rechtes Monomer), kann anhand der Strukturformel der Lactose auch die Strukturformel der D-Galactose ermittelt werden.*
Die Aufgabenstellung fordert die offenkettige Form der Monosaccharide. Dabei gilt es zu beachten, dass OH-Gruppen, die in der Haworth-Projektion nach unten zeigen, in der Fischer-Projektion auf der rechten Seite stehen und umgekehrt.

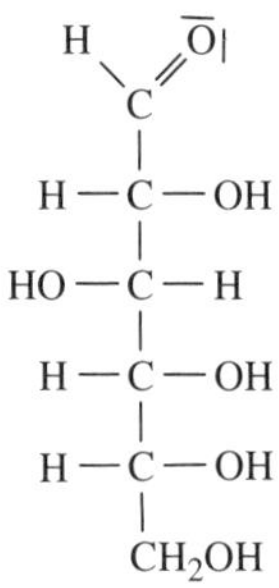

D-Glucose

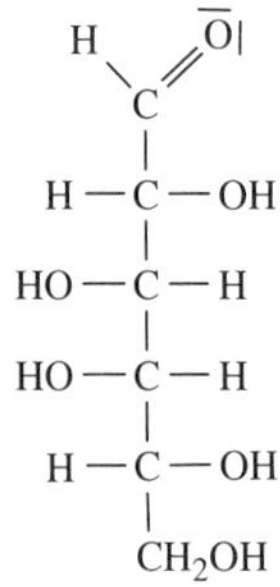

D-Galactose

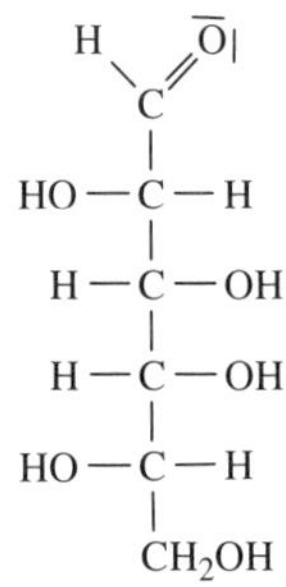

L-Galactose

Stereochemische Beziehungen
D-Glucose, D-Galactose und L-Galactose sind **Stereoisomere**. Die drei Monosaccharidmoleküle unterscheiden sich nicht in der Verknüpfung ihrer Atome, aber in der räumlichen Anordnung der Substituenten.
L-Galactose und D-Galactose sind **Enantiomere**, die sich wie Bild und Spiegelbild verhalten. D-Glucose und D- bzw. L-Galactose sind **Diastereomere**.

1.2 **Mutarotation**
Optisch aktive Stoffe drehen die Schwingungsebene von linear polarisiertem Licht um einen bestimmten Drehwinkel. Beobachtet man bei einer frisch angesetzten Lösung eines optisch aktiven Stoffes eine spontane Veränderung des Drehwinkels bis zu einem konstanten Endwert, so bezeichnet man dies als Mutarotation. Die Veränderung des Drehwinkels ist darauf zurückzuführen, dass sich in Lösung ein Gleichgewicht zwischen den α- und β-Anomeren über die offenkettige Form einstellt. Der resultierende Drehwinkel der Lösung hängt von den Drehwinkeln der α- und β-Anomere sowie von der jeweiligen Gleichgewichtslage ab.

Lactose zeigt Mutarotation. Da das anomere C-Atom des β-D-Glucose-Bausteins nicht an der glykosidischen Bindung beteiligt ist, kann es an dieser Stelle zu einer Ringöffnung kommen. In der Lösung stellt sich über die offenkettige Form ein Gleichgewicht zwischen α- und β-Lactose ein.

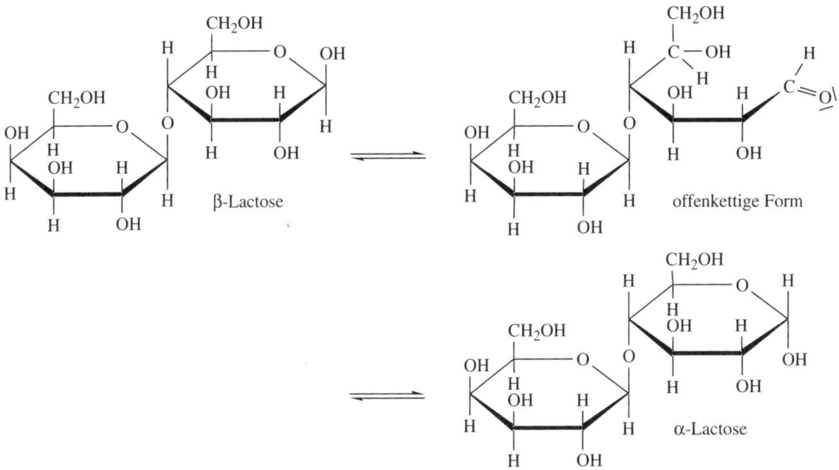

2.1 Das Prinzip von LE CHATELIER besagt, dass eine Veränderung der Reaktionsbedingungen eine Verschiebung der Gleichgewichtslage verursacht, um so der äußeren Veränderung entgegenzuwirken.
Laut der in der Tabelle angegebenen Werte bewirkt eine Temperaturerhöhung einen höheren Anteil an Stickstoffmonooxid im Gleichgewicht. Da eine Temperaturerhöhung stets die endotherme Reaktion begünstigt, handelt es sich bei der Reaktion von Stickstoff mit Sauerstoff um eine **endotherme Reaktion**.

2.2 *Aus einem Stickstoff- und einem Sauerstoffmolekül entstehen zwei Stickstoffmonooxidmoleküle. Aus 0,1 mol Stickstoff- und 0,1 mol Sauerstoffmolekülen entstehen daher 0,2 mol Stickstoffmonooxidmoleküle. Die Konzentration von Stickstoffmonooxid steigt folglich bis zum Zeitpunkt t_x von 0 mol $\cdot$ L^{-1} auf 0,2 mol $\cdot$ L^{-1} an.*

$$N_2 + O_2 \rightleftharpoons 2\,NO$$

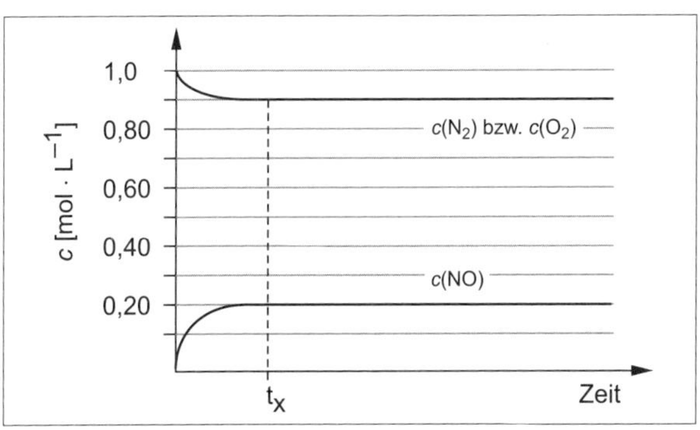

2.3 **Berechnung der Gleichgewichtskonstanten K_C**

$$K_C = \frac{c^2(NO)}{c(O_2) \cdot c(N_2)} = \frac{(0,2\ mol \cdot L^{-1})^2}{(0,9\ mol \cdot L^{-1})^2} = 0,049 \approx 0,05$$

Zum Zeitpunkt t_x hat sich ein Gleichgewicht eingestellt. Die Stoffmengenkonzentrationen der beteiligten Stoffe ändern sich nun nicht mehr, d. h., auf der Stoffebene lässt sich keine Veränderung mehr beobachten.
Auf Teilchenebene werden nach wie vor Stickstoffmonooxid-Teilchen gebildet. Gleichzeitig zerfallen genauso viele Stickstoffmonooxid-Teilchen wieder in die Elemente Stickstoff und Sauerstoff, da die Reaktionsgeschwindigkeit von Hin- und Rückreaktion im Gleichgewichtszustand gleich ist.

3 *Die elektrochemischen Prozesse an den Elektroden hängen von den jeweiligen Abscheidungspotenzialen E_A ab. Die Abscheidungspotenziale ergeben sich aus den Standardelektrodenpotenzialen E^0 und der Überspannung $E_Ü$:*
$E_A = E^0 + E_Ü$

Mögliche Reaktionen an der Kathode:

$2\ H_3O^+ + 2\ e^- \longrightarrow H_2 + 2\ H_2O$

$E^0 = -0,410\ V,\ E_Ü = -0,970\ V$

$E_A = E^0 + E_Ü = (-0,410\ V) + (-0,970\ V) = -1,38\ V$

$Na^+ + e^- \longrightarrow Na$

$E^0 = -2,71\ V,\ E_Ü = 0\ V$

$E_A = E^0 + E_Ü = -2,71\ V$

An der **Kathode** wird der Stoff mit dem größeren Abscheidungspotenzial gebildet. An der Kathode entsteht folglich **Wasserstoff**.

Mögliche Reaktionen an der Anode:

$4\ OH^- \longrightarrow O_2 + 4\ e^- + 2\ H_2O$

$E^0 = 0,82\ V,\ E_Ü = 1,09\ V$

$E_A = E^0 + E_Ü = 0,82\ V + 1,09\ V = 1,91\ V$

$2\ Cl^- \longrightarrow Cl_2 + 2\ e^-$

$E^0 = 1,36\ V,\ E_Ü = 0,25\ V$

$E_A = E^0 + E_Ü = 1,36\ V + 0,25\ V = 1,61\ V$

An der **Anode** wird das Teilchen mit dem kleineren Abscheidungspotenzial gebildet. An der Anode entsteht folglich **Chlor**.

Bei der Elektrolyse einer wässrigen Kochsalzlösung entstehen Wasserstoff und Chlor, da hierfür die geringste **Zersetzungsspannung** nötig ist.

Abiturprüfung 2011 Chemie (Bayern G8)
Aufgabe A2: Sauerkraut

BE

1 Bei der Herstellung von Sauerkraut wird fein gehobeltes Weißkraut abwechselnd mit Kochsalz in ein Fass geschichtet, gepresst und luftdicht abgeschlossen. Milchsäurebakterien setzen einen Teil der enthaltenen Kohlenhydrate zu Milchsäure (2-Hydroxypropansäure) um. Das so entstehende Sauerkraut weist dann einen pH-Wert von ca. 3,3 bis 4 auf.
Tabelle 1 zeigt einige Inhaltsstoffe von Sauerkraut:

Inhaltsstoffe	**Anteil**
Wasser	90,7 %
Fette	0,3 %
lösliche Kohlenhydrate	3,9 %
Milchsäure	1,1–1,3 %
Essigsäure	0,28–0,42 %
Natriumchlorid	0,8–3,3 %
Ethanol	0,28–0,61 %
Ascorbinsäure (Vitamin C)	10–38 mg pro 100 g

Tab. 1: Inhaltsstoffe von Sauerkraut[1]

1.1 Im Sauerkraut treten zwei stereoisomere Formen der Milchsäure auf. Geben Sie für beide Formen die Fischerprojektionsformeln an, benennen Sie diese und beschreiben Sie die stereochemischen Beziehungen beider Moleküle! 5

1.2 Zum Verfeinern des Sauerkrauts werden Apfelstückchen zugegeben. Während sich diese an der Luft durch Oxidationsprozesse allmählich braun färben, unterbleibt diese Verfärbung im Sauerkraut, aufgrund der reduzierenden Wirkung der enthaltenen Ascorbinsäure.

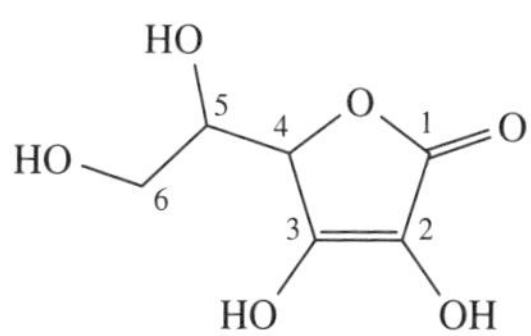

Abb. 1: Strukturformel von Ascorbinsäure

Die Kohlenstoffatome Nr. 2 und 3 (s. Abb. 1) werden durch den Sauerstoff der Luft oxidiert. Es entsteht ein Diketon:

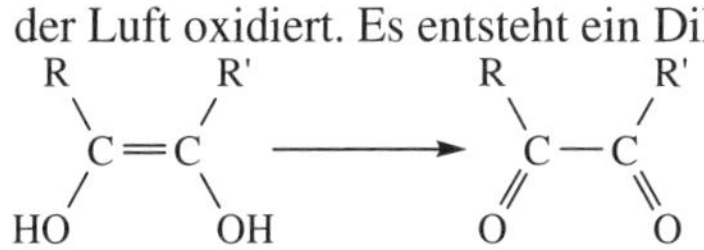

Abb. 2: Unvollständige Reaktionsgleichung der Oxidation

1 verändert nach: Peter Schieberle, Werner Grosch, Hans-Dieter Belitz: *Lehrbuch der Lebensmittelchemie*. Springer Verlag, 2007, S. 826

1.2.1 Entwickeln Sie ausgehend von Abbildung 2 über die Teilgleichungen die Redoxgleichung für die Reaktion von Ascorbinsäure mit Sauerstoff! 6

1.2.2 Das Redoxpotenzial der Ascorbinsäure ist pH-abhängig.
Begründen Sie mithilfe des Prinzips von LE CHATELIER, wie sich eine Erniedrigung des pH-Wertes auf die Gleichgewichtskonzentrationen der oxidierten und reduzierten Form der Ascorbinsäure auswirkt! 5

1.2.3 Der englische Schiffsarzt JOHN TRAVIS empfahl 1757 beim Kochen von Sauerkraut keine Kupferkessel zu benutzen, um der Vitamin-C-Mangelkrankheit Skorbut vorzubeugen. Die folgende Tabelle gibt die Redoxpotenziale von Ascorbinsäure in Abhängigkeit vom pH-Wert wieder:

pH-Wert	3,3	4,0	5,0	7,0
***E* [V]**	0,200	0,166	0,127	0,060

Tab. 2: Redoxpotenziale der Ascorbinsäure[2]

Ermitteln Sie rechnerisch, ob eine Lösung, die Cu^{2+}- und Cu^{+}-Ionen im Verhältnis 10 : 1 enthält, Ascorbinsäure im Sauerkraut oxidieren kann! 7

1.3 Sauerkraut kommt häufig in Konservendosen in den Handel. Zur Herstellung dieser Dosen wurde früher Weißblech, ein mit Zinn (Sn) überzogenes Eisenblech, verwendet. Die Zinnschicht sollte die Dosen vor Korrosion schützen.
Nehmen Sie zu dieser Schutzmaßnahme Stellung und berücksichtigen Sie dabei, dass die aufgebrachte Zinnschicht beim Transport der Dosen verletzt werden kann! 6

2 Eine ausreichende Zufuhr von Vitamin C ist z. B. für die Stabilität des Kollagens, eines wichtigen Proteins in Knochen und Bindegewebe, unerlässlich.
Zur Analyse seiner Zusammensetzung wird Kollagen hydrolysiert und das Hydrolysat bei pH = 6,5 elektrophoretisch getrennt. Die folgende Tabelle gibt die isoelektrischen Punkte einiger im Hydrolysat enthaltener Aminosäuren wieder:

2 C. Ude, P. Heinzerling: Vitamin C – ein chemisches Chamäleon. In: PdN-Chemie in der Schule: Aulis Verlag, Köln 2008, Heft 7/57

Aminosäure	IEP
L-Lysin (2,6-Diaminohexansäure)	9,8
L-Prolin (Pyrrolidin-2-carbonsäure) 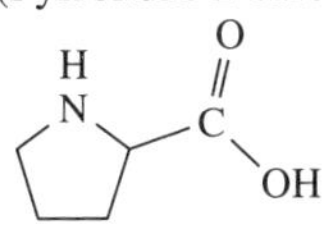	6,5

Tab. 3: Isoelektrische Punkte ausgewählter Aminosäuren

Fertigen Sie eine beschriftete Skizze einer Elektrophoreseapparatur an, leiten Sie das unterschiedliche Wanderungsverhalten der angegebenen Aminosäuren unter Verwendung von Strukturformeln ab und zeichnen Sie das zu erwartende Ergebnis in Ihre Skizze ein! 11

40

Lösungsvorschläge

1.1 Fischer-Projektionsformeln der Milchsäure

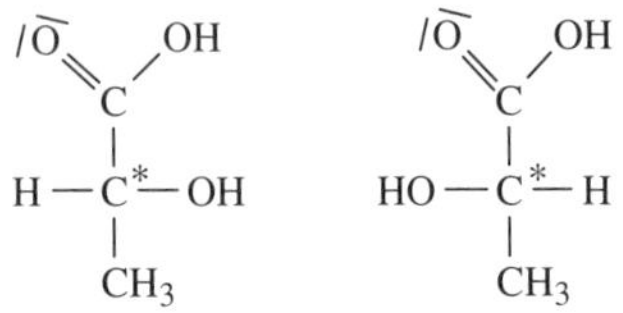

D-Milchsäure L-Milchsäure

Das C2-Atom (C) trägt vier unterschiedliche Substituenten. Es handelt sich dabei um das Chiralitätszentrum.*

L-Milchsäure und D-Milchsäure sind **Enantiomere**, da sie sich wie Bild und Spiegelbild verhalten.

1.2.1 Reaktion von Ascorbinsäure mit Sauerstoff

Für die Oxidation sind Edukt und Produkt vorgegeben. Bei der Reduktion wird Sauerstoff umgesetzt. Welches Produkt dabei entsteht, kann nicht direkt aus den Angaben abgelesen werden. Denkbar wäre hier die Bildung von Wasser (oder Hydroxidionen). Der Ladungsausgleich erfolgt über Oxoniumionen, da die Lösung der Ascorbinsäure für ein saures Milieu sorgt.

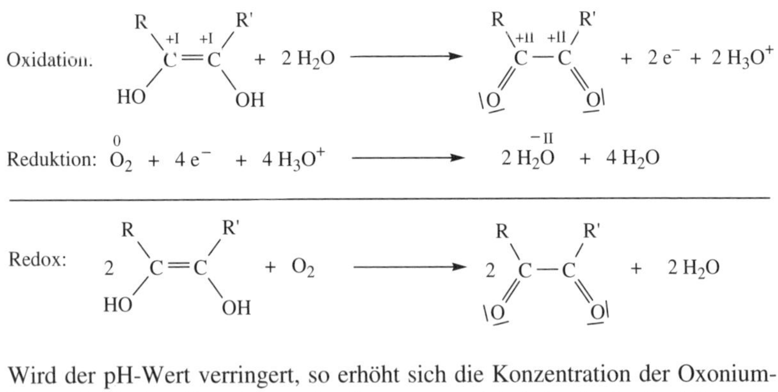

1.2.2 Wird der pH-Wert verringert, so erhöht sich die Konzentration der Oxoniumionen. Nach dem Prinzip von LE CHATELIER wird dadurch die Reaktion verstärkt ablaufen, bei der die Oxoniumionen verbraucht werden. Bei niedrigeren pH-Werten verschiebt sich also das Gleichgewicht auf die Seite der reduzierten Form der Ascorbinsäure.

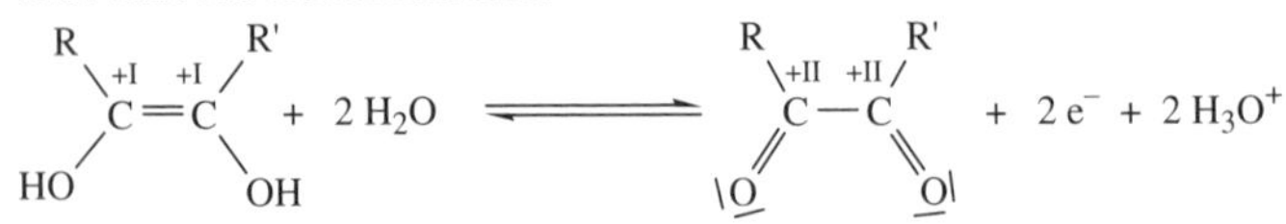

reduzierte Form oxidierte Form

1.2.3 *Um zu ermitteln, ob eine Redoxreaktion unter bestimmten Bedingungen abläuft, wird das Redoxpotenzial des Oxidationsmittels mit dem Redoxpotenzial des Reduktionsmittels verglichen. Damit eine Redoxreaktion freiwillig abläuft, muss E(Oxidationsmittel) > E(Reduktionsmittel) sein.*

In der betrachteten Redoxreaktion ist Ascorbinsäure das Reduktionsmittel (Oxidation zum Diketon) und Cu^{2+}-Ionen sind das Oxidationsmittel (Reduktion zu Cu^{+}-Ionen).
Das Redoxpotenzial der Ascorbinsäure ist pH-abhängig (vgl. 1.2.2). Der pH-Wert von Sauerkraut liegt laut Angabe zwischen 3,3 und 4.

E(Ascorbinsäure; pH = 3,3) = 0,2 V
E(Ascorbinsäure; pH = 4,0) = 0,166 V

Teilgleichung der Reduktion

$$Cu^{2+} + e^{-} \longrightarrow Cu^{+}$$

Dieses Redoxpotenzial ist pH-unabhängig, da in der Teilgleichung keine H_3O^{+}- bzw. OH^{-}-Ionen auftauchen. Da keine Standardbedingungen herrschen, muss das Redoxpotenzial mit der **Nernst'schen Gleichung** berechnet werden:

$$E = E^0 + \frac{0,059\ \text{V}}{z} \cdot \lg\frac{c(\text{Ox})}{c(\text{Red})}$$

$$E(\text{Cu}^{2+}/\text{Cu}^{+}) = E^0(\text{Cu}^{2+}/\text{Cu}^{+}) + 0,059\ \text{V} \cdot \lg\frac{c(\text{Cu}^{2+})}{c(\text{Cu}^{+})}$$

$$E(\text{Cu}^{2+}/\text{Cu}^{+}) = 0,16\ \text{V} + 0,059\ \text{V} \cdot \lg\frac{10}{1} = 0,219\ \text{V}$$

Da für die betrachteten pH-Werte im Sauerkraut $E(Cu^{2+}/Cu^{+})$ > *E*(Ascorbinsäure) ist, läuft die Reaktion von Ascorbinsäure mit Kupfer(II)-Ionen unter diesen Bedingungen spontan ab.

1.3 Durch einen unversehrten Zinnüberzug kommt das Eisenblech nicht mit dem Sauerstoff der Luft in Kontakt. Die Sauerstoffkorrosion des Eisens wird dadurch verhindert.
Da Zinn aber ein edleres Metall ist als Eisen ($E^0(Sn/Sn^{2+}) > E^0(Fe/Fe^{2+})$), bildet sich im Falle einer beschädigten Zinnschutzschicht ein **lokales Kontaktelement** aus. Es kommt zur Bildung von Eisen(II)-Ionen, das Eisenblech korrodiert. Der passive Korrosionsschutz durch einen Zinnüberzug wirkt also nur, solange die Zinnschicht unbeschädigt ist.

2 Elektrophoreseapparatur

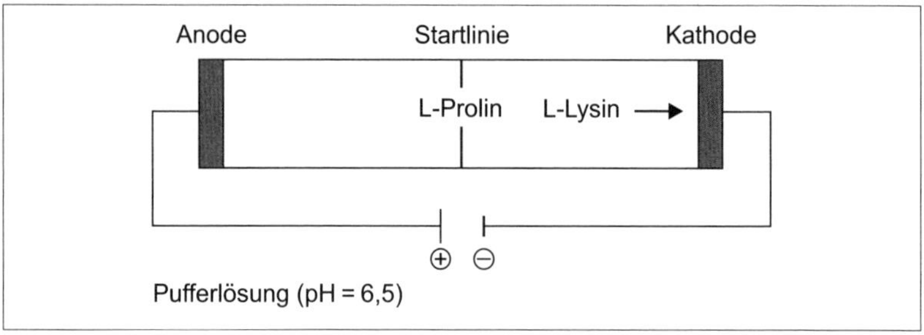

Bei dem pH-Wert der Pufferlösung (pH = 6,5) liegt Lysin als **Kation** vor, da pH < IEP. Die positiv geladenen Teilchen wandern zum Minuspol der Elektrophoreseapparatur.

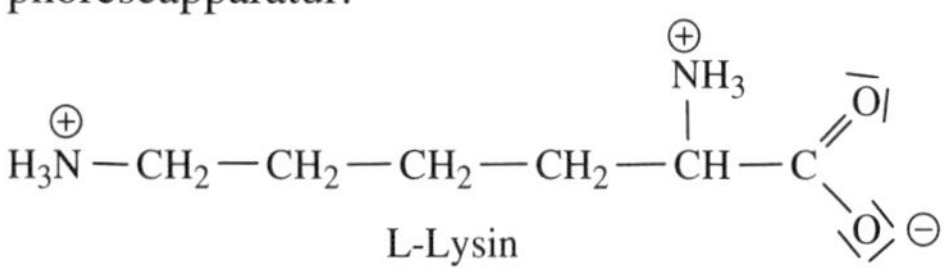

L-Lysin

Da der pH-Wert der Pufferlösung dem IEP von L-Prolin entspricht, liegt L-Prolin als **Zwitterion** vor. Die nach außen ungeladenen Teilchen wandern nicht im elektrischen Feld.

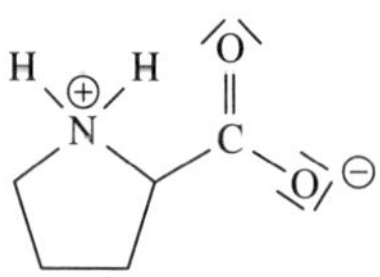

L-Prolin

Abiturprüfung 2011 Chemie (Bayern G8)
Aufgabe B1: Natürliche, naturidentische und synthetische Farbstoffe

BE

Für das Färben von Textilien standen früher ausschließlich Naturstoffe, die aus Pflanzen oder Tieren isoliert wurden, zur Verfügung. Heute kann eine Vielzahl an synthetischen Farbstoffen verwendet werden.

1 Triphenylmethanfarbstoffe stellen eine synthetische Farbstoffklasse dar. Bei Bromphenolblau handelt es sich um einen Triphenylmethanfarbstoff, der bei unterschiedlichen pH-Werten unterschiedliche Absorptionsmaxima besitzt und daher als pH-Indikator verwendet werden kann.

1.1 Die Absorptionsmaxima von Bromphenolblau werden mithilfe eines Photometers bestimmt. Die Abbildung 1 zeigt die Absorptionsspektren bei unterschiedlichen pH-Werten. Im stark basischen Milieu (pH = 13) tritt eine Entfärbung der Lösung aufgrund der irreversiblen Bildung eines farblosen sog. Carbinols ein.

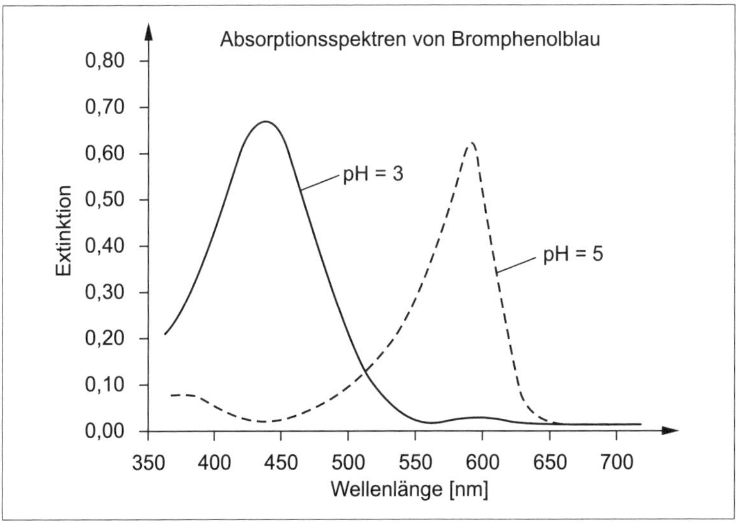

Abb. 1: Absorptionsspektrum von Bromphenolblau bei verschiedenen pH-Werten

Wellenlänge [nm]	390–455	455–492	492–577	577–597	597–622	622–770
Komplementärfarbe	gelb	orange	rot	violett	blau	grün
Absorbierte Spektralfarbe	violett	blau	grün	gelb	orange	rot

Abb. 2: Spektralfarben und Komplementärfarben

1.1.1 Leiten Sie den zu beobachtenden Farbumschlag des Indikators beim Übergang von pH = 3 nach pH = 5 ab! 6

1.1.2 Der beschriebene Farbumschlag und die Entfärbung beruhen auf Änderungen der Molekülstrukturen. Die nachfolgende Abbildung zeigt die auftretenden Strukturen:

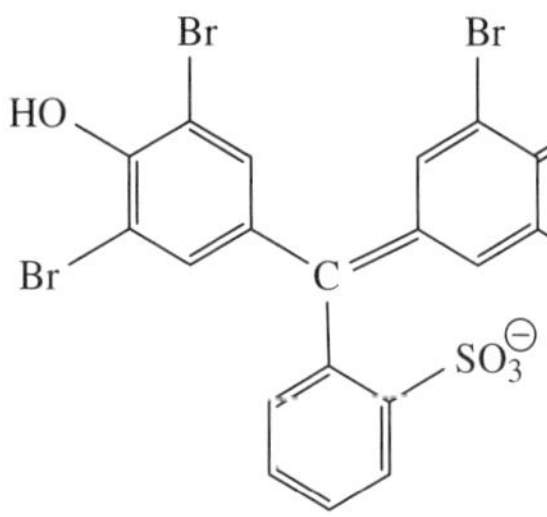

A

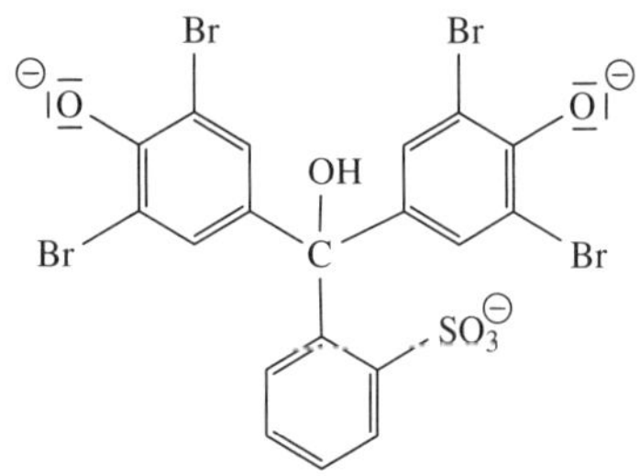

B

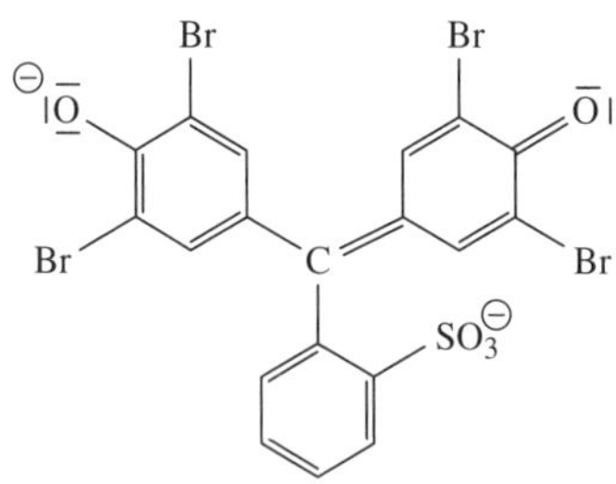

C

Abb. 3: Strukturformeln von Bromphenolblau bei unterschiedlichen pH-Werten

Ordnen Sie die Strukturen A bis C den drei unter 1.1 genannten pH-Werten zu und begründen Sie Ihre Entscheidung!
Erläutern Sie das unterschiedliche Absorptionsverhalten! 10

1.2 Indikatoren spielen bei Titrationen eine wichtige Rolle. Im Folgenden soll die Konzentration einer wässrigen Essigsäure-Lösung ermittelt werden. Hierzu werden 30 mL der Säure mit Natronlauge der Konzentration $c = 0{,}10\ \text{mol} \cdot \text{L}^{-1}$ titriert und mithilfe eines pH-Meters die Änderung des pH-Wertes gemessen.

Zugabe NaOH in mL	5,0	10	15	17,5	20	22,5	25	30	35
pH-Wert	4,3	4,7	5,2	5,5	6,1	11,5	11,9	12,2	12,3

Tab.: pH-Werte nach Zugabe von Natronlauge

Zeichnen Sie anhand der angegebenen Messwerte die Titrationskurve und leiten Sie daraus die Anfangskonzentration der Essigsäure sowie deren pK_S-Wert ab!
Beurteilen Sie, ob Bromphenolblau ein für diese Titration geeigneter Indikator ist! 12

2 Der Farbstoff Indigo wurde zunächst aus dem Färberwaid *(Isatis tinctoria L.)* gewonnen. Ende des 19. Jahrhunderts entwickelte der Chemiker Karl Heumann ein Verfahren zur synthetischen Herstellung von Indigo ausgehend von Anilin (Phenylamin, Aminobenzol).

2.1 Indigo wird als Küpenfarbstoff zum Färben von Baumwolle verwendet. Erläutern Sie an diesem Beispiel das Prinzip der Küpenfärbung! 6

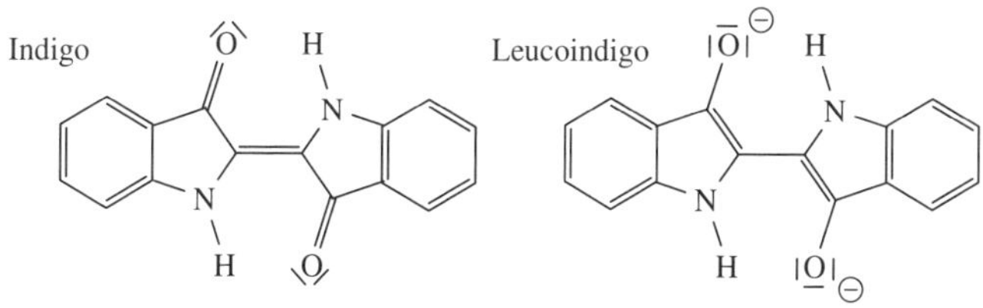

Abb. 4: Strukturformeln von Indigo und Leucoindigo

2.2 Bereits 1826 gelang dem Kaufmann und Apotheker Otto Unverdorben die Darstellung von Anilin aus Indigo. Seit 1873 wird Anilin großtechnisch aus Benzol hergestellt.
Hierbei wird Benzol zunächst mit einem Gemisch aus Schwefelsäure und Salpetersäure nitriert:

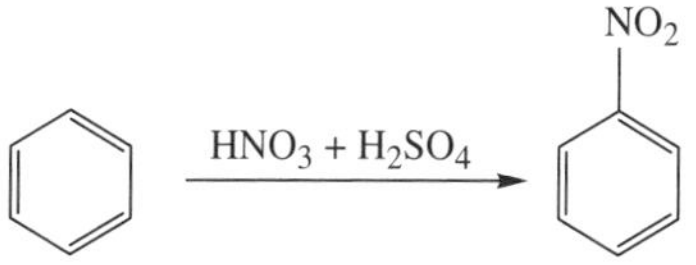

In einem ersten Reaktionsschritt entstehen dabei Nitroniumionen (NO_2^+):

$$H_2SO_4 + HNO_3 \longrightarrow HSO_4^- + NO_2^+ + H_2O$$

Formulieren Sie den Reaktionsmechanismus für die Bildung von Nitrobenzol aus Benzol und Nitroniumionen (NO_2^+) unter Mitverwendung mesomerer Grenzstrukturformeln! Der Einfluss eines Katalysators muss nicht berücksichtigt werden. 6

40

Lösungsvorschläge

1.1.1 Bei pH = 3 liegt das Absorptionsmaximum von Bromphenolblau bei 430 nm. Die Substanz absorbiert Strahlung im violetten Spektralbereich und erscheint dadurch in der Komplementärfarbe gelb. Bei pH = 5 liegt das Absorptionsmaximum von Bromphenolblau bei 590 nm. Die Substanz absorbiert nun Strahlung im gelben Spektralbereich und erscheint dadurch in der Komplementärfarbe violett. Beim Übergang von pH = 3 nach pH = 5 erfolgt demnach ein Farbumschlag von gelb nach violett.

1.1.2

Strukturformel	A	B	C
pH-Wert	pH = 3	pH = 13	pH = 5

Die Strukturen A und C unterscheiden sich lediglich durch einen Substituenten voneinander und absorbieren daher in einem ähnlichen Wellenlängenbereich. Das negativ geladene Sauerstoffatom in Molekül C ist aber eine stärkere auxochrome Gruppe als die Hydroxygruppe in Molekül A. Die dadurch bedingte **bessere Mesomeriestabilisierung** von C bewirkt einen stärkeren bathochromen Effekt und damit eine Absorption im längerwelligen Bereich des Lichts.
In der Molekülstruktur B sind die drei Benzolringe voneinander isoliert. B hat damit von allen drei Molekülstrukturen das kleinste Chromophor und absorbiert folglich im UV-Bereich des Lichtes.

1.2 **Titrationskurve**

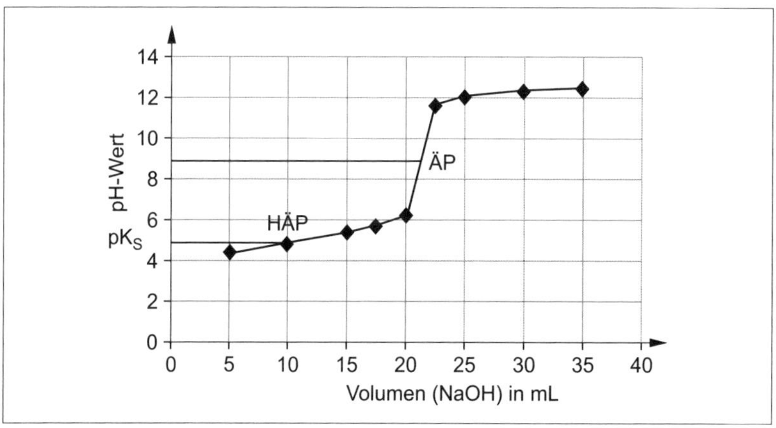

$$HAc + H_2O \rightleftharpoons Ac^- + H_3O^+$$

$$K_S = \frac{c(Ac^-) \cdot c(H_3O^+)}{c(HAc)}$$

Am Halbäquivalenzpunkt (HÄP) gilt:

$c(Ac^-) = c(HAc) \;\Rightarrow\; pH = pK_S$

Der pK_S-Wert kann aus der Titrationskurve ermittelt werden. Er entspricht dem pH-Wert am ersten Wendepunkt der Titrationskurve.

$pK_S \approx 4,7$

alternativ:

Der Halbäquivalenzpunkt einer Titration ist erreicht, wenn genau die Hälfte des Basenvolumens, das zur vollständigen Neutralisation benötigt wird, zugegeben wurde. Bei dieser sogenannten Halbtitration wird in einer ersten Titration das Volumen der Natronlauge bis zum Äquivalenzpunkt (ÄP) ermittelt. Zu einer identischen Portion der zu titrierenden Essigsäurelösung wird in einem zweiten Versuchsansatz genau die Hälfte des Basenvolumens zugegeben. Der pH-Wert dieser Lösung entspricht dem pK_S-Wert der Essigsäure.

Berechnung der Anfangskonzentration c_0 von Essigsäure

Geg.: $V(HAc) = 0{,}03$ L
$V(NaOH) = 0{,}021$ L (aus der Titrationskurve)
$c(NaOH) = 0{,}1\ mol \cdot L^{-1}$

Ges.: $c_0(HAc)$

$$HAc + NaOH \longrightarrow NaAc + H_2O$$

$$c_0(HAc) \cdot V(HAc) = c_0(NaOH) \cdot V(NaOH)$$

$$c_0(HAc) = \frac{c_0(NaOH) \cdot V(NaOH)}{V(HAc)} = \frac{0{,}1\ mol \cdot L^{-1} \cdot 0{,}021\ L}{0{,}03\ L} = 0{,}07\ mol \cdot L^{-1}$$

Da der pH-Wert am Äquivalenzpunkt der Titration (pH = 9) außerhalb des Umschlagbereiches von Bromphenolblau (zwischen pH = 3 und 5) liegt, ist Bromphenolblau als Indikator nicht geeignet.

2.1 Leucoindigo ist aufgrund seiner negativ geladenen Substituenten deutlich **hydrophiler** als Indigo. Durch die Reduktion von Indigo zu Leucoindigo mit Dithionitionen gelingt es, den Farbstoff in Wasser zu lösen. In die Lösung der reduzierten Leucoform, die **Küpe**, wird das zu färbende Kleidungsstück gelegt. Dabei können sich die Leucoindigomoleküle gut auf den Fasern verteilen.
Anschließend wird Leucoindigo durch den Sauerstoff der Luft wieder zu Indigo oxidiert. Da Indigo schlecht wasserlöslich ist, wird der Farbstoff des Kleidungsstückes nun nicht mehr ausgewaschen (waschecht).

2.2 Reaktionsmechanismus der elektrophilen aromatischen Substitution

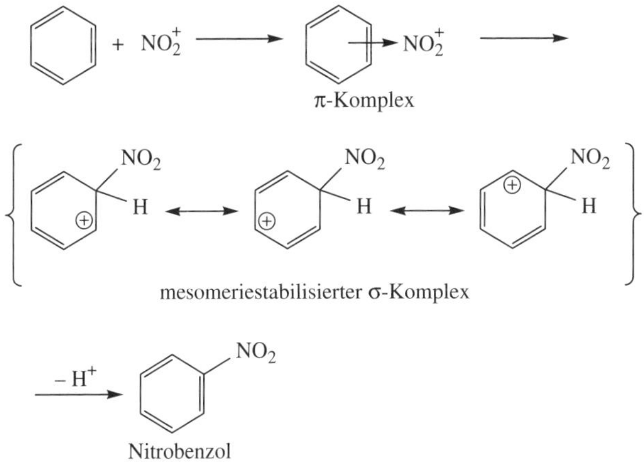

Abiturprüfung 2011 Chemie (Bayern G8)
Aufgabe B2: Lebensmittelzusatzstoffe

BE

Lebensmittelzusatzstoffe werden Nahrungsmitteln zugesetzt, um deren Eigenschaften den Wünschen von Herstellern und Konsumenten anzupassen.

1 Bei der Herstellung von Margarine finden Farbstoffe und Emulgatoren Verwendung.

1.1 Bis 1938 wurde in Deutschland Buttergelb zum Färben von Butter und Margarine verwendet. Nachdem man die stark Krebs erregende Wirkung dieses Farbstoffes erkannt hatte, wurde sein Einsatz als Lebensmittelfarbstoff verboten.

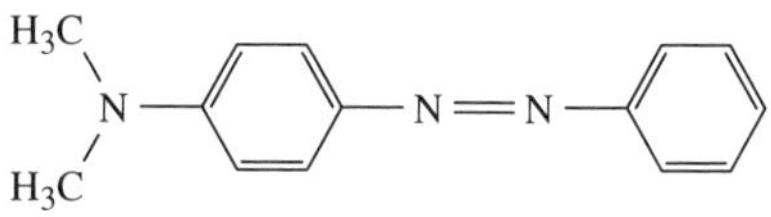

Abb. 1: Strukturformel von Buttergelb

Geben Sie die Strukturformeln der organischen Edukte an, aus denen Buttergelb synthetisiert werden kann, formulieren Sie davon ausgehend die Strukturformelgleichungen der wesentlichen Schritte und benennen Sie diese Schritte! 9

1.2 Margarine ist eine Emulsion aus Pflanzenfetten und ca. 15 % Wasser. Um eine Entmischung der Phasen zu verhindern, können Tenside als Emulgatoren zugesetzt werden.
Zeichnen Sie die Strukturformel eines Tensidmoleküls Ihrer Wahl und erläutern Sie die beschriebene Emulgatorwirkung! 7

1.3 Zur Herstellung von Margarine werden gehärtete Fette verwendet.

Palmitinsäure	Hexadecansäure
Stearinsäure	Octadecansäure
Ölsäure	(Z)-Octadeca-9-ensäure
Linolsäure	(Z,Z)-Octadeca-9,12-diensäure
Linolensäure	(Z,Z,Z)-Octadeca-9,12,15-triensäure

Tab.: Fettsäuren, die in zur Margarineherstellung verwendeten Fetten vorkommen

Formulieren Sie mithilfe der oben angegebenen Fettsäuren eine Strukturformelgleichung für die Härtung eines Fettes und erklären Sie die Konsistenzänderung! 10

2 Der in verschiedenen Lebensmitteln eingesetzte Farbstoff Patentblau V zeigt einen pH-abhängigen Farbwechsel zwischen einer blauen und einer gelben Form.

2.1 Die quantitative Analyse des jeweils noch vorhandenen Anteils an blauer Form ermöglicht die Ableitung des pK_S-Wertes von Patentblau V. Die folgende Abbildung gibt das Versuchsergebnis wieder:

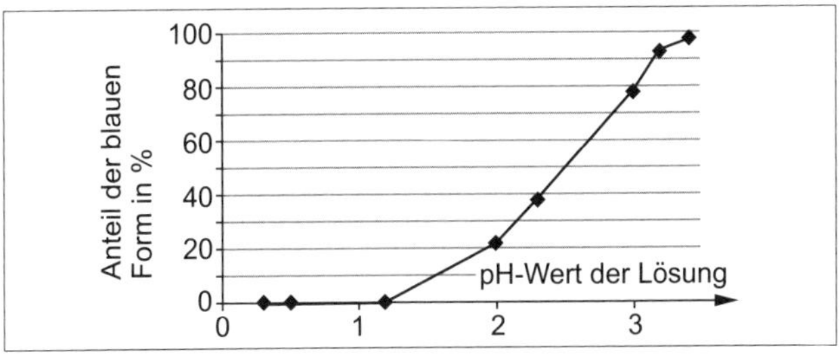

Abb. 2: Anteil der blauen Form von Patentblau V in einer Patentblau-V-Lösung in Abhängigkeit vom pH-Wert

Leiten Sie aus Abbildung 2 den pK_S-Wert von Patentblau V ab und begründen Sie Ihre Aussage! 7

2.2 In einem weiteren Experiment zur Entfärbung von Patentblau V wurden jeweils 1,5 mL Patentblau-V-Lösung der Konzentration $2 \cdot 10^{-5}$ mol · L^{-1} mit 1,5 mL Natronlauge unterschiedlicher Konzentrationen versetzt.
Die folgende Abbildung zeigt die Änderung der Farbintensität der Patentblau-V-Lösungen in Abhängigkeit von der Zeit:

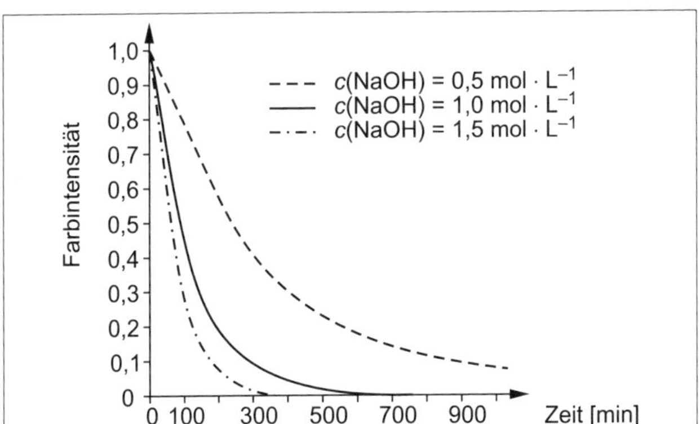

Abb. 3: Entfärbung von Patentblau-V-Lösungen

Leiten Sie aus den Diagrammen die mittleren Reaktionsgeschwindigkeiten für den Zeitraum von 0 bis 100 Minuten ab und erläutern Sie die Unterschiede in der mittleren Reaktionsgeschwindigkeit! 7

40

Lösungsvorschläge

1.1 Organische Edukte von Buttergelb

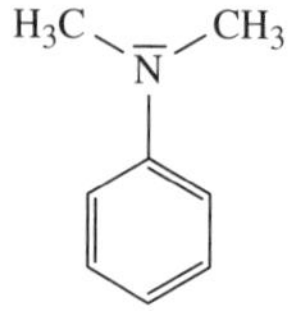

N,N-Dimethylanilin

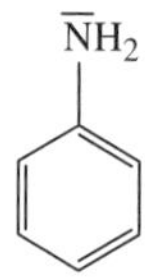

Anilin

alternativ:

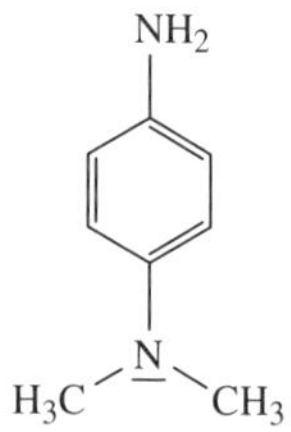

4-Amino-N,N-Dimethylanilin

Benzol

Die Azokupplung ist eine elektrophile Substitution an einem Aromaten, deren Ausbeute steigt, wenn die Kupplungskomponente einen aktivierenden Substituenten trägt. Die Reaktion mit Benzol als Kupplungskomponente ist daher zwar möglich, führt allerdings zu einer geringeren Farbstoffausbeute.

Bildung des Nitrosylkations

$$NaNO_2 + HCl \longrightarrow HNO_2 + NaCl$$

$$HNO_2 \xrightarrow{H^+} \underset{\text{Nitrosylkation}}{NO^+} + H_2O$$

Diazotierung

Diazoniumion

Azokupplung

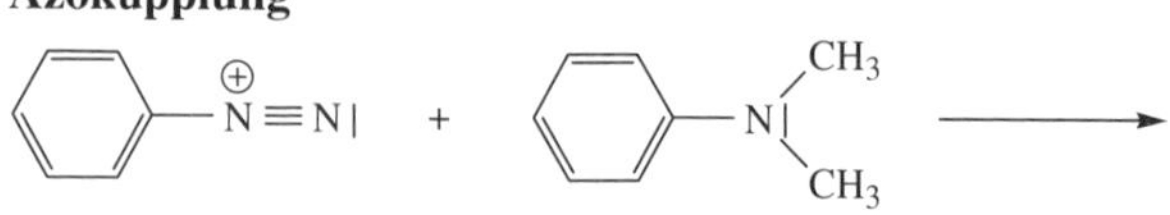

Kupplungskomponente

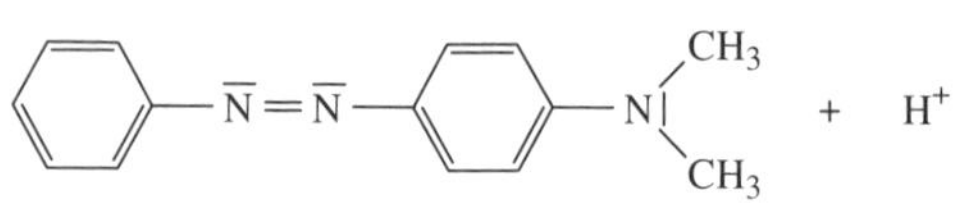

1.2 Strukturformel eines Tensidmoleküls

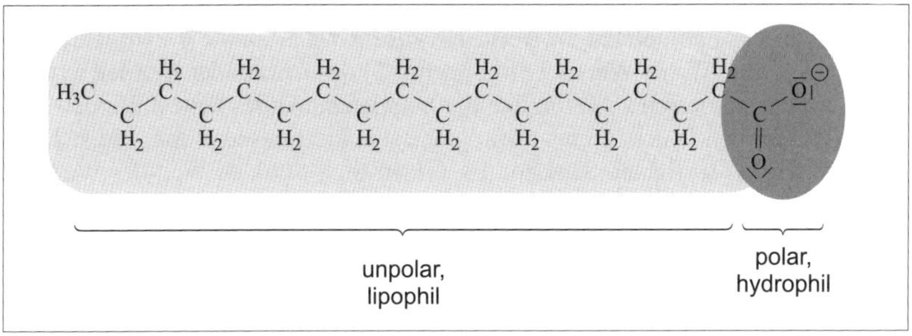

Tensidmoleküle bestehen aus einem lipophilen und einem hydrophilen Molekülteil und sind aufgrund dieses **amphiphilen** Molekülbaus **grenzflächenaktiv**. In einer Öl-Wasser-Emulsion ordnen sich die Tensidmoleküle so an, dass sich die unpolaren Reste im Öl verankern, während die polaren Carboxylatgruppen in Richtung des umgebenden Wassers zeigen. Durch diese **Mizellenbildung** der Tensidmoleküle lassen sich die Pflanzenfette dauerhaft in Wasser emulgieren und es kommt nicht zu einer Entmischung.

1.3 *Bei dieser Aufgabe kann das Fettmolekül mithilfe der vorgegebenen Fettsäuren beliebig zusammengestellt werden. Dabei ist darauf zu achten, dass ungesättigte Fettsäuren verwendet werden.*

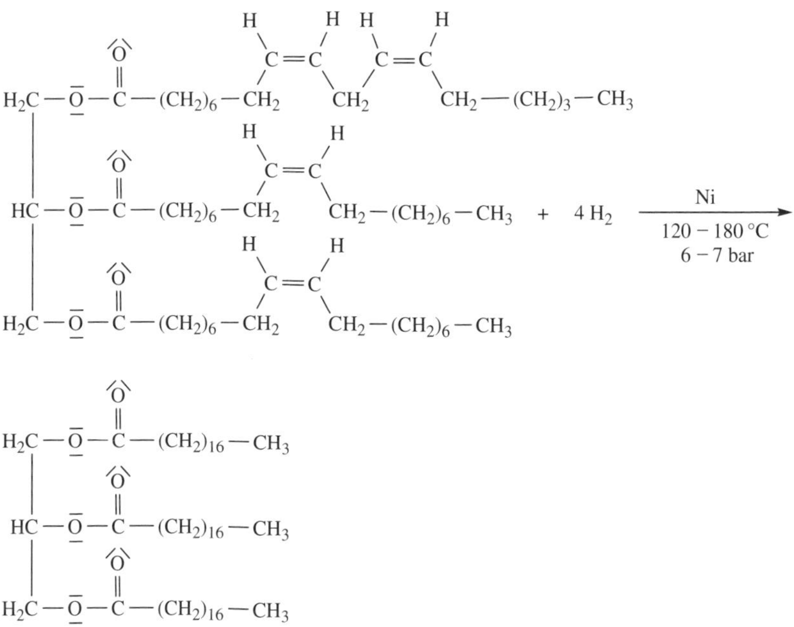

Ungesättigte Fettsäuren haben einen sehr **sperrigen Molekülbau**, der auf die **Z-Konfiguration der Doppelbindungen** zurückzuführen ist. Je mehr Doppelbindungen ein Fettmolekül aufweist, umso schwächer sind die zwischenmolekularen Van-der-Waals-Wechselwirkungen. Mit der Anzahl der Doppelbindungen in den Fettsäureresten sinkt folglich der Schmelzpunkt des Fettes. Werden die Doppelbindungen hydriert, entstehen langgestreckte Fettsäurereste, die sich parallel zueinander ausrichten können. Es bilden sich stärkere Van-der-Waals-Kräfte aus, die für den höheren Schmelzpunkt des Fettes verantwortlich sind. Nach der Hydrierung ist das Fett bei Raumtemperatur fest.

2.1 *Den pK_S-Wert einer Säure ermittelt man, indem man den pH-Wert einer Lösung misst, in der genauso viele Säureanionen wie undissoziierte Säureteilchen enthalten sind. Der pH-Wert der Lösung entspricht dann dem pK_S-Wert der Säure.*

$$HP_{gelb} + H_2O \rightleftharpoons P^-_{blau} + H_3O^+$$

$$K_S = \frac{c(P^-_{blau}) \cdot c(H_3O^+)}{c(HP_{gelb})}$$

Mit $c(P^-_{blau}) = c(HP_{gelb})$ ergibt sich $K_S = c(H_3O^+) \Rightarrow pK_S = pH$

Ist in der Lösung die Konzentration der blauen und der gelben Form von Patentblau V identisch (c(blaue Form) = 50 %), dann gilt pH = pK_S. Der pK_S-Wert von Patentblau V ist 2,5.

2.2 **Berechnung der mittleren Reaktionsgeschwindigkeit**

$$\overline{v}(0{,}5\ mol \cdot L^{-1}) = \frac{\Delta Farbintensität}{\Delta t}$$

$$= \frac{Farbintensität(100\ min) - Farbintensität(0\ min)}{t_{Ende} - t_{Anfang}}$$

$$= \frac{0{,}8 - 1{,}0}{100\ min - 0\ min} = -0{,}002\ min^{-1}$$

$$\overline{v}(1{,}0\ mol \cdot L^{-1}) = \frac{\Delta Farbintensität}{\Delta t} = \frac{0{,}5 - 1{,}0}{100\ min - 0\ min} = -0{,}005\ min^{-1}$$

$$\overline{v}(1{,}5\ mol \cdot L^{-1}) = \frac{\Delta Farbintensität}{\Delta t} = \frac{0{,}3 - 1{,}0}{100\ min - 0\ min} = -0{,}007\ min^{-1}$$

Bei dieser Aufgabe gilt es zu beachten, dass die Farbintensität im Verlauf des Experiments abnimmt, d. h., die Werte für die Reaktionsgeschwindigkeiten negative Zahlen sind. Für einen Vergleich der Reaktionsgeschwindigkeiten untereinander müssen daher die Beträge verwendet werden.

Je höher die Konzentration der Natronlauge ist, umso größer ist der Betrag der Reaktionsgeschwindigkeit. Mit steigender Konzentration der Eduktteilchen erhöht sich die Wahrscheinlichkeit wirksamer Zusammenstöße und die Patentblau-V-Lösung entfärbt sich schneller.

Abiturprüfung 2011 Chemie (Bayern G8)
Aufgabe C1: Ibuprofen

BE

Ibuprofen ist ein weit verbreitetes Arzneimittel, das schmerzlindernd und entzündungshemmend wirkt.

1 Ibuprofentabletten sind in Blisterpackungen („Durchdrückpackungen“) erhältlich.

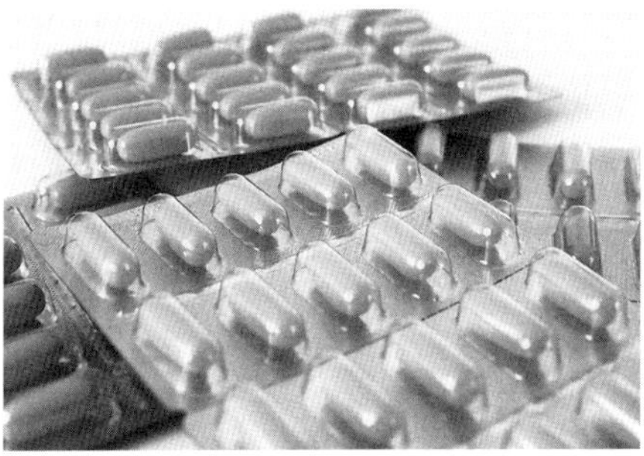

Abb. 1: Blisterpackung eines Medikaments
© Dron-Fotolia.com

Die Tabletten werden in einzelne Vertiefungen eingelegt und die Packung in der Regel durch Aluminiumfolie versiegelt. Ein für Blisterpackungen häufig verwendeter Kunststoff ist das glasklare, chemisch beständige Polyvinylidenchlorid (PVdC).

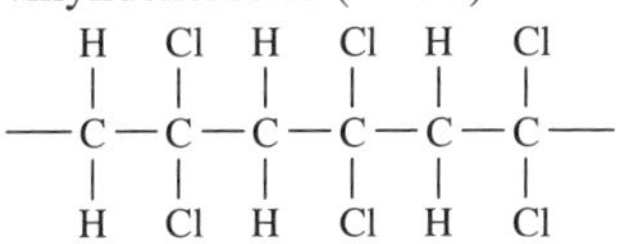

Abb. 2: Strukturformelausschnitt von Polyvinylidenchlorid

1.1 Die Verarbeitung von reinem Polyvinylidenchlorid ist problematisch, da der Kunststoff erst bei ca. 200 °C schmilzt und sich bereits bei wenig höheren Temperaturen zu zersetzen beginnt.
Beschreiben Sie die beiden Vorgänge auf molekularer Ebene und stellen Sie eine Hypothese auf, die den hohen Schmelzbereich des Kunststoffes erklärt! 6

1.2 Mithilfe der Aluminiumversiegelung der Blisterpackung lässt sich im Labor eine Halbzelle einer galvanischen Zelle konstruieren, deren Leerlaufspannung unter Standardbedingungen mit 1,52 V der Leerlaufspannung einer Alkali-Mangan-Batterie sehr nahe kommt.
Ermitteln Sie die Materialien, die benötigt werden, um die beschriebene galvanische Zelle aufbauen zu können! Formulieren Sie die Redoxvorgänge, die bei der Entladung dieser Zelle ablaufen! 7

2 Der Wirkstoff Ibuprofen hemmt ein membrangebundenes Enzym A (Prostaglandin-H_2-Synthase), das die Umwandlung von Arachidonsäure zu einer Verbindung katalysiert, deren Folgeprodukte für Entzündungsreaktionen verantwortlich sind.
Arachidonsäure ist Bestandteil aller Zellmembranen und wird direkt von der Zellmembran über einen Kanal zum Reaktionszentrum des Enzyms A geleitet. Die Wirkung von Ibuprofen beruht darauf, dass es den Kanal des Enzyms reversibel blockiert.

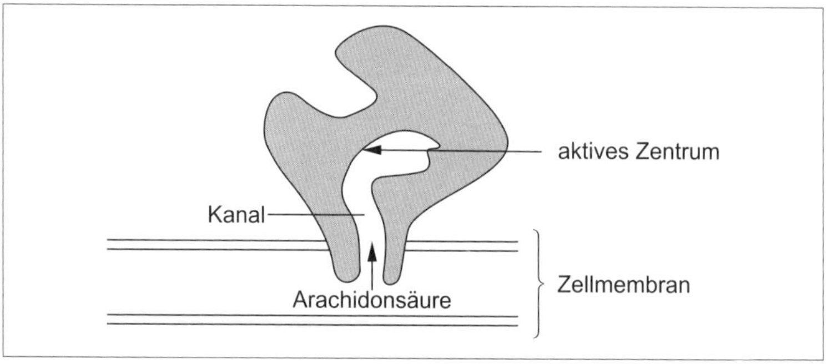

Abb. 3: Stark schematisierte Darstellung einer Zellmembran mit Enzym A (Prostaglandin-H_2-Synthase)[1]

2.1 Die folgende Abbildung zeigt die Strukturformeln von Arachidonsäure und Ibuprofen:

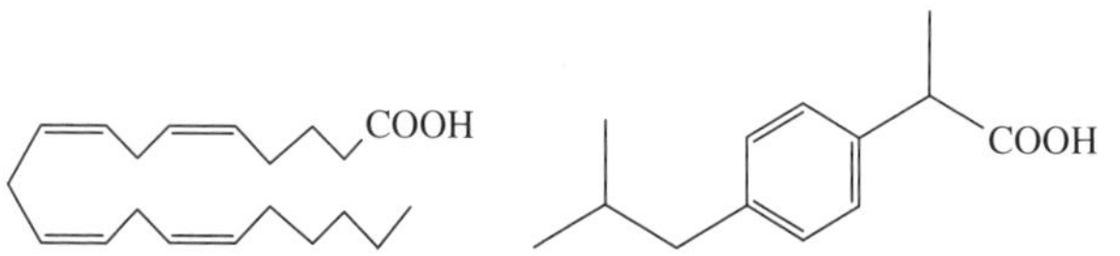

Abb. 4: Strukturformeln von Arachidonsäure (links) und Ibuprofen (rechts)

Diskutieren Sie das Löslichkeitsverhalten von Arachidonsäure und Ibuprofen in Wasser und leiten Sie aus dem Ergebnis eine Aussage über die Polarität des Kanals ab! 6

2.2 In einer Versuchsreihe wird die Anfangsgeschwindigkeit der Umsetzung von Arachidonsäure durch das Enzym A in Abhängigkeit von ihrer Konzentration bestimmt. In einer weiteren Versuchsreihe wird bei sonst gleichen Bedingungen dem Versuchsansatz Ibuprofen zugesetzt.
Stellen Sie die zu erwartenden Messergebnisse beider Versuche in einem Diagramm graphisch dar! 6

1 verändert nach: Peter Karlson et al.: *Karlsons Biochemie und Pathobiochemie*. Thieme-Verlag, Stuttgart 2005, 15. Aufl., S. 566

2.3 Das Enzym A besteht aus zwei identischen Untereinheiten. Eine Untereinheit ist aus über 500 Aminosäurebausteinen aufgebaut. Seine Aminosäuresequenz wurde entschlüsselt und veröffentlicht. Zur Abkürzung wurde hier der sog. Einbuchstabencode verwendet:

MSRSLLLRFLLFLLLLPPLPVLLADPGAPTPVNPCCYYPCQHQGICVRFGLDRYQC
DCTRTGYSGPNCTIPGLWTWLRNSLRPSPSFTHFLLTHGRWFWEFVNATFIREML
MRLVLTVRSNLIPSPPTYNSAHDYISWESFSNVSYYTRILPSVPKDCPTPMGTKGK
KQLPDAQLLARRFLLRRKFIPDPQGTNLMFAFFAQHFTHQFFKTSGKMGPGFTKAL
GHGVDLGHIYGDNLERQYQLRLFKDGKLKYQVLDGEMYPPSVEEAPVLMHYPRGI
PPQSQMAVGQEVFGLLPGLMLYATLWLREHNRVCDLLKAEHPTWGDEQLFQTTR
LILIGETIKIVIEEYVQQLSGYFLQLKFDPELLFGVQFQYRNRIAMEFNHLYHWHPLM
PDSFKVGSQEYSYEQFLFNTSMLVDYGVEALV**DAF**SRQIAGRIGGGRNMDHHILH
VAVDVIRESREMRLQPFNEYRKRFGMKPYTSFQELVGEKEMAAELEELYGDIDALE
FYPGLLLEKCHPNSIFGESMIEIGAPFSLKGLLGNPICSPEYWKPSTFGGEVGFNIV
KTATLKKLVCLNTKTCPYVSFRVPDASQDDGPAVERPSTEL

Abb. 5: Aminosäuresequenz von Enzym A[2]

	Trivialname	**IUPAC-Name**
A	Alanin	2-Aminopropansäure
C	Cystein	2-Amino-3-sulfanylpropansäure
D	Asparaginsäure	2-Aminobutandisäure
E	Glutaminsäure	2-Aminopentandisäure
F	Phenylalanin	2-Amino-3-phenylpropansäure
G	Glycin	2-Aminoethansäure
H	Histidin	2-Amino-3-(1*H*-imidazol-4-yl)propansäure
I	Isoleucin	2-Amino-3-methylpentansäure
K	Lysin	2,6-Diaminohexansäure
L	Leucin	2-Amino-4-methylpentansäure

Tab.: Einbuchstabencode, Trivialname und IUPAC-Namen ausgewählter Aminosäuren

2.3.1 An einer Stelle der Sequenz in Abb. 5 ist die Abfolge „DAF" hervorgehoben. Zeichnen Sie die Strukturformel des angegebenen Molekülausschnittes und benennen Sie die zwischen den Aminosäurebausteinen vorliegende Bindung! 6

2 o. V.: *Amino acid sequence for human cyclooxygenase-1.* http://www.bio.davidson.edu/COURSES/genomics/aspirin/cox1aa.html

2.3.2 Für die Enzymfunktion spielt die räumliche Struktur des Enzyms eine entscheidende Rolle. Die folgende Abbildung zeigt einen Ausschnitt aus der Proteinstruktur des Enzyms A:

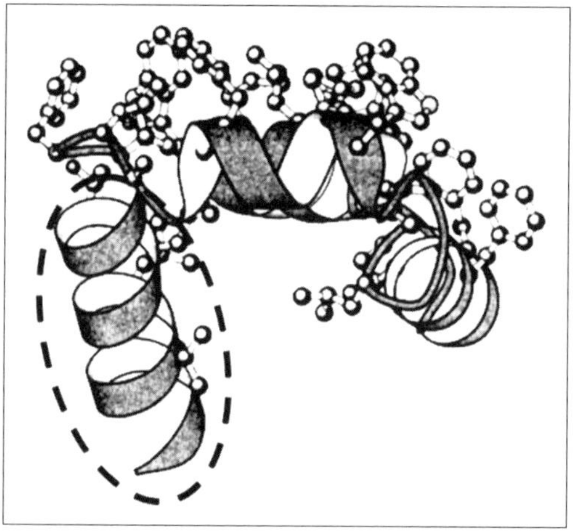

Abb. 6: Räumliche Struktur eines Ausschnitts des Enzyms A[3]

Benennen Sie die in der Abbildung durch eine gestrichelte Linie markierte Proteinstruktur, ordnen Sie diese einer Strukturebene zu und beschreiben Sie, wie diese stabilisiert wird! 4

2.3.3 Die beiden Untereinheiten des Enzyms werden durch Wechselwirkungen zwischen den Aminosäureresten zusammengehalten. Nennen Sie zwei verschiedene Möglichkeiten für diese Wechselwirkungen und zeichnen Sie entsprechende Strukturformelausschnitte! 5

40

---

3 verändert nach: L. Stryer, Andreas Held (Übersetzer): *Biochemie*. Spektrum-Verlag, Heidelberg 2003, 5. Aufl., S. 363

Lösungsvorschläge

1.1 *Es soll bei dieser Aufgabe nicht das thermische Verhalten von Polyvinylidenchlorid beschrieben werden, sondern vielmehr die Vorgänge des Schmelzens bzw. der Zersetzung auf Teilchenebene erklärt werden. Es ist daher nicht erforderlich, die Unterschiede zwischen thermoplastischen und duroplastischen Kunststoffen zu erläutern.*

Zersetzungsvorgang
Zersetzt sich ein Kunststoff bei höheren Temperaturen, so werden Elektronenpaarbindungen zwischen den Atomen gespalten. Die Größe der Makromoleküle nimmt dabei stetig ab.

Schmelzvorgang
Beim Schmelzen werden die zwischenmolekularen Kräfte zwischen den Polymermolekülen überwunden, die dadurch aneinander vorbeigleiten können.
Zwischen den Makromolekülen in Polyvinylidenchlorid wirken neben Van-der-Waals-Kräften auch stärkere Dipol-Dipol-Wechselwirkungen, die für den hohen Schmelzbereich des Kunststoffes verantwortlich sind.

1.2 Leerlaufspannung einer galvanischen Zelle unter Standardbedingungen:

$$U_L = E^0_{Kathode} - E^0_{Anode}$$

Bei einer der beiden Halbzellen handelt es sich um eine Al/Al^{3+}-Halbzelle mit dem Redoxpotenzial $E^0(Al/Al^{3+}) = -1{,}66$ V. Die zweite Halbzelle wird nun so gewählt, dass die Leerlaufspannung +1,52 V beträgt.

$$U_L = E^0_{Kathode} - E^0_{Anode}$$

$$1{,}52 \text{ V} = E^0_{Kathode} - (-1{,}66 \text{ V})$$

$$E^0_{Kathode} = 1{,}52 \text{ V} - 1{,}66 \text{ V} = -0{,}14 \text{ V}$$

Das Standardpotenzial des Redoxpaares Sn/Sn^{2+} entspricht –0,14 V.

Um ein galvanisches Element mit einer Leerlaufspannung von 1,52 V aufzubauen, braucht man die folgenden Materialien:

- Aluminium-Folie (Elektrodenmaterial für die Anode)
- Al^{3+}-Ionen-Lösung der Konzentration 1 mol · L^{-1}
- Zinn-Stab (Elektrodenmaterial für die Kathode)
- Sn^{2+}-Ionen-Lösung der Konzentration 1 mol · L^{-1}

Elektrodenreaktionen

Anode: $Al \longrightarrow Al^{3+} + 3\,e^-$

Kathode: $Sn^{2+} + 2\,e^- \longrightarrow Sn$

2.1 Beide Moleküle verfügen über eine **polare Carboxylgruppe** und einen **unpolaren Kohlenwasserstoffrest**. Da der unpolare Molekülteil sowohl bei der Arachidonsäure als auch bei Ibuprofen überwiegt, sind beide Moleküle **hydrophob**. Der Kanal von Enzym A, in den beide Verbindungen eingelagert werden, muss folglich ebenfalls hydrophob sein.

2.2 *Der Aufgabenstellung kann entnommen werden, dass Ibuprofen den Kanal des Enzyms reversibel blockiert. Ibuprofen wirkt also als kompetitiver Hemmstoff. Dafür spricht auch der recht ähnliche Molekülbau von Arachidonsäure und Ibuprofen. In beiden Versuchsansätzen ist daher die maximale Reaktionsgeschwindigkeit gleich und wird erst bei höheren Substratkonzentrationen erreicht. Die Michaeliskonstante K_M wird durch den Hemmstoff zu höheren Werten hin verschoben.*

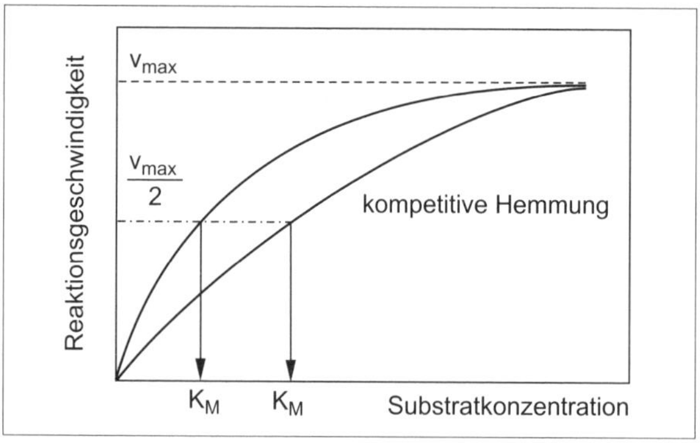

2.3.1 **Strukturformelausschnitt**

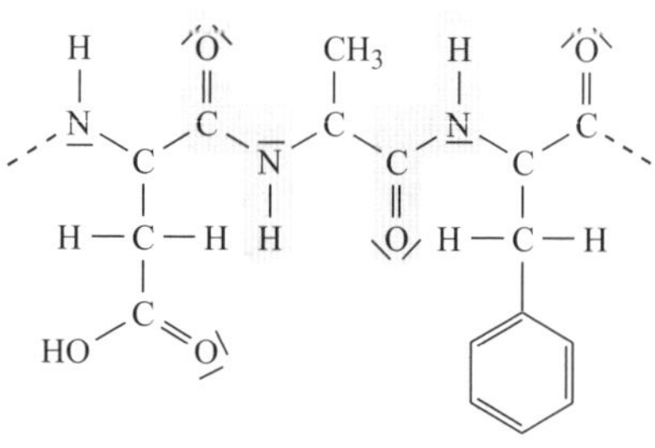

Die Aminosäuren sind über eine **Säureamidbindung (Peptidbindung)** miteinander verknüpft.

2.3.2 Bei der gekennzeichneten Einheit handelt es sich um eine **α-Helix**. Dieses Strukturelement der **Sekundärstruktur** wird durch **intramolekulare Wasserstoffbrückenbindungen** zwischen den Säureamidgruppen (Peptidbindungen) stabilisiert.

2.3.3 *Da dieses Enzym aus zwei Untereinheiten besteht, dürfen diese nicht durch Elektronenpaarbindungen (wie z. B. Disulfidbrücken) verbunden sein.*

Zwischenmolekulare Wechselwirkungen

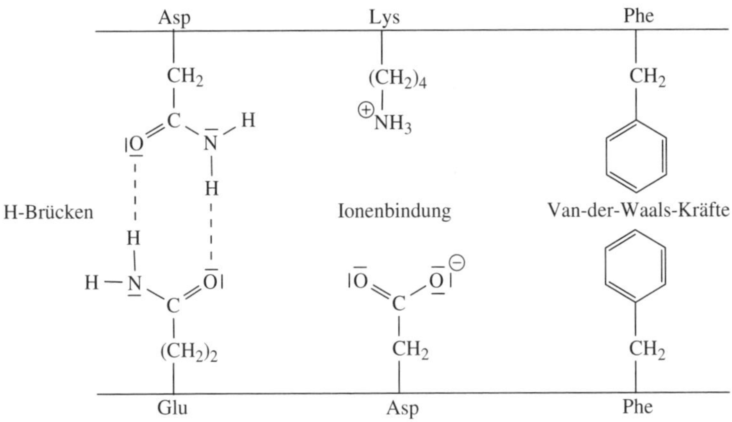

Aufgabe C2: Kaugummi

BE

Jährlich werden in Deutschland etwa 20 000 Tonnen Kaugummis verkauft, dies entspricht einem Umsatz von ca. 650 Millionen Euro.

1 Während die Kaumasse früher überwiegend aus Kautschuk bestand, verwendet man derzeit in der Regel Polyisobuten (PIB), das durch radikalische Polymerisation von Methylpropen synthetisiert wird.

1.1 Geben Sie die Strukturformel von Methylpropen an, zeichnen Sie die Repetiereinheit von Polyisobuten und formulieren Sie, ausgehend von einem organischen Peroxid (R–O–O–R) als Starter, den Mechanismus der radikalischen Polymerisation von Methylpropen! 9

1.2 Der Polymerisationsgrad eines Kunststoffes gibt die mittlere Anzahl der Monomereinheiten in seinen Makromolekülen an.

1.2.1 Durch Veränderung des Polymerisationsgrads können Polyisobutene mit verschiedenen Schmelzbereichen hergestellt werden. Darunter gibt es beispielsweise zähflüssige Öle und auch feste Kunststoffe.
Erläutern Sie diesen Sachverhalt! 4

1.2.2 Stellen Sie eine begründete Hypothese auf, welchen Einfluss die Konzentration des zugesetzten Starters auf den Polymerisationsgrad des entstehenden Kunststoffs hat! 4

2 Süßstoffe wie Acesulfam K und Aspartam ersetzen in den meisten Kaugummis Haushaltszucker (Saccharose) als Süßungsmittel.

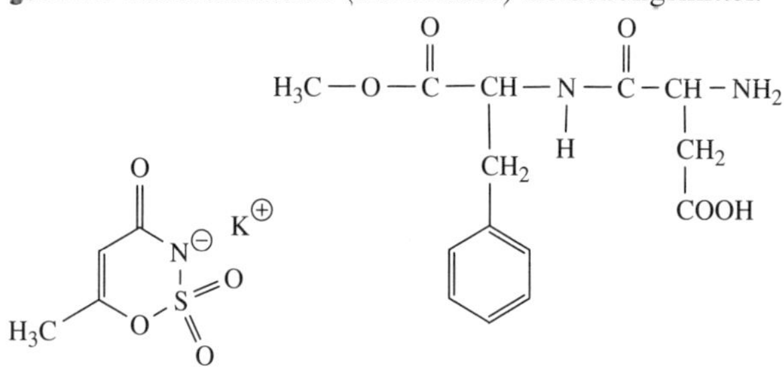

Abb. 1: Strukturformeln von Acesulfam K (links) und Aspartam (rechts)

2.1 Aspartam wird im Magen unter dem Einfluss der Magensäure hydrolytisch in drei Verbindungen gespalten.
Geben Sie die Strukturformelgleichung für die vollständige Hydrolyse von Aspartam an und benennen Sie die Hydrolyseprodukte! 8

2.2 Beschreiben Sie Durchführung und Beobachtungen eines Versuchs, mit dem die beiden Süßstoffe unterschieden werden können!
Begründen Sie die jeweils zu erwartenden Ergebnisse! 4

3 Auf der Kaugummiverpackung ist der Warnhinweis „Enthält eine Phenylalaninquelle“ aufgedruckt. Dieser Hinweis betrifft Personen, die unter der Erbkrankheit Phenylketonurie leiden, da ihnen das Enzym Phenylalaninhydroxylase fehlt. Dieses Enzym baut beim gesunden Menschen Phenylalanin zu Tyrosin ab.
Beschreiben und skizzieren Sie die Wirkung der Phenylalaninhydroxylase mithilfe einer Modellvorstellung und erklären Sie das Phänomen der Substratspezifität eines Enzyms! 7

4 Kaugummidragees sind mit Carnaubawachs überzogen. Hauptbestandteil dieses Wachses sind Verbindungen, die mit folgender Formel wiedergegeben werden können:

$$C_nH_{2n+1}-\overset{\overset{\displaystyle O}{\|}}{C}-O-C_mH_{2m+1}$$

$20 < n < 30$ $30 < m < 34$

Abb. 2: Allgemeine Formeln von Bestandteilen des Carnaubawachses

Carnaubawachs kann die Durchfeuchtung von Kaugummidragees verhindern. Begründen Sie diesen Befund! 4

40

Lösungsvorschläge

1.1 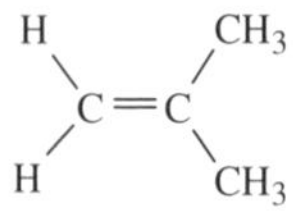

Methylpropen

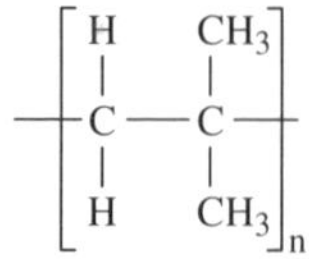

Polyisobuten

Reaktionsmechanismus der radikalischen Polymerisation
Startreaktion:

$$R-\overline{\underline{O}}-\overline{\underline{O}}-R \longrightarrow 2\ R-\overline{\underline{O}}\cdot$$

Kettenreaktion:

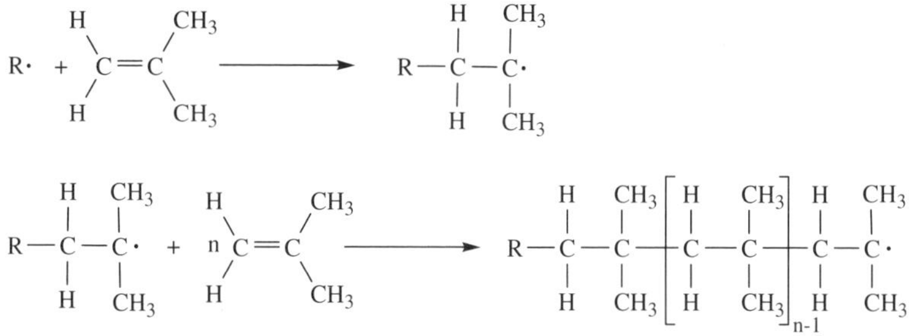

Kettenabbruch:

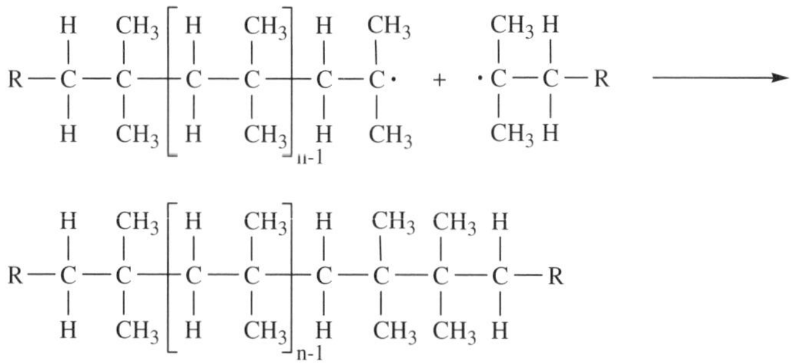

1.2.1 Der Schmelzbereich der Polyisobutene wird von den Wechselwirkungen zwischen den Makromolekülen bestimmt. Zwischen den Polyisobutenmolekülen wirken Van-der-Waals-Kräfte, die umso größer sind, je länger die Polymerketten sind. Je größer der **Polymerisationsgrad** eines Polyisobutens, umso größer ist sein Schmelzbereich.

1.2.2 Je höher die Konzentration des zugesetzten Radikalbildners ist, umso geringer ist die relative Molekülgröße der entstehenden Makromoleküle, da mehr Radikale für einen möglichen Kettenabbruch zur Verfügung stehen. Der Polymerisationsgrad sinkt folglich mit steigender Starterkonzentration.

2.1 *Bei der sauren Hydrolyse im Magen werden die Säureamid- und die Esterbindung durch Oxoniumionen gespalten.*

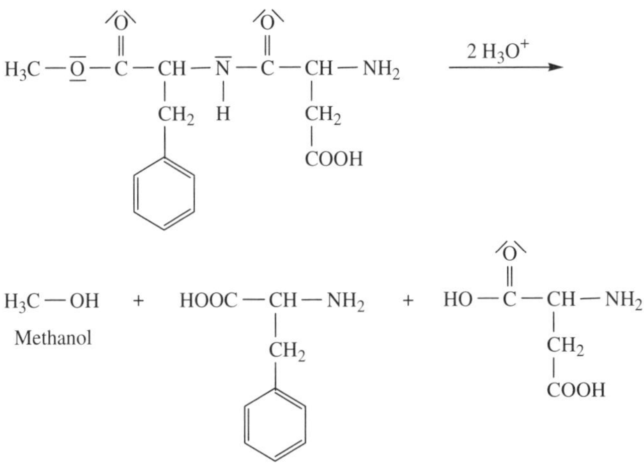

2-Amino-3-phenylpropansäure (Phenylalanin)   2-Aminobutandisäure

2.2 Im Acesulfammolekül ist im Gegensatz zum Aspartammolekül eine Doppelbindung enthalten, die durch **Reaktion mit Bromwasser** nachgewiesen werden kann. Kommt es bei Abwesenheit von Licht zu einer Entfärbung des Bromwassers, so handelt es sich dabei um Acesulfam. Die Bromatome werden an die Doppelbindung addiert.

alternativ:
Aspartam hat eine Peptidbindung und somit Eiweißcharakter. Die **Xanthoproteinreaktion** verläuft mit Aspartam positiv, d. h., eine Lösung dieses Stoffes färbt sich bei Zugabe von Salpetersäure gelb, da der aromatische Ring nitriert wird.

3 **Wirkungsweise von Enzymen**

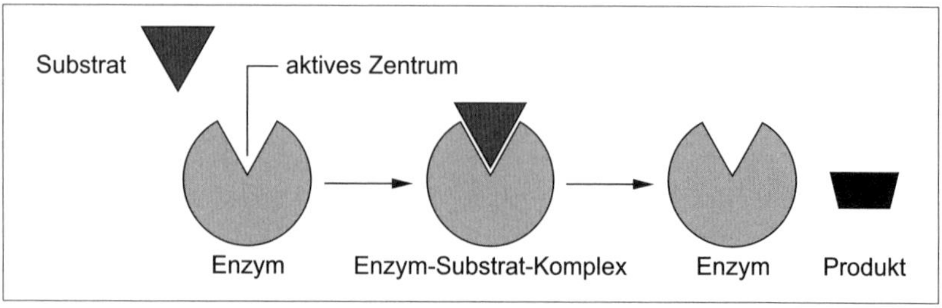

Ein Substrat bindet nach dem **Schlüssel-Schloss-Prinzip** an das aktive Zentrum des Enzyms und bildet einen Enzym-Substrat-Komplex. Nach der Reaktion löst sich das Produkt aus dem aktiven Zentrum und das Enzym liegt wieder in seiner ursprünglichen Form vor.
Der räumliche Bau des aktiven Zentrums ist komplementär zum räumlichen Bau des Substrats. Enzyme sind daher **substratspezifisch**, d. h., sie setzen nur solche Substratmoleküle um, die exakt in das aktive Zentrum passen.

4 Die Verbindungen von Carnaubawachs bestehen aus Molekülen, die sich aus zwei langkettigen aliphatischen Resten und einer Ester-Gruppe zusammensetzen. Die Moleküle sind daher überwiegend **unpolar** bzw. **hydrophob**. Aufgrund ihres wasserabstoßenden Charakters verhindern diese Verbindungen das Eindringen von Wasser und damit die Durchfeuchtung des Kaugummis.

Abiturprüfung 2012 Chemie (Bayern G8)
Aufgabe A1: Farben und Lacke

BE

Farbstoffe und Pigmente werden unter der Sammelbezeichnung Farbmittel zusammengefasst. Pigmente sind im Gegensatz zu Farbstoffen in ihrem Anwendungsmedium unlösliche Farbmittel, die unter anderem in der Farben- und Lackproduktion eine Rolle spielen, während Farbstoffe vorwiegend zum Färben von Textilien, Papier und Leder Verwendung finden.

1 Triphenylmethanfarbstoffe werden vor allem zum Färben von Papier, zur Herstellung von Tinten, Kohlepapier, Farbbändern und als Kosmetik-, Lebensmittel- und Mikroskopierfarben eingesetzt.

1.1 Der Farbstoff Thymolphthalein liegt je nach pH-Wert entweder in der Lactonform oder in der chinoiden Form vor.

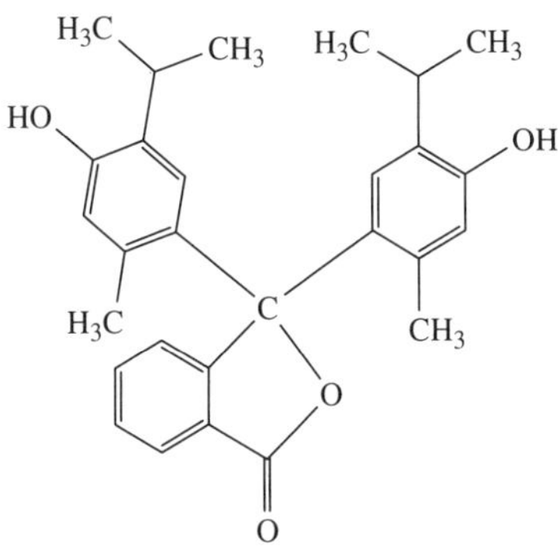
Lactonform

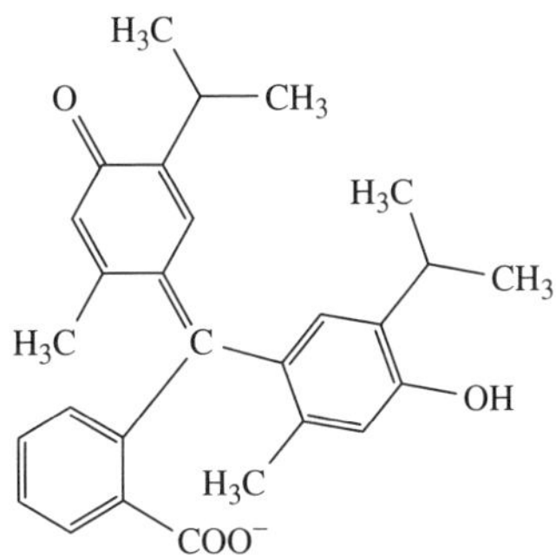
chinoide Form

Abb. 1: Strukturformeln von Thymolphthalein

Wellenlänge λ des absorbierten Lichts [nm]	Farbe des absorbierten Lichts	Farbe der Lösung
400–435	Violett	Gelb
435–480	Blau	Orange
480–500	Grünblau	Rot
500–570	Gelbgrün	Purpur
570–590	Gelb	Violett
590–610	Orange	Blau
610–700	Rot	Blaugrün

Tab.: Absorbiertes Licht und Farbe

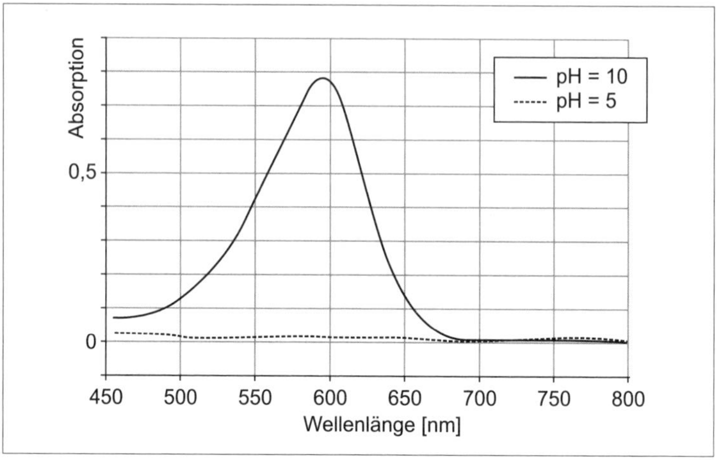

Abb. 2: Absorptionsspektrum einer Thymolphthaleinlösung bei zwei pH-Werten

Ordnen Sie den beiden Kurven die jeweilige Thymolphthalein-Struktur (Lactonform bzw. chinoide Form) zu, begründen Sie Ihre Aussage auf Basis der jeweiligen Molekülstruktur und leiten Sie mithilfe der angegebenen Tabelle die Farbe der beiden Thymolphthalein-Formen ab! 9

1.2 Eine wässrige Lösung der schwachen Säure Benzoesäure (Phenylmethansäure) unbekannter Konzentration wird mit verdünnter Natronlauge ($c = 1 \text{ mol} \cdot L^{-1}$) titriert. Die pH-Werte während der Titration sind in folgender Graphik dargestellt.

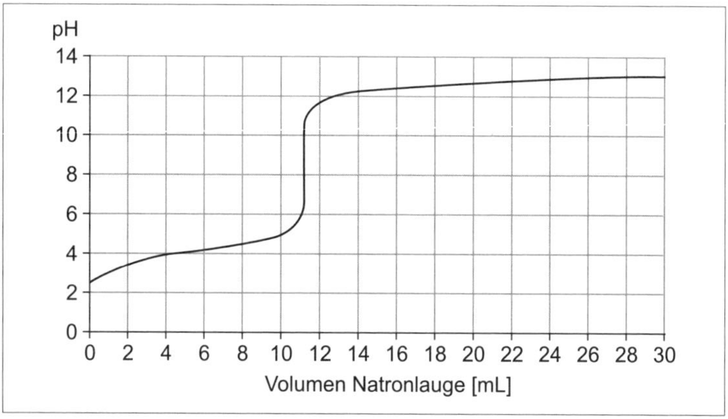

Abb. 3: Titrationskurve von Benzoesäure mit Natronlauge

Formulieren Sie die Reaktionsgleichung der Neutralisation und ermitteln Sie die Konzentration der Benzoesäure zu Beginn der Titration!
Beurteilen Sie, ob sich Thymolphthalein ($pK_S = 10$) als Indikator für diese Titration eignet! 9

2 Entscheidend für die Farbe eines Farbstoffes ist die Struktur seiner Moleküle. Aus dem farblosen Phenol kann man durch Einführen dreier jeweils gleicher Substituenten am C^2-, C^4- und C^6-Atom einen Farbstoff erhalten. Folgende Substituenten stehen zur Auswahl:

- Nitrogruppe
- Aminogruppe
- Hydroxygruppe

Erläutern Sie unter Mitverwendung von Grenzstrukturformeln, welcher der drei Substituenten die oben beschriebene Änderung der Farbe ermöglicht! 7

3 Neben Pigmenten enthalten Lacke als weitere Hauptkomponente Bindemittel, deren Aufgabe darin besteht, nach dem Trocknen des Lacks einen zusammenhängenden, gut haftenden Film auf dem Untergrund zu erzeugen. Als Bindemittel kommen häufig Alkydharze zum Einsatz, da sie u. a. hervorragende Filmbildner darstellen. *Iso*-Phthalsäure (Benzol-1,3-dicarbonsäure), Glycerin (Propan-1,2,3-triol) und Linolsäure ((Z,Z)-Octadeca-9,12-diensäure) finden sich im gleichen Mengenverhältnis als Grundbausteine in einem zunächst linearen Alkydharz.

3.1 Zeichnen Sie einen Strukturformelausschnitt dieses linearen Alkydharzes, der die drei genannten Grundbausteine enthält, und ordnen Sie es aufgrund der Verknüpfungen einer Kunststoffklasse zu! 8

3.2 Unter dem Einfluss von Radikalen reagieren beim Aushärten des zähflüssigen Alkydharzes Molekülbereiche verschiedener Alkydharzmoleküle miteinander.
Erläutern Sie diesen Vorgang auf der Teilchenebene und vergleichen Sie das thermische Verhalten des Alkydharzes vor und nach dem Aushärten! 7

40

Lösungsvorschläge

1.1 In der Lacton-Form sind die drei Benzol-Kerne voneinander isoliert, d. h. nicht über konjugierte Doppelbindungen miteinander verbunden. Dadurch ist das Chromophor des Farbstoffes wesentlich kleiner als bei der chinoiden Form, bei der die Benzolkerne über eine Doppelbindung am zentralen C-Atom des Triphenylmethanfarbstoffes verbunden sind.
Da ein großes Chromophor mit einem ausgedehnten System delokalisierter Elektronen eine wesentlich kleinere Anregungsenergie besitzt, absorbiert die chinoide Form längere Wellenlängen als die Lactonform.
Aus Abbildung 2 kann man ablesen, dass Thymolphthalein bei einem pH-Wert von 5 farblos ist, weil es nicht im sichtbaren Bereich absorbiert. Bei diesem pH-Wert liegt der Farbstoff also in der Lacton-Form mit den isolierten Benzol-Kernen vor. Die chinoide Form absorbiert längere Wellenlängen und hat bei einem pH-Wert von 10 ein Absorptionsmaximum bei ca. 590–600 nm, d. h. der Farbstoff absorbiert oranges Licht und erscheint dabei für das menschliche Auge blau.

1.2 *Bei dieser Aufgabe müssen zahlreiche für die Berechnung nötige Informationen aus dem Diagramm mit der Titrationskurve entnommen werden. Für die Berechnung der Anfangskonzentration der Säure braucht man den pH-Wert zu Beginn der Reaktion, also bevor man zum ersten Mal Natronlauge zugibt. Zusätzlich ist der Halbäquivalenzpunkt erforderlich, der dem pH-Wert am ersten Wendepunkt der Titrationskurve entspricht, weil hier gilt c(Benzoesäure) = c(Benzoat). Für die Entscheidung, ob Thymolphthalein als Indikator für die Titration geeignet ist, muss man den pH-Wert am Äquivalenzpunkt ermitteln, weil dieser innerhalb des Umschlagbereichs des Indikators liegen muss.*

Bei der Neutralisation der Benzoesäure-Lösung läuft folgende Reaktion ab

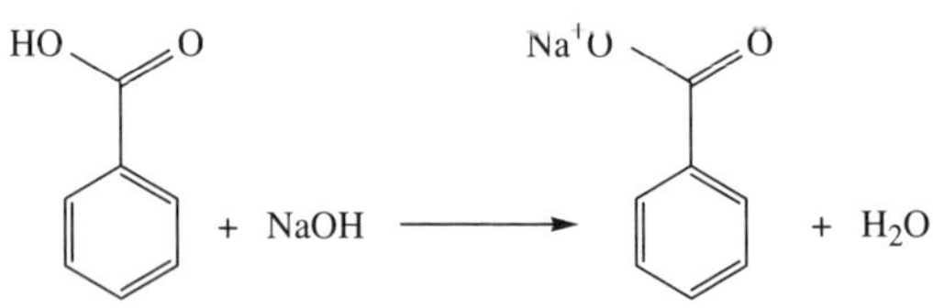

Aus dem Diagramm lassen sich folgende Werte ermitteln

pH (Start) = 2,5
HÄP: pH = pK_S = 4,2
ÄP: pH = 8,5

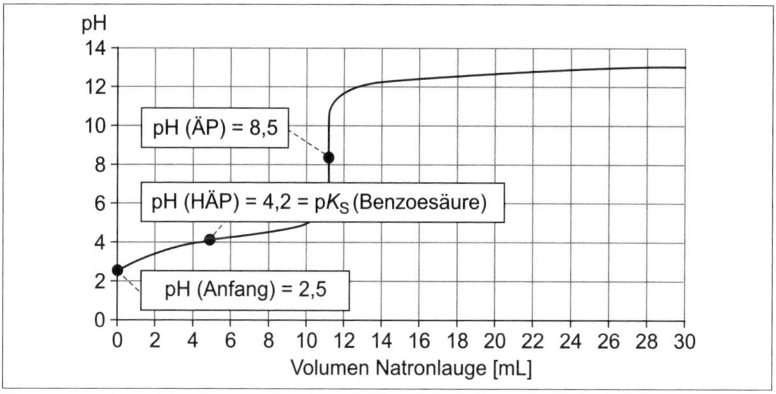

Die Anfangskonzentration der Benzoesäure lässt sich wie folgt aus dem Massenwirkungsgesetz ableiten

$$\text{Ph-COOH} + H_2O \rightleftharpoons \text{Ph-COO}^- + H_3O^+$$

Es gilt das Massenwirkungsgesetz

$$K_c = \frac{c(H_3O^+) \cdot c(\text{Benzoat})}{c(\text{Benzoesäure}) \cdot c(H_2O)}$$

$$K_c \cdot c(H_2O) = K_s = \frac{c(H_3O^+) \cdot c(\text{Benzoat})}{c(\text{Benzoesäure})}$$

Mit $c(H_3O^+) = c(\text{Benzoat})$ und $c(\text{Benzoesäure}) = c_0(\text{Benzoesäure})$ gilt

$$K_s = \frac{c(H_3O^+)^2}{c_0(\text{Benzoesäure})} \Rightarrow$$

$$c_0(\text{Benzoesäure}) = \frac{c(H_3O^+)^2}{K_s} = \frac{(10^{-pH})^2}{10^{-pK_S}} = \frac{(10^{-2,5}\ \text{mol} \cdot L^{-1})^2}{10^{-4,2}\ \text{mol} \cdot L^{-1}}$$

$$= 0{,}16\ \text{mol} \cdot L^{-1}$$

Alternativ lässt sich diese Berechnung auch mit der Henderson-Hasselbalch-Gleichung aus der Formelsammlung lösen:

Berechnung c_0(Benzoesäure)

pH = 1/2 (pK_S – lg c_0(Benzoesäure))
2,5 = 4,2/2 – 1/2 · lg c_0(Benzoesäure)
0,4 = –1/2 lg c_0(Benzoesäure)
–0,8 = lg c_0(Benzoesäure)
0,16 mol · L^{-1} = c_0(Benzoesäure)

Eine weitere Alternativlösung wäre auch die klassische Berechnung einer Titration mit der Konzentration c(NaOH) und dem Volumen der verbrauchten

Maßlösung am Äquivalenzpunkt der Titration $V_{ÄP}$(NaOH). In dieser Aufgabe ist dies jedoch nicht möglich, da das benötigte Anfangsvolumen der zu messenden Benzoesäure-Lösung nicht bekannt ist.

Ein Indikator schlägt in einem bestimmten pH-Bereich um, der um eine Einheit größer bzw. kleiner als der pK_S-Wert der Indikatorsäure ist. Im Fall von Thymolphthalein ergibt sich so ein Umschlagbereich zwischen pH = 9 und pH = 11. Da der ÄP der Titration gemäß Abbildung 2 bei ca. 8,5 also außerhalb des Umschlagbereiches von Thymolphthalein liegt, ist dieser Indikator für diese Titration nicht geeignet.

2 Bei dem geeigneten Substituenten handelt es sich um die Nitrogruppe. Durch die Substitution am C^2-, C^4- und C^6-Atom des Phenols wird die Pikrinsäure (= 2,4,6-Trinitrophenol) erhalten.

Mesomere Grenzstrukturen der Pikrinsäure

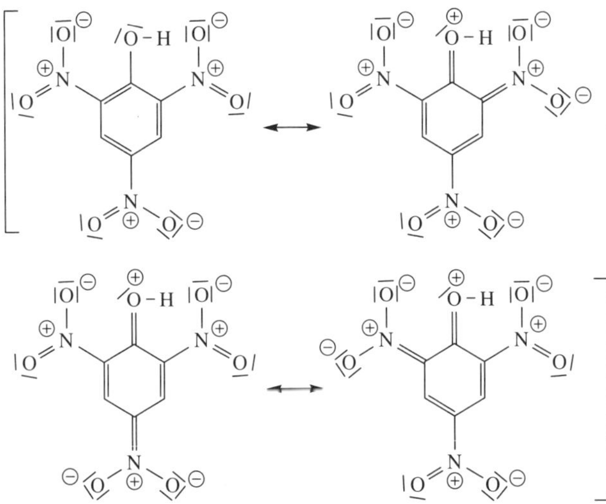

Eine Phenol-Lösung ist farblos, während die Pikrinsäure-Lösung gelb-orange ist, also Wellenlängen aus dem sichtbaren Bereich des elektromagnetischen Spektrums absorbiert. Da bei Pikrinsäure und Phenol das Chromophor gleich groß ist (der Benzolkern), muss die Veränderung des Absorptionsverhaltens durch einen bathochromen Effekt, d. h. Verschiebung der Absorption zu energieärmerem Licht (= längeren Wellenlängen) durch die Substituenten erfolgen. Im Phenol tritt nur eine auxochrome OH-Gruppe auf, bei der Pikrinsäure wirken zusätzlich drei NO_2-Gruppen als antiauxochrome Substituenten, die elektronenziehend wirken und damit in Kombination mit der auxochromen Gruppe die Delokalisation des Elektronensystems verstärken. Dadurch kommt es zu der beschriebenen Verschiebung des Absorptionsmaximums in den längerwelligen Bereich, da die benötigte Anregungsenergie sinkt.

Die Amino- sowie die Hydroxygruppe sind dagegen nicht geeignet, um das delokalisierte Elektronensystem des Phenols zu erweitern, da sie einen +M-Effekt ausüben und somit nicht als Antiauxochrome wirken können.

Pikrinsäure hat einen kleineren pK_S-Wert als Phenol. Sowohl die resultierenden Phenolate als auch die Pikrate sind mesomeriestabilisiert:

Mesomere Grenzstrukturen des Phenolats

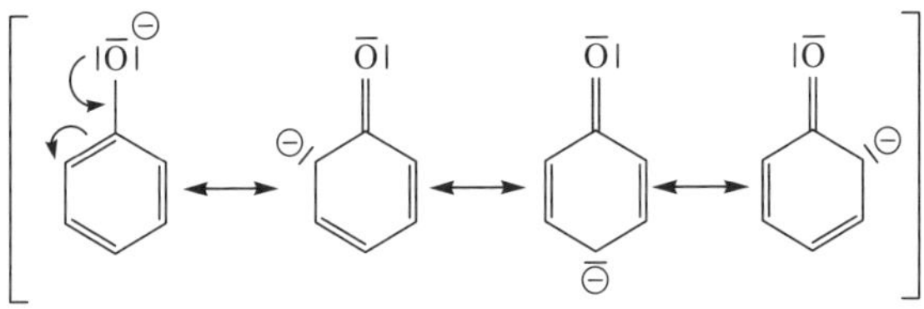

Mesomere Grenzstrukturen des Pikrats

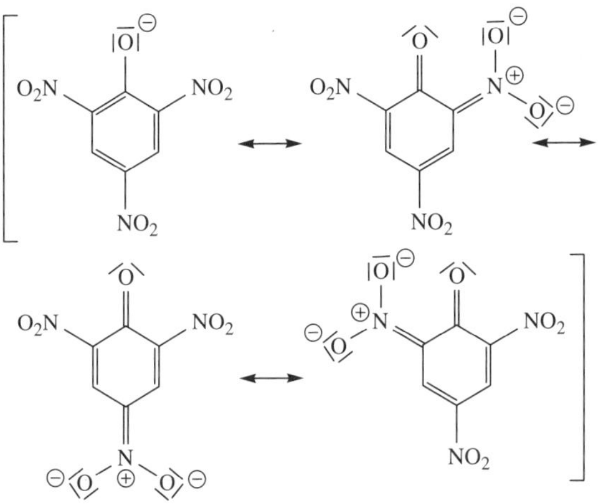

Die drei Nitrogruppen wirken elektronenziehend, so dass die OH-Bindung der Pikrinsäure stärker polarisiert ist als beim Phenol. Somit wird das Proton der Pikrinsäure leichter abgegeben als das des Phenols.

3.1 Durch die Reaktion einer Carboxy-Gruppe mit einer Hydroxy-Gruppe entsteht ein Carbonsäureester. Deshalb gehört das Alkydharz zu der Kunststoffklasse der **Polyester**.
Die Strukturformel der Repetiereinheit sieht wie folgt aus:

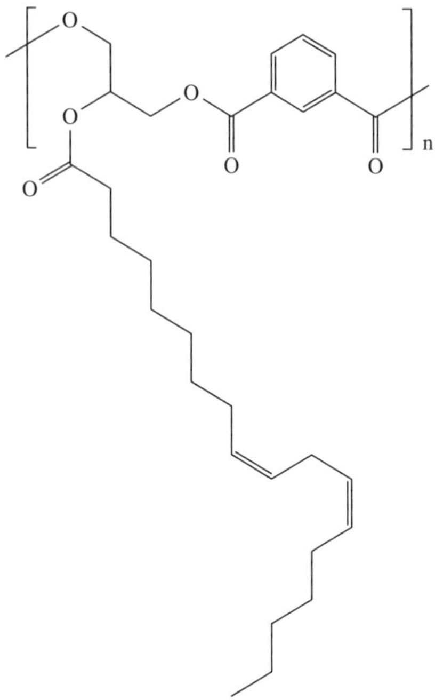

3.2 Die linearen Makromoleküle der Alkydharze enthalten in den Linolsäureresten Doppelbindungen, die durch radikalische Polymerisation vernetzt werden können. Die vorher isolierten Makromoleküle werden durch die Zugabe des Radikalbildners zu einem dreidimensionalen Netzwerk verknüpft und die thermischen Eigenschaften ändern sich.
Vor der Zugabe des Radikalbildners (vor dem Aushärten) lässt sich der Kunststoff nach dem Erwärmen verformen, wobei die neue Form nach dem Erkalten erhalten bleibt. Es handelt sich somit um einen **Thermoplasten**.
Nach der Zugabe des Radikalbildners hat der Kunststoff **duroplastische** Eigenschaften, weil sich der Kunststoff durch Erwärmen nicht verformen lässt, sondern sich oberhalb einer bestimmten Temperatur zersetzt.

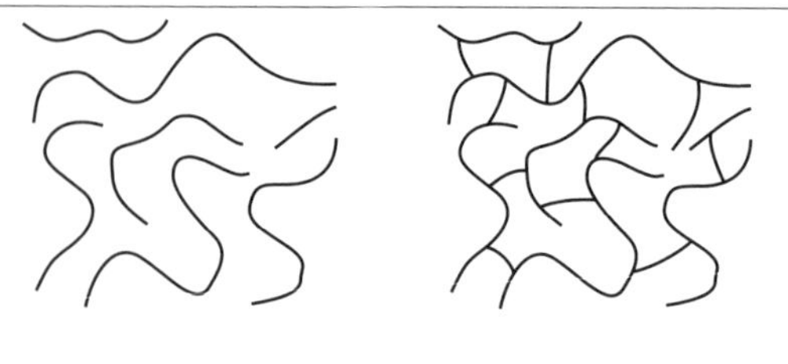

unvernetzter Kunststoff
Thermoplast

quervernetzter Kunststoff
Duroplast

Abiturprüfung 2012 Chemie (Bayern G8)
Aufgabe A2: Chemie rund ums Haar

BE

1 Das menschliche Haar besteht hauptsächlich aus α-Keratin. Die Moleküle dieses Proteins bilden eine α-Helix, in der vor allem hydrophobe Aminosäurereste vorkommen. Durch Verdrillung zweier dieser Helices entsteht eine Superhelix, die durch kovalente Quervernetzung besondere Festigkeit erhält. Im α-Keratin treten unter anderem folgende Aminosäuren auf:

Cystein (Cys)	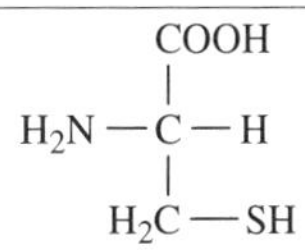
Glutamin (Gln)	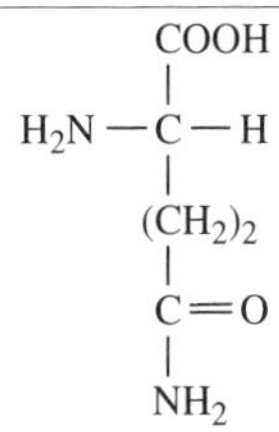
Phenylalanin (Phe)	2-Amino-3-phenylpropansäure
Valin (Val)	2-Amino-3-methylbutansäure

Tab.: Verschiedene im Haar vorkommende Aminosäuren

Zeichnen Sie den Strukturformelausschnitt eines Proteins mit der Sequenz –Val–Cys–Gln–Phe– und beschreiben Sie anhand dieser Sequenz die Möglichkeit der kovalenten Quervernetzung zweier Proteinmoleküle! 7

2 Die Haarfarbe eines Menschen wird durch eine Mischung von Pigmenten, den Melaninen, bestimmt.

2.1 Beim Menschen treten vor allem zwei Melaninvarianten auf. Eumelanin dominiert in braunem und schwarzem Haar, während Phäomelanin als Rotpigment für blonde und rote Haare verantwortlich ist.

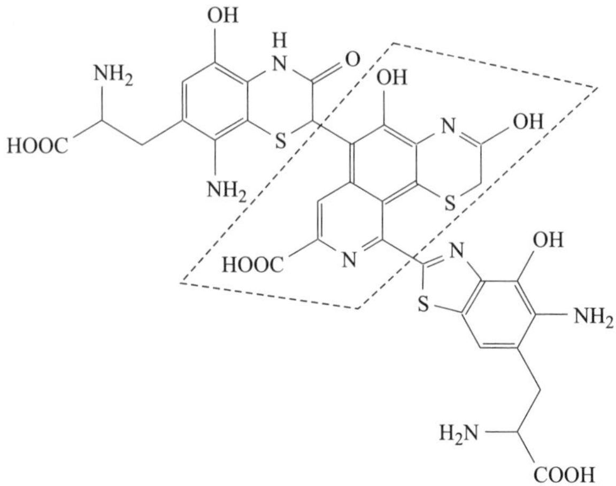

Abb. 1: Strukturformel des Phäomelanins

Erläutern Sie unter Mitverwendung einer weiteren Grenzstrukturformel des markierten Bereichs die Bedeutung verschiedener Molekülbestandteile für die Farbigkeit von Phäomelanin! 9

2.2 Bei der Haarfärbung werden unter anderem leicht oxidierbare aromatische Verbindungen, z. B. Brenzcatechin (1,2-Dihydroxybenzol) auf das Haar gebracht. Das farblose Brenzcatechin wird in basischer Lösung durch Wasserstoffperoxid zum farbigen 1,2-Benzochinon oxidiert.

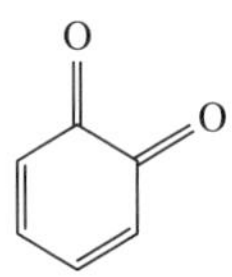

Abb. 2: Strukturformel von 1,2-Benzochinon

Entwickeln Sie über Teilgleichungen die Redoxgleichung für die Reaktion von Brenzcatechin mit Wasserstoffperoxid (H_2O_2)! 6

2.3 Eine wässrige Lösung von 1,2-Benzochinon ist bei pH-Werten über 7 braun gefärbt, während eine schwach saure Lösung dieser Substanz eine leichte Grünfärbung zeigt.
Der pH-Wert einer Farbstofflösung soll auf 9,0 eingestellt werden. Dies kann entweder durch Zusatz von Natriumhydroxid oder Natriumacetat (Natriumethanoat) zu neutralem Wasser erfolgen. Zum Abwiegen steht eine Waage mit einem Wägebereich von 10^{-3} g bis 100 g zur Verfügung. Berechnen Sie die Masse an Natriumhydroxid bzw. Natriumacetat, die in Wasser gelöst werden muss, um einen Liter Lösung mit dem pH-Wert von 9,0 herzustellen, und begründen Sie, welches Salz verwendet werden muss! 8

3 Im Jahre 1955 wurde Haarspray erfunden und erstmals vermarktet. Einer der Inhaltsstoffe, der als Filmbildner für die Haarform dient, ist Polyvinylacetat, das aus Vinylacetat hergestellt wird.

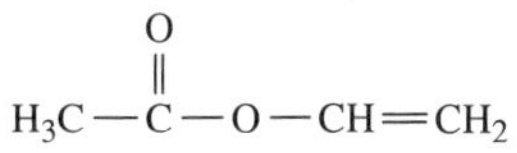

Abb. 3: Strukturformel von Vinylacetat

3.1 Zeichnen Sie eine Repetiereinheit von Polyvinylacetat und formulieren Sie, ausgehend von einem Starter (R–R), den Mechanismus der Synthese dieses Kunststoffs! 7

3.2 Vinylacetat ist in basischer Lösung nicht stabil. Erklären Sie diese Beobachtung unter Mitverwendung einer Strukturformelgleichung! 3

40

Lösungsvorschläge

1 *Die angegebenen Aminosäuren sind über Säureamidbindungen (= Peptidbindungen) verknüpft. Die in der Aufgabenstellung angesprochene kovalente Verknüpfung kann nur durch eine Disulfidbrücke zwischen den –SH-Resten des Cysteins erfolgen, da bei den gegebenen Resten keine Verknüpfung durch weitere Säureamid- oder Esterbindungen möglich ist.*

Strukturformel des angegebenen Proteins Val–Cys–Gln–Phe

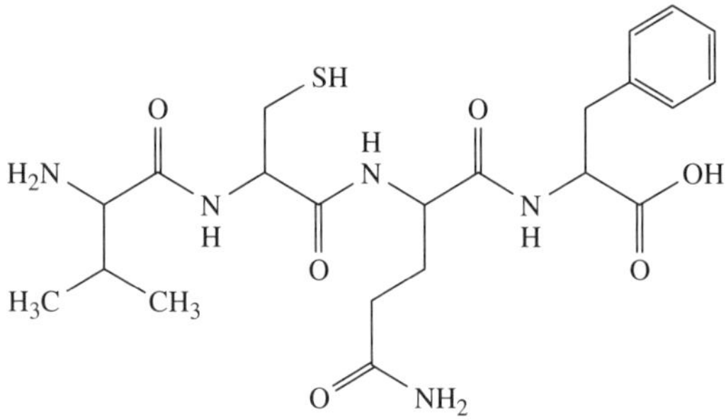

Durch die Thiol-Gruppe (SH) in der Seitenkette des Cysteins besteht die Möglichkeit, dass sich die Proteinketten durch eine Disulfidbrücke vernetzen.

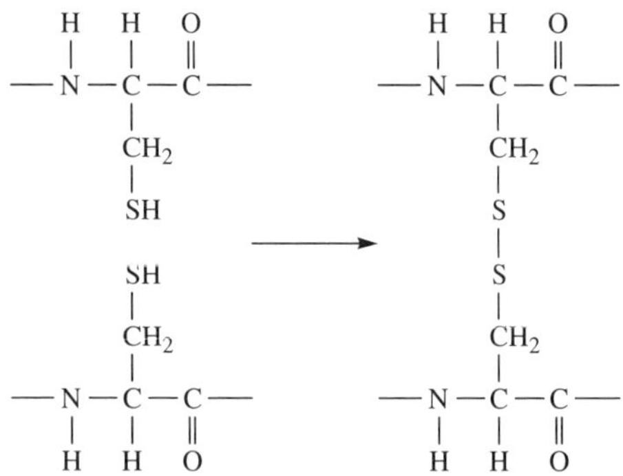

2.1 *Für die Erstellung von mesomeren Grenzstrukturen bietet sich folgendes Verfahren an: Bei einer funktionellen Gruppe mit +M-Effekt (vereinfacht an einer auxochromen Gruppe) beginnt man ein freies Elektronenpaar in Richtung der folgenden konjugierten Doppelbindung zu klappen. Die dadurch resultierende Oktettüberschreitung wird behoben, in dem man die Elektronenpaare so lange weiter klappt, bis sich bei einem Atom keine Oktettüberschreitung ergibt. Im Anschluss überprüft man alle beteiligten Atome, ob Ladungen auftreten, indem man vergleicht, wie viele Valenzelektronen das Atom „mitgebracht" hat und wie viele ihm noch „alleine gehören".*

Mesomere Grenzstrukturen

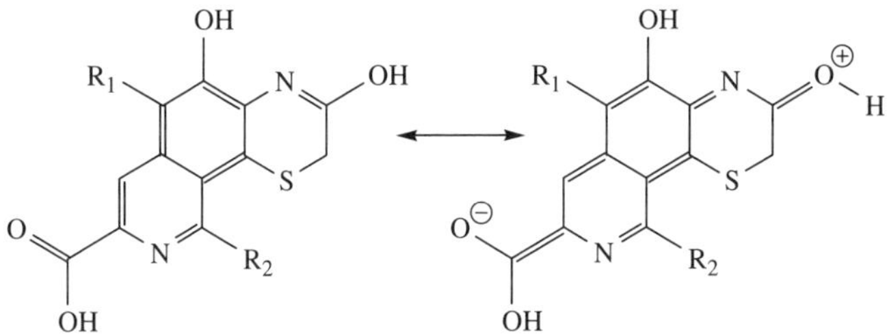

Für die Farbigkeit des Phäomelanins ist sein Molekülbau verantwortlich. In dem markierten Bereich findet man ein System konjugierter Doppelbindungen, das man als Chromophor bezeichnet. In diesem trigonal-planaren Molekülbereich sind die Elektronen delokalisiert und lassen sich relativ leicht von ihrem Grundzustand durch Lichtenergie in ihren angeregten Zustand versetzen.
Zusätzlich sind an das Chromophor noch zwei auxochrome Hydroxy-Gruppen (OH) und eine antiauxochrome Carboxy-Gruppe (COOH) gebunden. Die auxochromen Gruppen wirken als Elektronendonatoren und erhöhen die negative Ladungsdichte im mesomeren System, während die antiauxochrome Carboxygruppe die Elektronendichte verkleinert. Dadurch kommt es zu einem bathochromen Effekt, d. h. das Molekül absorbiert längere Wellenlängen als ohne die auxochromen und antiauxochromen Gruppen. Da Phäomelanin eine für das menschliche Auge sichtbare Farbe hat, muss es dementsprechend Wellenlängen aus dem sichtbaren Bereich des elektromagnetischen Spektrums absorbieren.

2.2

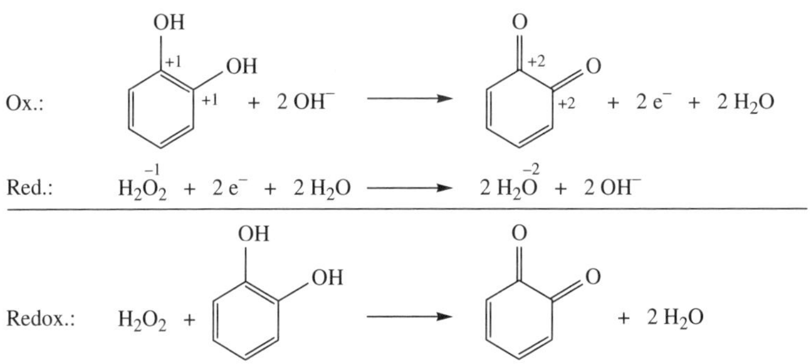

2.3 Gegeben:
pH = 9,0; V = 1 L ; pK_S(CH_3COOH) = 4,75 (aus Formelsammlung)
M(NaOH) = 40 g · mol^{-1}; M($NaCH_3COO$) = 82 g · mol^{-1} (aus PSE)

Gesucht:
m(NaOH) bzw. m($NaCH_3COO$)

- Berechnung des pOH-Wertes
  pOH = 14 – pH = 14 – 9 = 5

- Berechnung der Konzentration von Hydroxid-Ionen $c(OH^-)$ in der Lösung
  $c(OH^-) = 10^{-pOH} = 10^{-5}\ mol \cdot L^{-1}$

- Berechnung der Stoffmenge von Hydroxid-Ionen $n(OH^-)$ in der Lösung
  $n(OH^-) = c(OH^-) \cdot V = 10^{-5}\ mol \cdot L^{-1} \cdot 1\ L = 10^{-5}\ mol$

Fall 1: Ermittlung der Masse von Natriumhydroxid

- Durch Auflösen von Natriumhydroxid gelangen pro Mol NaOH genauso viele Hydroxid-Ionen direkt in die Lösung. Deshalb gilt
  $n(OH^-) = n(NaOH) = 10^{-5}\ mol \cdot L^{-1}$

- Berechnung der Masse $m(NaOH)$ mithilfe der molaren Masse $M(NaOH)$
  $m(NaOH) = n(NaOH) \cdot M(NaOH) = 10^{-5}\ mol \cdot 40\ g \cdot mol^{-1} = 0{,}0004\ g$

Da die zur Verfügung stehende Waage höchstens 0,001 g abwiegen kann, die benötigte Masse an Natriumhydroxid aber kleiner als dieser Wert ist, kann unter diesen Voraussetzungen kein Natriumhydroxid verwendet werden.

Fall 2: Ermittlung der Masse von Natriumacetat (Natriumethanoat)

- Durch Auflösen von Natriumacetat gelangen Acetat-Ionen in die Lösung, die mit Wasserteilchen folgende Gleichgewichtsreaktion eingehen

  $$CH_3COO^- + H_2O \rightleftharpoons CH_3COOH + OH^-$$

- Vereinfachte Berechnung der Anfangskonzentration der Acetat-Ionen
- Aufstellen des Massenwirkungsgesetzes

  $$K_B = K_c \cdot c(H_2O) = \frac{c(OH^-) \cdot c(CH_3COOH)}{c(CH_3COO^-)}$$

  Mit $c(OH^-) = c(CH_3COOH)$ und $c(CH_3COO^-) \approx c_0(CH_3COO^-)$ gilt:

  $$K_B = \frac{c(OH^-)^2}{c_0(CH_3COO^-)}$$

- Ermittlung der Basenkonstante K_B
  $pK_B = 14 - pK_S = 14 - 4{,}75 = 9{,}25$
  $K_B = 10^{-pK_B} = 10^{-9{,}25}\ mol \cdot L^{-1}$

  $$c_0(CH_3COO^-) = \frac{c(OH^-)^2}{K_B} = \frac{(10^{-5}\ mol \cdot L^{-1})^2}{10^{-9{,}25}\ mol \cdot L^{-1}} = 0{,}178\ mol \cdot L^{-1}$$

- Berechnung der Stoffmenge $n(CH_3COO^-)$
  $n(CH_3COO^-) = c(CH_3COO^-) \cdot V = 0{,}178\ mol \cdot L^{-1} \cdot 1\ L = 0{,}178\ mol$

- Berechnung der Masse $m(NaCH_3COO)$ mithilfe der molaren Masse $M(NaCH_3COO)$
  $n(CH_3COO^-) = n(NaCH_3COO)$
  $m(NaCH_3COO) = n(NaCH_3COO) \cdot M(NaCH_3COO)$
  $= 0{,}178\ \text{mol} \cdot 82\ \text{g} \cdot \text{mol}^{-1}$
  $= 14{,}6\ \text{g}$

Da der berechnete Wert innerhalb des Messbereiches der zur Verfügung stehenden Waage liegt, kann in diesem Fall Natriumacetat für die Herstellung der Lösung verwendet werden.

3.1 *Durch den Molekülbau des Monomers Vinylacetat mit einer Doppelbindung und keinen funktionellen Gruppen, die durch Reaktionen miteinander verknüpft werden können, kommt hier nur die radikalische Polymerisation in Frage. Ein weiterer Hinweis ist durch die Angabe des Starters R–R gegeben.*

Repetiereinheit von Polyvinylacetat:

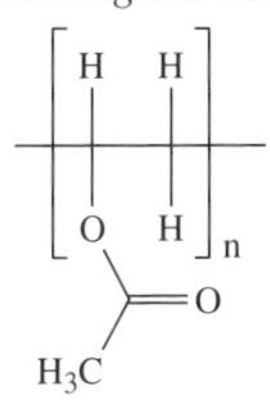

Polyvinylacetat wird durch radikalische Polymerisation hergestellt.

Startreaktion: $R{-}R \longrightarrow 2\,R^{\bullet}$

Kettenverlängernde Reaktionen:

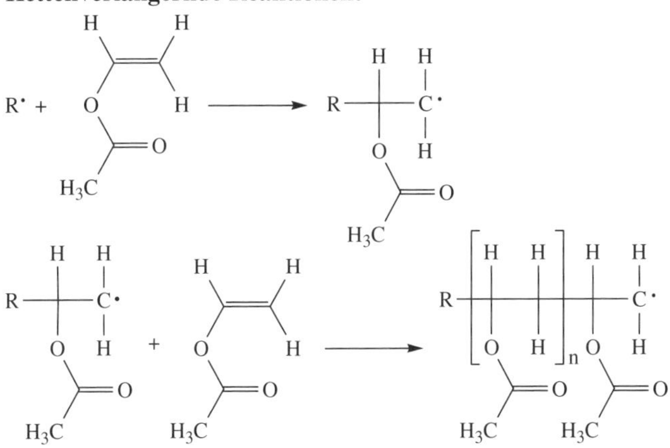

Mögliche Abbruchreaktionen:

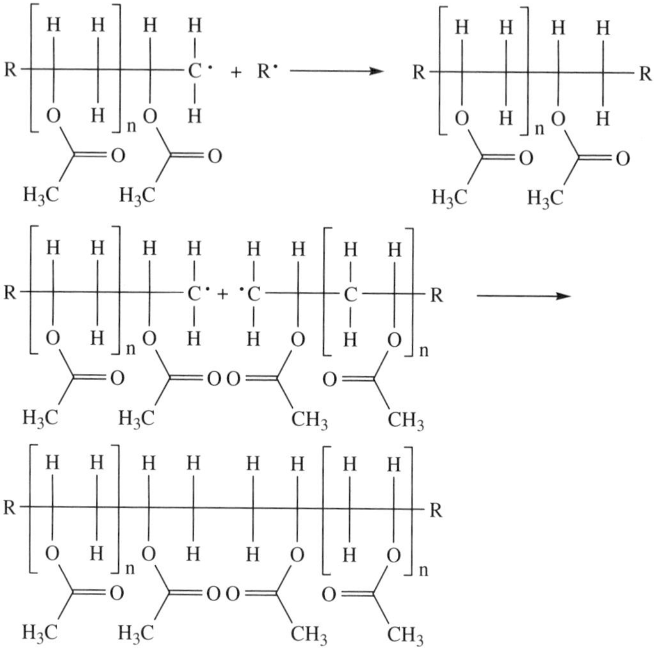

3.2 In alkalischer Umgebung hydrolysiert die Estergruppe gemäß

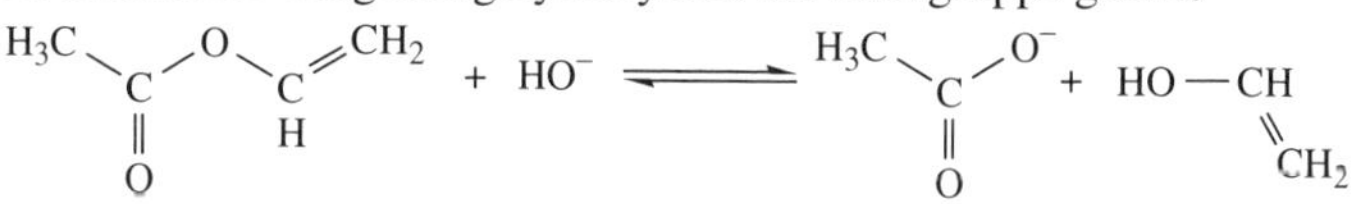

Abiturprüfung 2012 Chemie (Bayern G8)
Aufgabe B1: Fette als Nahrungsmittel

BE

1 Butter und Margarine sind fettreiche Lebensmittel, die sich in ihrer Zusammensetzung deutlich unterscheiden.

1.1 Aus Butter können unter anderem folgende Fettsäuren gewonnen werden:

Trivialname	**IUPAC-Name**
Elaidinsäure	(*E*)-Octadec-9-ensäure
Linolensäure	(*Z,Z,Z*)-Octadeca-9,12,15-triensäure
Linolsäure	(*Z,Z*)-Octadeca-9,12-diensäure
Ölsäure	(*Z*)-Octadec-9-ensäure
Stearinsäure	Octadecansäure
Vaccensäure	(*E*)-Octadec-11-ensäure

Tab. 1: Auswahl von Butter-Fettsäuren[1]

Bei der Ermittlung der Schmelztemperaturen der in der Tabelle genannten ungesättigten Fettsäuren erhält man folgende Werte: –11 °C, –5 °C, +17 °C, +44 °C. Die Schmelztemperaturen zweier Fettsäuren sind gleich.
Ordnen Sie den Fettsäuren die Schmelztemperaturen zu und erläutern Sie Ihre Zuordnung! 9

1.2 Zur Herstellung von Margarine werden Pflanzenöle chemisch weiter verarbeitet.
Formulieren Sie ausgehend von einem Triacylglycerinmolekül, das ausschließlich Linolensäurebausteine enthält, eine Strukturformelgleichung für die zugrunde liegende Reaktion und benennen Sie den beschriebenen Vorgang! 8

2 Im Dünndarm gerät der aus dem Magen kommende saure Nahrungsbrei mit verschiedenen Verdauungssäften in Kontakt, die u. a. Enzyme zur Fettverdauung (Lipasen) enthalten.

2.1 Lipasen arbeiten optimal im schwach basischen pH-Bereich. Im Dünndarm wird dieser pH-Bereich erreicht, indem Hydrogencarbonat aus der Bauchspeicheldrüse (Pankreas) abgegeben wird. Bei normaler Funktion

1 Dt. Forschungsanstalt f. Lebensmittelchemie: *Food Composition and nutrition tables.* Medpharm Scientific Publishers, Stuttgart, 1994; J. Falbe, M. Regitz (Hrsg.): *Römpp Chemie Lexikon.* Georg Thieme Verlag, Stuttgart, 9. Aufl., 1990–1992

der Bauchspeicheldrüse bildet sich im Dünndarm ein Kohlensäure/ Hydrogencarbonat-Puffer.

2.1.1 Erklären Sie unter Verwendung von Formelgleichungen, wie der Kohlensäure/Hydrogencarbonat-Puffer mit der Magensäure (Salzsäure) reagiert! 4

2.1.2 Bei Pankreasinsuffizienz gibt die Bauchspeicheldrüse nicht genügend Hydrogencarbonat ab, sodass der pH-Wert im Dünndarm teilweise bei Werten zwischen 4–5 liegt.
Erläutern Sie mithilfe einer Modellvorstellung die Auswirkungen einer Pankreasinsuffizienz im Hinblick auf die Fettverdauung durch Lipasen! 7

2.2 Im ersten Abschnitt des Dünndarms wird von der Gallenblase Gallensaft abgegeben. Durch die Darmbewegung emulgieren die im Gallensaft enthaltenen Lecithine die Fette im Darm. Dadurch wird die Fettverdauung beschleunigt. Ein Beispiel für ein Lecithin-Ion zeigt Abbildung 1.

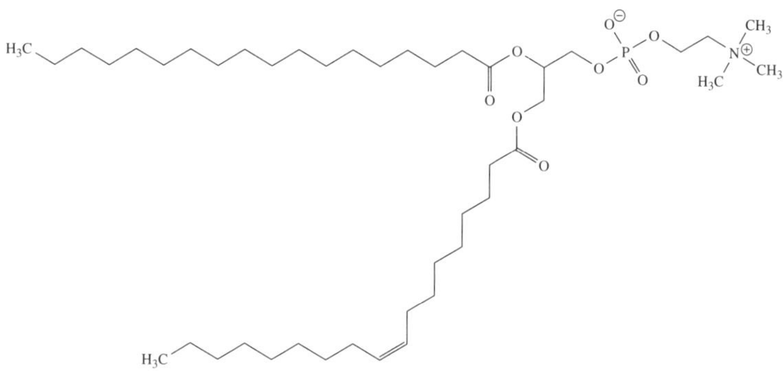

Abb. 1: Beispiel für ein Lecithin-Ion

Erklären Sie die Wirkungsweise der Lecithine anhand der Molekülstruktur sowie die beschleunigende Wirkung auf die Fettverdauung! 7

3 In der Lebensmittelindustrie werden gezielt Fette mit bestimmten Eigenschaften, z. B. mit einer verbesserten Streichfähigkeit, hergestellt.
Hierbei wird ein Monoacylglycerin (A) über ein Diacylglycerin (B) zum Triacylglycerin (C) umgesetzt. Bei einem Versuchsansatz wurden die Stoffmengenanteile der beteiligten Stoffe A, B und C über eine Stunde gemessen und grafisch aufgetragen:

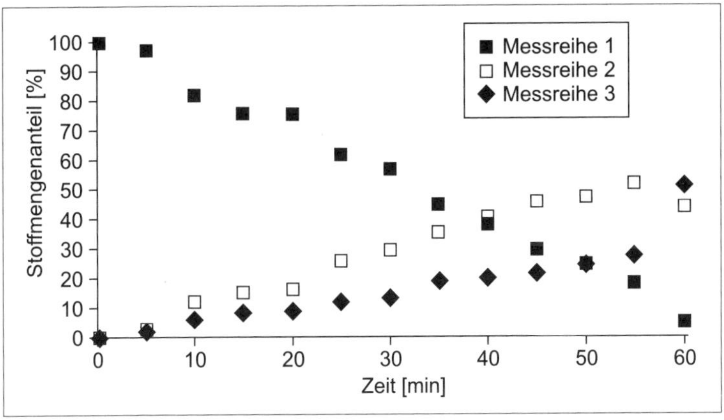

Abb. 2: Stoffmengenanteil der Stoffe A, B und C im Gemisch während der Synthese eines Fettes[2]

Nach zwei Stunden wurde für die Messreihen 1 bis 3 je ein weiterer Wert ermittelt:

Messreihe	Stoffmengenanteil [%]
1	2
2	6
3	92

Tab. 2: Messwerte nach zwei Stunden Versuchsdauer

Ordnen Sie die drei Messreihen den Stoffen A bis C zu und begründen Sie Ihre Aussage! 5

40

2 verändert nach: U. Schmid: *Lipase-katalysierte Synthese strukturierter Triglyceride.* Dissertation Universität Stuttgart, 1999, S. 47

Lösungsvorschläge

1.1 Die verschiedenen Schmelztemperaturen beruhen auf den unterschiedlichen zwischenmolekularen Kräften der Fettsäuren. Alle genannten Carbonsäuren zeigen Wasserstoffbrückenbindungen, Dipol-Dipol-Wechselwirkungen und van der Waals-Kräfte. Sie unterscheiden sich in der Stärke der van der Waals-Kräfte. Diese Kräfte steigen mit der Anzahl der C-Atome. Da alle gegebenen Fettsäuren gleich viele C-Atome haben, spielt dieser Effekt hier keine Rolle. Außerdem sinkt die Schmelztemperatur mit der Anzahl der Doppelbindungen in *Z*-Konfiguration, weil durch die *Z*-Stellung der Substituenten ein „Knick" im Rest des Moleküls entsteht, der zu einer geringeren Oberfläche und damit kleineren van der Waals-Kräften führt. Für die Säuren, deren Substituenten an der Doppelbindung in *E*-Stellung stehen, gilt dies nicht, d. h. die *E*-Moleküle sind nicht „geknickt" und haben bei gleicher C-Atomzahl und gleicher Doppelbindungsanzahl eine höhere Schmelztemperatur als die „*Z*-Säuren".
Deshalb ergibt sich folgende Zuordnung der Schmelztemperaturen:

Linolensäure	–11 °C	Niedrigste Schmelztemperatur, da alle drei Doppelbindungen in *Z*-Stellung stehen.
Linolsäure	–5 °C	Zwei Doppelbindungen in *Z*-Stellung, deshalb etwas größere van der Waals-Kräfte als Linolensäure, da das Molekül eine größere Oberfläche hat.
Ölsäure	+17 °C	Nur eine Doppelbindung in *Z*-Stellung, deshalb größere van der Waals-Kräfte als Linolsäure, da das Molekül eine größere Oberfläche hat.
Vaccensäure und Elaidinsäure	+44 C	Beide haben genau eine Doppelbindung in *E*-Stellung, daher keine „Knicke" im Molekül und größere Oberfläche als Ölsäure. Die Position der Doppelbindung scheint keine Rolle zu spielen.

1.2 Bei dem beschriebenen Vorgang handelt es sich um die **Fetthärtung** bzw. **Hydrierung von Fetten**:

2.1.1 *Bei dem beschriebenen Vorgang handelt es sich um eine Säure-Base-Reaktion, wobei die Formel für Hydrogencarbonat-Ionen ein wichtiges Grundwissen aus den vergangenen Schuljahren ist.*

Puffergleichung

$$HCO_3^- + H_2O \rightleftharpoons H_2CO_3 + OH^-$$

Der Puffer ist hier die wässrige Lösung einer schwachen Base (Hydrogencarbonat-Ion) und ihrer korrespondierenden Säure (Kohlensäure).
Durch Zugabe von H_3O^+-Ionen wird die Konzentration der OH^--Ionen verkleinert gemäß

$$H_3O^+ + OH^- \longrightarrow 2\,H_2O$$

Um den Pufferpunkt bei pH = 6,75 (= $pK_S(H_2CO_3)$) ändert sich bei Zugabe von Oxonium-Ionen der pH-Wert aber kaum, weil durch die Entfernung der Hydroxid-Ionen aus dem Gleichgewicht, die Gleichgewichtslage nach dem Prinzip des kleinsten Zwangs so verschoben wird, dass diese wieder nachgebildet werden und so ihre Konzentration und damit der pH-Wert annähernd konstant bleibt.

2.1.2 Lipasen haben ein pH-Optimum im schwach basischen Bereich (ca. bei pH = 7,6). Dort arbeiten sie mit maximaler Umsatzgeschwindigkeit nach dem Schlüssel-Schloss-Prinzip:

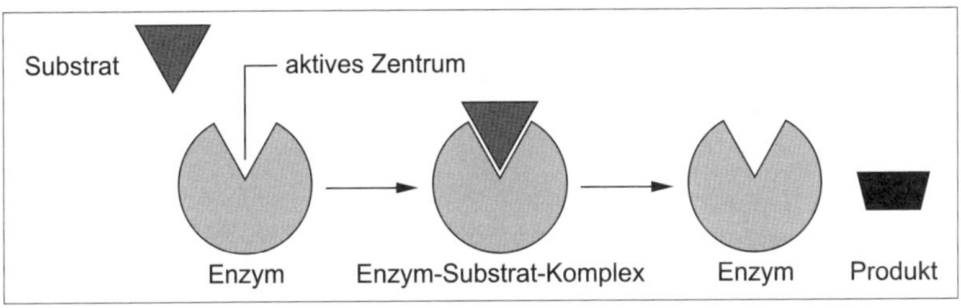

Lipasen zeigen wie alle anderen Enzyme auch ein pH-Wert-Optimum, das im speziellen Fall im schwach basischen Bereich liegt. Wenn bei einer Pankreasinsuffizienz der pH-Wert auf 4 bis 5 absinkt, verändert sich der räumliche Bau des Proteinanteils der Lipase, weil die Tertiärstruktur z. B. durch ionische Wechselwirkungen zwischen negativ geladenen Carboxylat-Gruppen und positiv geladenen Amino-Gruppen stabilisiert wird. Durch eine Änderung des pH-Wertes ändert sich die Ladung dieser Seitenketten und die Tertiärstruktur des aktiven Zentrums verändert sich. Dadurch kann das Substrat nicht mehr an das Enzym binden, somit wird die Zahl der aktiven Enzyme kleiner und die Umsetzungsgeschwindigkeit sinkt, d. h. die Fettverdauung wird beeinträchtigt.

2.2 Das Lecithinmolekül ist amphiphil, d. h. es zeigt sowohl hydrophile als auch hydrophobe Molekülbestandteile:

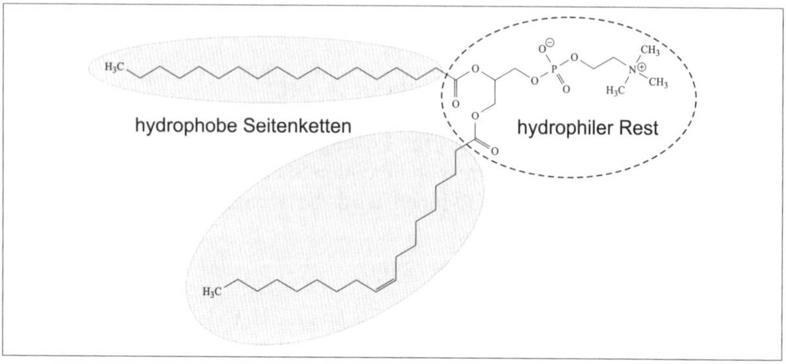

Die unpolaren Reste lagern sich in die Fette ein, während der hydrophile Rest in die wässrige Umgebung zeigt. Dadurch bilden sich fein verteilte Fetttröpfchen (Micellen) mit eingelagerten Fettmolekülen und die reaktionsbereite Oberfläche vergrößert sich. Da so die fettabbauenden Enzyme an mehr Stellen an das Substrat binden können, erhöht sich die Reaktionsgeschwindigkeit des Fettabbaus bei der Verdauung.

3 *Bei dieser Aufgabe müssen die Informationen aus dem Diagramm und der Tabelle gemeinsam betrachtet werden, um die Veränderung der Konzentrationen den Substanzen A, B und C zuordnen zu können.*

Stoff	Mess-reihe	Begründung der Zuordnung
A Monoacyl-glycerin	1	Da der Stoffmengenanteil während des gesamten Experiments kontinuierlich abnimmt, wird diese Substanz verbraucht und kann deshalb nur das **Ausgangsmaterial (= Edukt)** dieser Reaktionsfolge sein.
B Diacyl-glycerin	2	Da die Konzentration dieser Substanz zu Beginn des Experiments 0 ist, d. h. die Substanz nicht vorhanden war, muss B erst gebildet werden und kann somit nicht das Edukt sein. Da die Konzentration am Ende des Experiments wieder sinkt, muss Stoff B in einer weiteren Reaktion verbraucht (und zu C umgewandelt) werden. Deshalb ist B das **Zwischenprodukt** der Reaktionsfolge.
C Triacyl-glycerin	3	Da die Konzentration dieser Substanz zu Beginn des Experiments 0 ist, d. h. die Substanz nicht vorhanden war, muss C genau wie B erst gebildet werden und kann somit nicht das Edukt sein. Da die Konzentration aber im Unterschied zu B nicht wieder abnimmt, sondern stets größer wird, gibt es in diesem Experiment keine Reaktion, die C verbraucht und somit muss dieser Stoff das **Produkt** der Reaktionsfolge sein.

Abiturprüfung 2012 Chemie (Bayern G8)
Aufgabe B2: Blut

BE

Blut hat vielfältige Aufgaben, so dient es zum Beispiel als Transportmittel für Atemgase und Nährstoffe. Es enthält Antikörper, die an der Abwehr von Krankheitserregern beteiligt sind, und andere Proteine sowie freie Aminosäuren.

1 Die im Blutserum enthaltenen Proteine werden in der medizinischen Diagnostik mittels Elektrophorese in fünf Fraktionen aufgetrennt. Das Serum wird auf dem Trägermaterial in der Nähe des Minus-Pols aufgetragen. Ein typisches Trennergebnis ist in folgender Abbildung dargestellt.

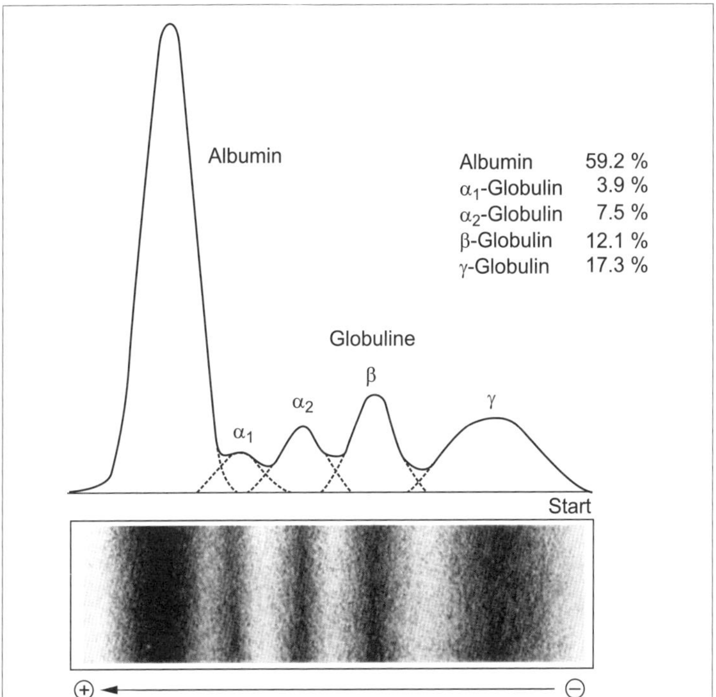

Abb. 1: Ergebnis der Elektrophorese einer menschlichen Serumprobe[3]

3 Quelle: Abbildung 23.1 aus: Schmidt, Robert F.; Lang, Florian; Heckmann, Manfred (Hrsg.), *Physiologie des Menschen mit Pathophysiologie*, 31. Auflage, 2011, ISBN 978-3-642-01650-9, © Springer Berlin Heidelberg 2011

1.1 Leiten Sie aus dem Versuchsergebnis Informationen über die Teilchen ab, welche die mit „Albumin" und „β-Globulin" bezeichneten Proteinfraktionen bilden, und begründen Sie Ihre Aussage! 6

1.2 Bei der Elektrophorese von Blutserum lassen sich zwischen α_2- und β-Bande micellenartige Partikel nachweisen. Die Partikel bestehen zum Beispiel aus Cholesterin, das von einer Hülle umgeben ist.

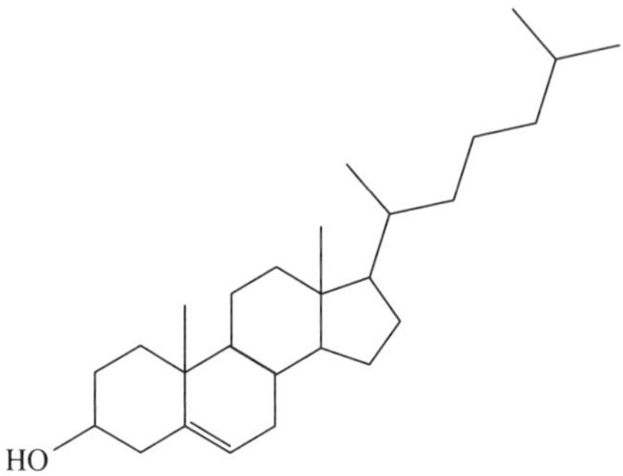

Abb. 2: Strukturformel von Cholesterin

Erläutern Sie, weshalb Cholesterin nicht direkt im Blut gelöst transportiert wird, und stellen Sie dar, welche Struktur und Orientierung die Bausteine in der Hülle der micellenartigen Partikel haben müssen! 6

1.3 In den roten Blutkörperchen wird Kohlenstoffdioxid in Hydrogencarbonat-Ionen überführt. Diese Reaktion wird von dem Enzym Carboanhydrase katalysiert.
Der Einfluss von Medikamenten auf die Carboanhydrase kann mit einer Versuchsreihe veranschaulicht werden. Bei allen Versuchen werden 0,5 mL Pufferlösung mit 1 mL Säure-Base-Indikator-Lösung angefärbt und ggf. mit Zusätzen versetzt (vgl. Tab. 1). Die Medikamentenlösungen haben jeweils die gleiche Konzentration. Die Versuche werden jeweils durch Zugabe von 5 mL kohlensäurehaltigem Mineralwasser ($\vartheta = 3\,°C$) gestartet und die Zeit bis zum Farbumschlag des Indikators gemessen.

Ansatz	weitere Zusätze	Beobachtung
A	keine	Farbumschlag nach 7 s
B	0,1 mL Carboanhydrase-Lösung	Farbumschlag sofort
C	0,1 mL Carboanhydrase-Lösung 0,1 mL Medikament-1-Lösung	Farbumschlag nach 5 s
D	0,1 mL Carboanhydrase-Lösung 0,1 mL Medikament-2-Lösung	Farbumschlag sofort
E	0,1 mL Carboanhydrase-Lösung 0,1 mL Medikament-3-Lösung	Farbumschlag nach 5 s

Tab. 1: Durchführung und Ergebnisse ausgewählter Versuche mit Carboanhydrase

1.3.1 Formulieren Sie die Reaktionsgleichungen für die Bildung von Hydrogencarbonat aus Kohlenstoffdioxid in wässriger Lösung! 3

1.3.2 Interpretieren Sie die Versuchsergebnisse der Ansätze A, B und C! 6

1.3.3 Der Wirkstoff von Medikament 1 gehört zur Gruppe der Sulfonamide. Bei der Suche nach Medikamenten, welche die Carboanhydrase beeinflussen, wurden weitere Sulfonamide (Acetazolamid, Sulfamethoxazol) auf ihre Wirksamkeit hin untersucht (Ansatz D und E).

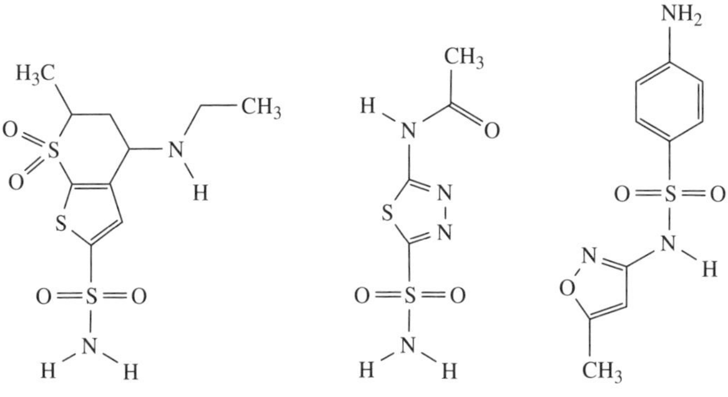

Wirkstoff Medikament 1 Acetazolamid Sulfamethoxazol

Abb. 3: Strukturformeln der Wirkstoffe der Medikamente 1–3

Ordnen Sie den Medikamenten 2 und 3 den jeweils enthaltenen Wirkstoff zu und begründen Sie die Zuordnung! 4

2 Die Geschwindigkeit enzymkatalysierter Reaktionen hängt unter anderem vom pH-Wert des Mediums ab. Damit alle lebenswichtigen Reaktionen ausreichend schnell ablaufen können, muss der pH-Wert des Blutes konstant auf 7,4 gehalten werden.

2.1 In der Tabelle 2 sind die pK_S-Werte der Aminosäure Phenylalanin angegeben.

Name	pK_S der COOH-Gruppe	pK_S der NH_3^+-Gruppe
Phenylalanin	1,83	9,13

Tab. 2: pK_S-Werte der Aminosäure Phenylalanin

Beurteilen Sie, ob Phenylalanin (2-Amino-3-phenylpropansäure) Bedeutung für die Pufferung des Blutes haben kann! 3

2.2 Vergleichen Sie die Löslichkeit von Phenylalanin bei pH = 0, pH = 12 und am isoelektrischen Punkt (pH = 5,48) unter Mitverwendung von Strukturformeln! 6

3 Das Enzym Carboanhydrase wurde im Labor einer teilweisen Säurehydrolyse unterzogen. Aus dem Hydrolysat können unter anderem Dipeptide abgetrennt werden. Bei der Röntgenstrukturanalyse der Dipeptidmoleküle können verschieden lange C, N-Bindungen nachgewiesen werden. Erläutern Sie diese Beobachtung unter Mitverwendung von Strukturformelausschnitten! 6

40

Lösungsvorschläge

1.1 Da alle betrachteten Teilchen im elektrischen Feld vom Minuspol zum Pluspol wandern, sind sie selbst negativ geladen. Die Auftrennung des Gemisches erfolgt durch die unterschiedlichen Wanderungsgeschwindigkeiten der Teilchen. Je größer die negative Ladung ist und je kleiner die Teilchen sind, desto höher ist ihre Wanderungsgeschwindigkeit. Albumin ist somit deutlich „negativer" geladen und/oder kleiner als β-Globulin, weil es unter ansonsten gleichen Bedingungen eine größere Strecke wandert.

1.2 *Mit „im Blut gelöst" ist hier „in der wässrigen Phase des Blutserums" gemeint.*

Cholesterin löst sich auf Grund seines großen unpolaren Molekülteils nur sehr schlecht in Wasser, weil es hydrophob ist. Die Bausteine der Hülle dieser micellenartigen Partikel in denen Cholesterin im Blut transportiert wird, müssen amphiphilen Charakter haben. Ihr unpolarer, lipophiler Molekülteil zeigt dabei nach innen zum Cholesterin, während ihr polarer Molekülteil auf der Außenseite des micellenartigen Partikels die Grenze zur wässrigen Umgebung bildet.

1.3.1 *Zunächst reagiert Kohlenstoffdioxid mit Wasser zu Kohlensäure, die durch eine Protolysereaktion ein Proton auf ein Wassermolekül überträgt.*

$$CO_2 + H_2O \rightleftharpoons H_2CO_3$$
$$H_2CO_3 + H_2O \rightleftharpoons HCO_3^- + H_3O^+$$
$$\overline{CO_2 + 2\,H_2O \rightleftharpoons HCO_3^- + H_3O^+}$$

1.3.2 *Bei dieser Aufgabe muss man aus dem Grundwissen der vergangenen Schuljahre wissen, dass Kohlensäure in Kohlenstoffdioxid und Wasser zerfällt. Die bereits im Mineralwasser vorhandenen Oxonium-Ionen aus der Protolyse der Kohlensäuren werden vernachlässigt.*

Versuchsansatz A:
Der Farbumschlag erfolgt 7 s nach Zugabe des Mineralwassers, d. h. die Bildung der Oxonium-Ionen dauert von den drei Versuchsansätzen am längsten, weil die Reaktionsgeschwindigkeit ohne die katalytische Wirkung des Enzyms Carboanhydrase am kleinsten ist.

Versuchsansatz B:
Der Farbumschlag erfolgt sofort, weil die Carboanhydrase funktionsfähig ist, die Aktivierungsenergie der Reaktion herabsetzt und die Geschwindigkeit der Umsetzung sehr hoch ist.

Versuchsansatz C:
Die Reaktionsgeschwindigkeit liegt hier zwischen jener der Versuchsansätze A und B, weil die Dauer bis zum Farbumschlag 5 s beträgt. Das Medikament 1 hemmt die Enzymaktivität der Carboanhydrase. Ob es sich um einen kompetitiven oder nicht-kompetitiven Hemmstoff handelt, ist auf Grundlage der Versuchsansätze A–C nicht zu entscheiden.

1.3.3 Da Acetazolamid dem Wirkstoff aus Medikament 1 räumlich sehr ähnlich ist, liegt die Vermutung nahe, dass diese Substanz die Carboanhydrase ebenfalls hemmt und daher als Medikament 3 in Frage kommt. Dies wird belegt durch die Dauer von 5 s bis zum Farbumschlag in Experiment E, was auf eine ähnliche Reaktionsgeschwindigkeit wie in Gegenwart von Medikament 1 hindeutet. Im Versuchsansatz D erfolgt der Farbumschlag sofort, d. h. die Reaktionsgeschwindigkeit ist ähnlich groß wie im Versuchsansatz B ohne einen Zusatzstoff. Medikament 2 wirkt also nicht hemmend auf die Carboanhydrase. Als Wirkstoff kommt unter diesen Bedingungen nur Sulfamethoxazol in Frage.

2.1 Da der Pufferbereich im Allgemeinen etwa um eine pH-Wert-Einheit um den betreffenden pK_S-Wert schwankt, ergibt sich für die betreffenden Gruppen ein Pufferbereich von
COOH-Gruppe: $0{,}83 < pH < 2{,}83$
NH_3^+-Gruppe: $8{,}13 < pH < 10{,}13$

Da der pH-Wert des Blutes bei 7,4 und somit außerhalb der Pufferbereiche des Phenylalanins liegt, hat Phenylalanin keinen Einfluss auf die Pufferung des Blut-pH-Wertes.

2.2

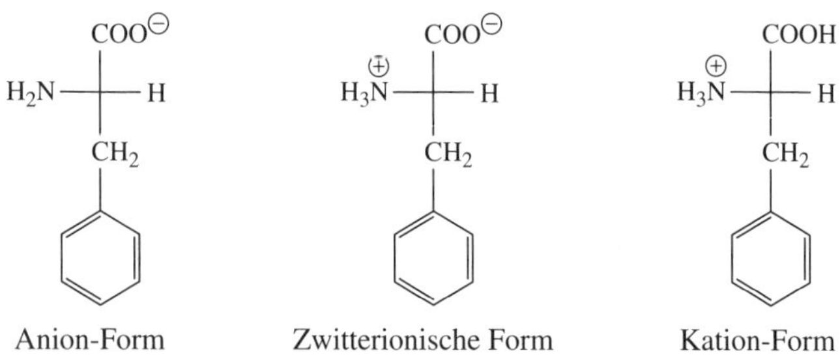

Anion-Form pH = 12 | Zwitterionische Form pH = IEP = 5,48 | Kation-Form pH = 0

Am Isoelektrischen Punkt liegt das Molekül als Zwitterion nach außen hin neutral geladen vor. Die Löslichkeit der Aminosäure ist bei diesem pH-Wert am kleinsten.
Ist der pH-Wert größer als der IEP, werden alle Gruppen deprotoniert und die Aminosäure liegt in anionischer Form vor. Umgekehrt gilt bei pH-Werten, die kleiner als der IEP sind, dass die Aminosäure in kationischer Form vorliegt, weil alle Gruppen protoniert sind. In beiden Fällen sind die Moleküle nach au-

ßen hin elektrisch geladen und die Wasserlöslichkeit ist dementsprechend größer als am IEP.

3 Die Peptidbindung (= Säureamidbindung) ist mesomeriestabilisiert. Es lassen sich folgende Grenzstrukturen formulieren:

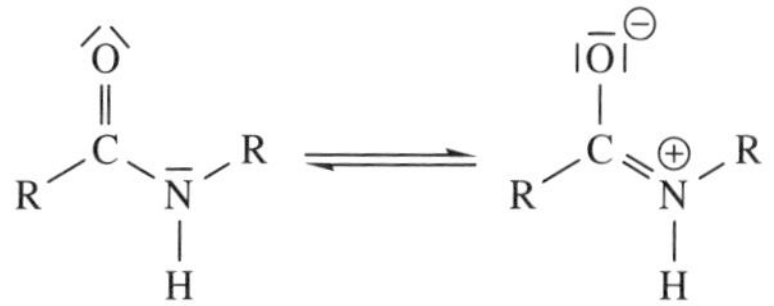

Die unterschiedlichen Bindungslängen der C, N-Verknüpfungen in den erwähnten Dipeptiden lassen sich damit erklären, dass die C–N-Bindung im Säureamid durch die Delokalisation von Elektronen einen partiellen Doppelbindungscharakter aufweist und damit kürzer ist als eine reine C–N-Einfachbindung außerhalb dieses mesomeren Systems (z. B. einer endständigen oder seitenständigen Aminogruppe).

Abiturprüfung 2012 Chemie (Bayern G8)
Aufgabe C1: Energie aus Biomasse

BE

1 Unter Biomasse versteht man alle durch Lebewesen erzeugten organischen Substanzen.

1.1 Beim mikrobiellen Abbau pflanzlicher Biomasse entsteht aus Cellulose das Disaccharid Cellobiose.
Zeichnen Sie eine Strukturformel der Cellobiose, beschreiben Sie die Durchführung der Fehling-Probe mit Cellobiose und erklären Sie die Beobachtung unter Mitverwendung eines entsprechenden Strukturformelausschnitts! 8

1.2 Hemicellulose ist ein in pflanzlicher Biomasse vorkommendes Gemisch von Polysacchariden, zu denen neben anderen die Xylane gehören. Die folgende Abbildung zeigt einen Ausschnitt eines Xylans. Die Hauptkette besteht aus D-Xylose-Einheiten, die an einigen Stellen mit Essigsäure verestert sind.

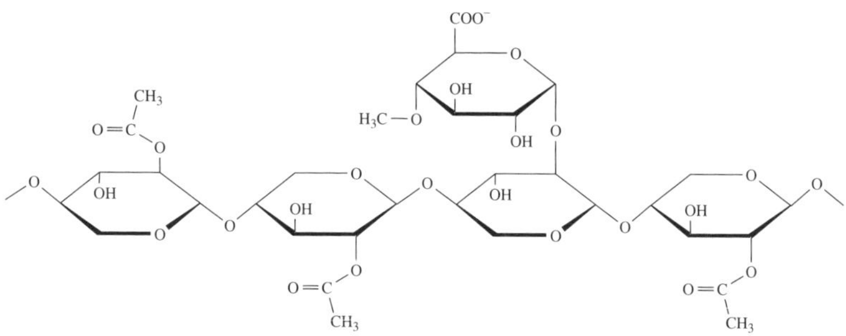

Abb. 1: Strukturformelausschnitt eines Xylans

1.2.1 Leiten Sie aus der Abbildung die Art der glycosidischen Bindung in der Hauptkette ab und zeichnen Sie die D-Xylose in der Fischer-Projektion! 5

1.2.2 Als weiteren Monosaccharid-Baustein findet man in Hemicellulosen D-Galactose, deren Molekülbau von dem des D-Glucose-Moleküls nur in der Konfiguration am C^4-Atom abweicht. Zur experimentellen Unterscheidung von D-Galactose und D-Glucose stehen ein Polarimeter und verdünnte Salpetersäure zur Verfügung. Verdünnte Salpetersäure oxidiert bei 60 °C selektiv jeweils nur Aldehydgruppen und endständige Hydroxygruppen zu Carboxygruppen.
Zeichnen Sie die Fischer-Projektionen der beiden Monosaccharide und erläutern Sie, wie die beiden Zucker experimentell unterschieden werden können, ohne auf Tabellenwerte zurückzugreifen! 9

2 BtL-Kraftstoffe *(BtL = Biomass to Liquids)* zählen zu den Biokraftstoffen der Zukunft. Bei ihrer Herstellung wird zunächst feste Biomasse bei hohen Temperaturen in gasförmige Produkte überführt. Hierbei entstehen überwiegend Wasserdampf, Kohlenstoffdioxid, Kohlenstoffmonooxid sowie Wasserstoff. Ein Gemisch aus Kohlenstoffmonooxid und Wasserstoff (sog. Synthesegas) kann großtechnisch mittels Fischer-Tropsch-Synthese zu flüssigen Kohlenwasserstoffgemischen umgesetzt werden, die als synthetische Kraftstoffe genutzt werden können.

2.1 Damit die Biomasse möglichst vollständig in Kraftstoff umgewandelt werden kann, muss die Kohlenstoffmonooxidausbeute bei der Biomassevergasung möglichst hoch sein. Hierbei spielt die Boudouard-Reaktion eine entscheidende Rolle:

$$C + CO_2 \rightleftharpoons 2\,CO \qquad \Delta H_R = +173\ \text{kJ};\ \Delta S_R = 0{,}177\ \text{kJ} \cdot \text{K}^{-1}$$

Berechnen Sie die Temperatur, ab der die Boudouard-Reaktion exergonisch verläuft! 4

2.2 Ein weiterer Störfaktor, der die Zusammensetzung des Synthesegases negativ beeinflusst, ist die Methanisierung. Hierbei reagiert der entstandene Wasserstoff mit Kohlenstoff zu Methan. Abbildung 2 zeigt die Lage des Gleichgewichts der beschriebenen Reaktion in Abhängigkeit von der Temperatur:

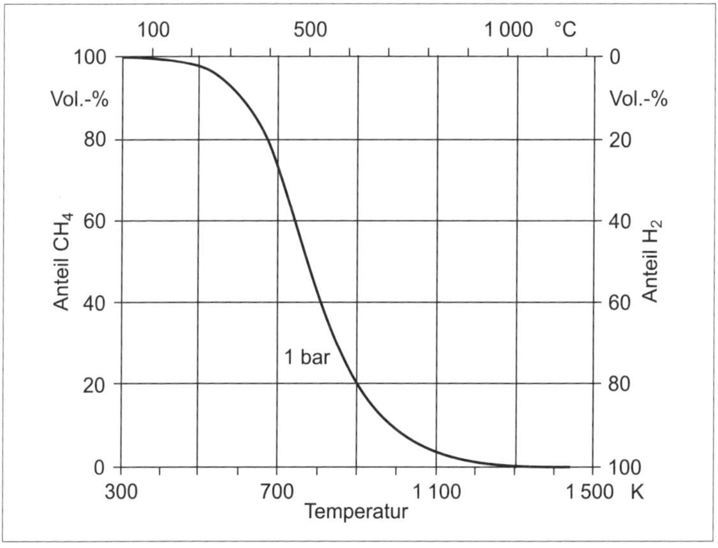

Abb. 2: Lage des CH_4/H_2-Gleichgewichts[4]

4 verändert nach: M. Kaltschmitt, H. Hartmann, H. Spliethoff, H. Hofbauer: *Energie aus Biomasse – Grundlagen, Techniken und Verfahren.* Springer-Verlag, Berlin, 2009, 2. Auflage, S. 392

Leiten Sie aus dem Diagramm ab, ob es sich um eine exotherme oder endotherme Reaktion handelt, und beurteilen Sie, wie sich eine Erhöhung des Drucks auf die Lage des Gleichgewichts auswirkt! 8

3 Durch das Vergären von Biomasse wird Bioethanol hergestellt, das zum Beispiel in einem Reformer katalytisch mit Wasserdampf umgesetzt werden kann. Der dabei neben Kohlenstoffdioxid entstehende Wasserstoff kann anschließend in eine PEM-Brennstoffzelle *(PEM = Proton Exchange Membrane)* eingeleitet werden.
Geben Sie die Reaktionsgleichung für die Umsetzung von Ethanol mit Wasserdampf im Reformer sowie die Teilgleichungen für Anoden- und Kathoden-Reaktion der Brennstoffzelle an! 6

40

Lösungsvorschläge

1.1 *In der Aufgabenstellung ist keine Redoxgleichung sondern nur ein Strukturformelausschnitt gefordert. Aus Übungsgründen wird dennoch die vollständige Oxidationsgleichung angegeben.*

Strukturformel von Cellobiose

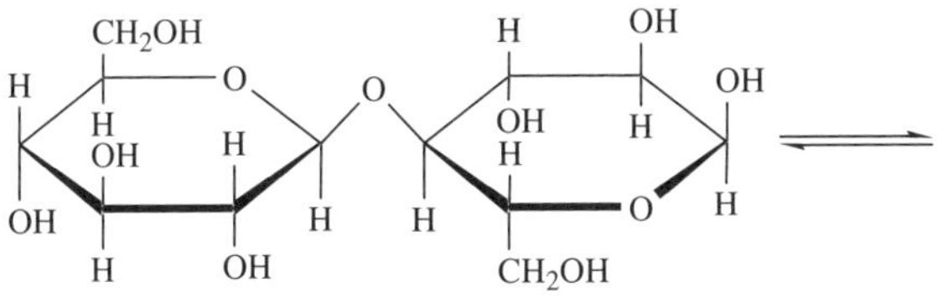

Cellobiose (alpha-Form)

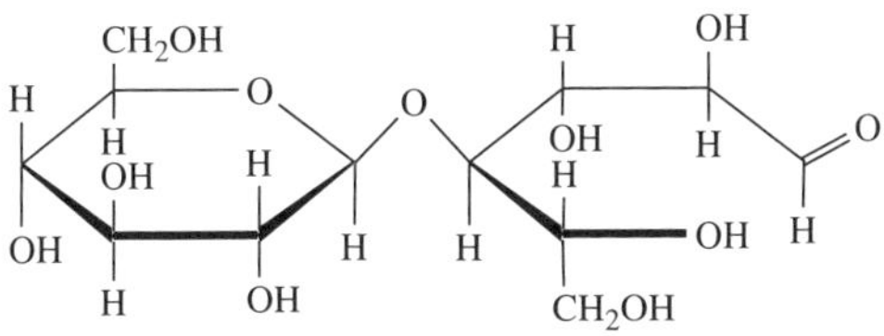

Cellobiose (offenkettige Form)

Bei der Fehling-Probe gibt man in einem Reagenzglas identische Mengen der wässrigen Lösungen Fehling I (Kupfer-II-sulfat-Lösung) und Fehling II (alkalische Kalium-Natrium-Tartrat-Lösung) zusammen. Es bildet sich ein tiefblauer Kupferkomplex. Anschließend wird die Cellobiose zugegeben und der Ansatz vorsichtig erwärmt. Dabei bildet sich ein rotbrauner Niederschlag von Kupfer(I)-oxid (Cu_2O).
Die Cu^{2+}-Ionen werden zu Cu^{+}-Ionen reduziert, dabei wird die Aldehydgruppe am C-Atom 1 zur Carboxylgruppe oxidiert:

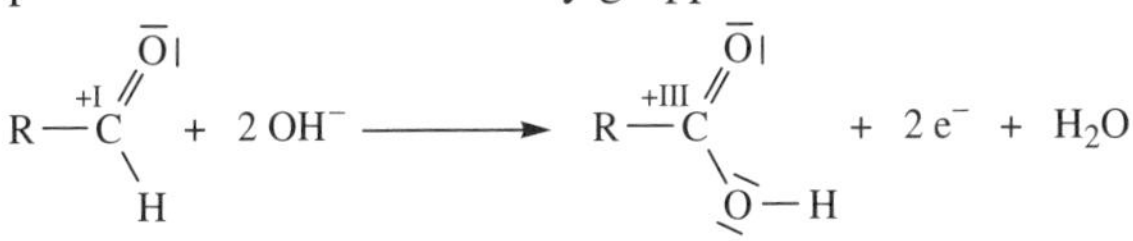

Diese Reaktion ist möglich, da in wässriger Cellobiose-Lösung immer ein geringer Anteil an offenkettiger Form der Cellobiose vorliegt (s. o.). Cellobiose ist somit ein reduzierendes Disaccharid.

1.2.1 *Für die Erstellung einer Fischer-Projektionsformel aus einer Haworth-Projektionsformel gilt folgende Regel: Substituenten, die in der Haworth-Projektion oberhalb der Ringebene stehen, werden in der Fischer-Projektion links geschrieben und umgekehrt. Dies gilt dann, wenn die Sauerstoffbrücke im Ring rechts oben steht.*

In folgender Abbildung ist ein Xylose-Monomer aus dem Xylan dargestellt (unverestert):

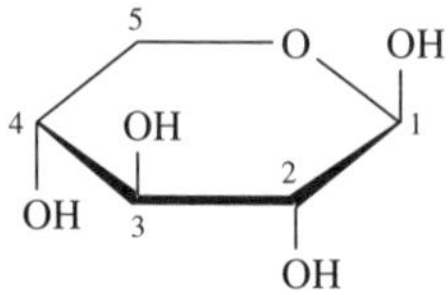

Laut obengenannter Definition befindet sich die OH-Gruppe am halbacetalischen, anomeren C-Atom 1 auf der entgegengesetzten Ringebene wie die OH-Gruppe am C-Atom 4, dem Chiralitätszentrum, das am weitesten vom anomeren C-Atom entfernt ist. Deshalb handelt es sich um das β-Anomer. Die Verknüpfung der einzelnen Xylose-Einheiten erfolgt zwischen den C-Atomen 1 und 4. Aus diesen beiden Informationen lässt sich die Art der glycosidischen Bindung ermitteln.

Im Xylan sind die D-Xylose-Bausteine **β-1,4-glycosidisch** verknüpft.

Fischer-Projektion der D-Xylose

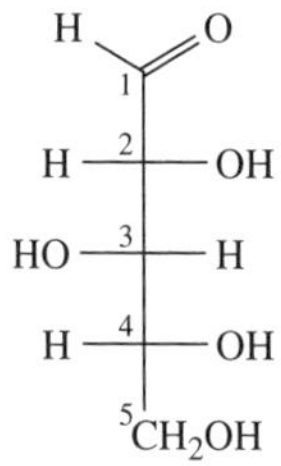

1.2.2 Unter den gegebenen Bedingungen werden beide Monosaccharide durch Salpetersäure zu Dicarbonsäuren oxidiert. Im Polarimeter zeigt das chirale Oxidationsprodukt der D-Glucose optische Aktivität, d. h. die Schwingungsebene von linear polarisiertem Licht wird um einen bestimmten Winkel gedreht. Das Oxidationsprodukt der D-Galactose ist achiral, da hier eine *meso*-Form mit einer Spiegelebene vorliegt. Dementsprechend ist es optisch inaktiv und dreht die Schwingungseben von linear polarisiertem Licht nicht.

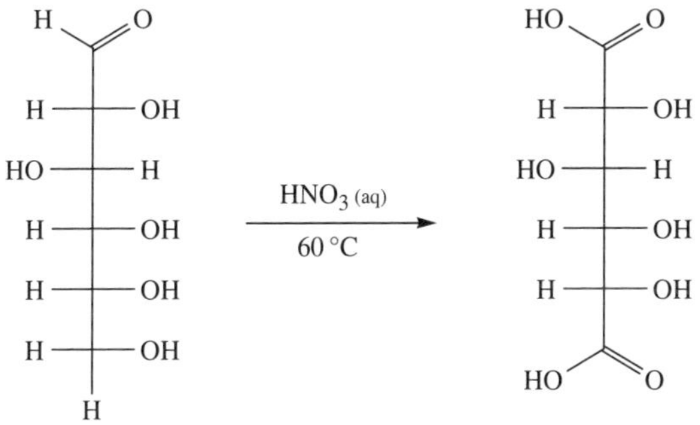

D-Glucose

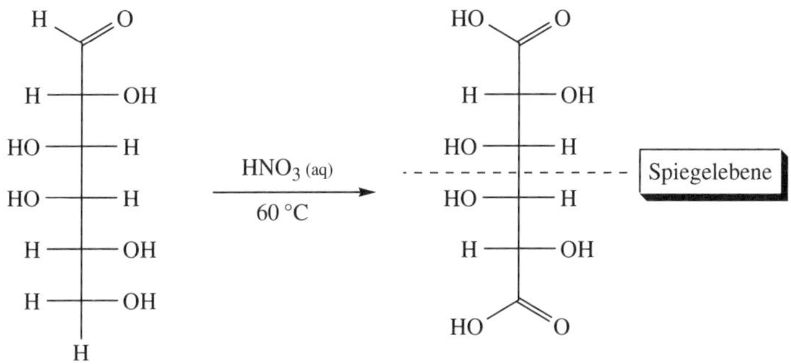

D-Galactose

2.1 $\Delta G = \Delta H - T \cdot \Delta S$

Die Reaktion soll exergonisch verlaufen $\Rightarrow \Delta G < 0$

$\Rightarrow \Delta H < T \cdot \Delta S$

$\Rightarrow \mathrm{T} > \dfrac{\Delta H}{\Delta S}$

$\Rightarrow \mathrm{T} > \dfrac{173\ \mathrm{kJ}}{0{,}177\ \mathrm{kJ} \cdot \mathrm{K}^{-1}}$

$\Rightarrow \mathrm{T} > 977\ \mathrm{K}$

Die Boudouard-Reaktion verläuft ab einer Temperatur von 977 K exergonisch.

2.2 *Für die Lösung dieser Aufgabe muss man das Prinzip von LeChatelier anwenden, nach dem ein chemisches Gleichgewicht einer Veränderung der äußeren Bedingungen so ausweicht, dass dem äußeren Zwang entgegen gewirkt wird.*

$$C_{(s)} + 2\,H_{2\,(g)} \rightleftharpoons CH_{4\,(g)}$$

Abbildung 2 zeigt, dass der Methan-Anteil im Gleichgewicht bei einer Temperaturerhöhung sinkt, d. h. die Rückreaktion wird gefördert. Da eine Temperaturerhöhung immer die endotherme Reaktion begünstigt, muss die Methanbildung exotherm sein.
Durch Vergleich der Anzahl gasförmiger Teilchen auf beiden Seiten der Gleichgewichtsreaktion lässt sich entscheiden, wie sich eine Druckänderung auf die Gleichgewichtslage auswirkt. In diesem Fall stehen auf der Eduktseite 2 Gasteilchen (2 H_2) und auf der Produktseite 1 Gasteilchen (1 CH_4). Die Hinreaktion ist also volumenverkleinernd. Da eine Druckerhöhung die volumenverkleinernde Reaktion fördert, wird in diesem Fall die Bildung von Methan begünstigt.

3 Umsetzung von Ethanol mit Wasserdampf

$$C_2H_5OH + 3\,H_2O \rightleftharpoons 2\,CO_2 + 6\,H_2$$

Teilgleichungen der Brennstoffzelle

Anode: $\overset{0}{H}_2 + 2\,H_2O \longrightarrow 2\,\overset{+1}{H}_3O^+ + 2\,e^-$

Kathode: $\overset{0}{O}_2 + 4\,e^- + 4\,H_3O^+ \longrightarrow 6\,H_2\overset{-2}{O}$

Abiturprüfung 2012 Chemie (Bayern G8)
Aufgabe C2: Glucose

BE

D-Glucose kommt in fast allen süßen Früchten vor. Häufig ist sie dabei mit D-Fructose zu Saccharose gebunden. Zur wirtschaftlichen Nutzung wird sie vorwiegend aus stärkehaltigen Pflanzen (z. B. Kartoffeln und Mais) gewonnen.

1 Derzeit müssen Batterien von Herzschrittmachern regelmäßig operativ ausgetauscht werden. In Zukunft soll dies durch den Einsatz von Glucose/Sauerstoff-Brennstoffzellen vermieden werden, da sowohl Sauerstoff als auch D-Glucose im Körper ständig zur Verfügung stehen.

1.1 In einer Glucose/Sauerstoff-Brennstoffzelle wird im sauren Milieu Glucose am C^1-Atom zur Gluconsäure umgesetzt.
Formulieren Sie die Teilgleichungen für Anoden- und Kathoden-Reaktion dieser Brennstoffzelle! Nicht an der Reaktion beteiligte Molekülbestandteile können abgekürzt werden. 5

1.2 Bei einem pH-Wert von 7 beträgt das Redoxpotential der Glucose/Gluconsäurehalbzelle $E = -0{,}364$ V.
Erläutern Sie mithilfe der Nernst-Gleichung, wie sich eine Konzentrationsverringerung von Glucose im Gewebe auf das Redoxpotential der Halbzelle und ihre Reduktionskraft auswirkt! 5

1.3 Bei der Fehling-Probe mit D-Fructose entsteht neben D-Gluconsäure auch D-Mannonsäure. Die Moleküle der beiden genannten Produkte unterscheiden sich nur in der Konfiguration am C^2-Atom.
Zeichnen Sie die Fischer-Projektionsformel der D-Gluconsäure sowie der D-Mannonsäure und erläutern Sie unter Mitverwendung von Strukturformeln die Bildung der beiden Säuren bei dieser Fehling-Probe! 7

2 Löst man α-D-Glucose in Wasser, stellt sich nach einiger Zeit ein Gleichgewicht zwischen den beiden Anomeren der Glucose ein. Die Einstellung des Gleichgewichts kann mithilfe eines Polarimeters verfolgt werden.

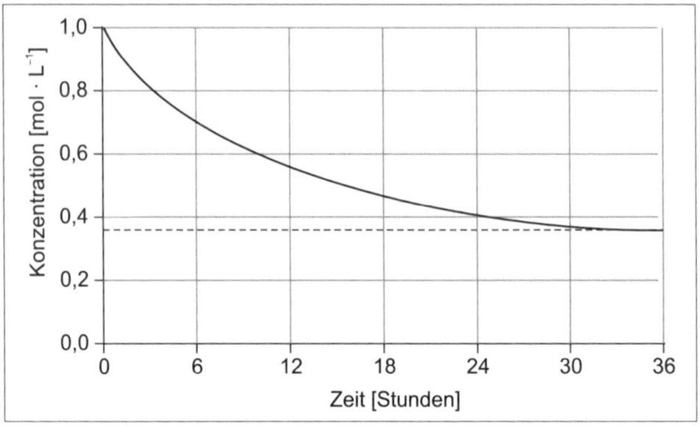

Abb. 1: Veränderung der Konzentration an α-D-Glucose in wässriger Lösung[5]

2.1 Benennen Sie das mit dem Polarimeter beobachtbare Phänomen und beschreiben Sie die Vorgänge auf der Teilchenebene, die zu diesem Phänomen führen! 4

2.2 Die Ermittlung von Reaktionsgeschwindigkeiten liefert wertvolle Hinweise auf den Reaktionsmechanismus und die Aktivierungsenergie. Bestimmen Sie mithilfe von Abbildung 1 die mittlere Reaktionsgeschwindigkeit während der ersten 24 Stunden des Experiments sowie die momentane Reaktionsgeschwindigkeit zum Zeitpunkt $t = 3$ h! 8

3 Die Hauptquelle für Glucose und andere Kohlenhydrate stellt der landwirtschaftliche Anbau von Nutzpflanzen dar. Um den Ertrag zu steigern, werden vielfach Düngemittel eingesetzt, für deren Produktion Ammoniak eine Grundchemikalie darstellt. Die Herstellung von Ammoniak erfolgt fast ausschließlich über das Haber-Bosch-Verfahren.

3.1 Die folgende Abbildung zeigt für das Ammoniaksynthese-Gleichgewicht die Abhängigkeit der Gleichgewichtskonstante von der Temperatur:

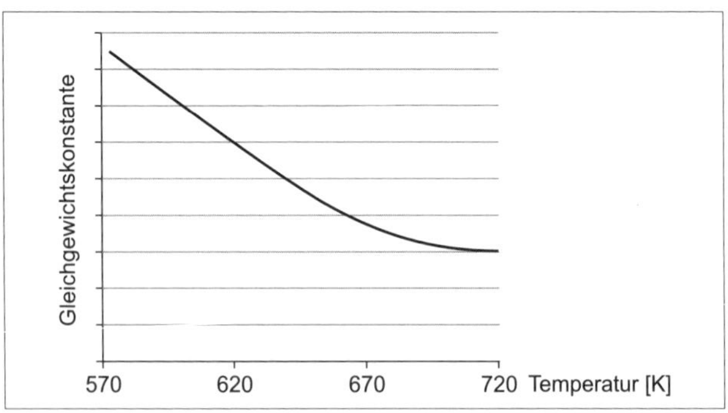

Abb. 2: Abhängigkeit der Gleichgewichtskonstanten von der Temperatur

5 verändert nach: http://www.chemieunterricht.de/dc2/tip/images/mutarot-gg-kin-dr-2.gif

Leiten Sie aus dem Diagramm ab, ob es sich um eine endotherme oder exotherme Reaktion handelt und welchen Einfluss eine Temperaturerhöhung auf die Lage des Gleichgewichts hat! 4

3.2 Das Haber-Bosch-Verfahren wird bei einer Temperatur von 500 °C und einem Druck von 200 bar durchgeführt. Beim Mont-Cenis-Verfahren wird Ammoniak bei einem Druck von 100 bar und einer Temperatur von 450 °C synthetisiert.

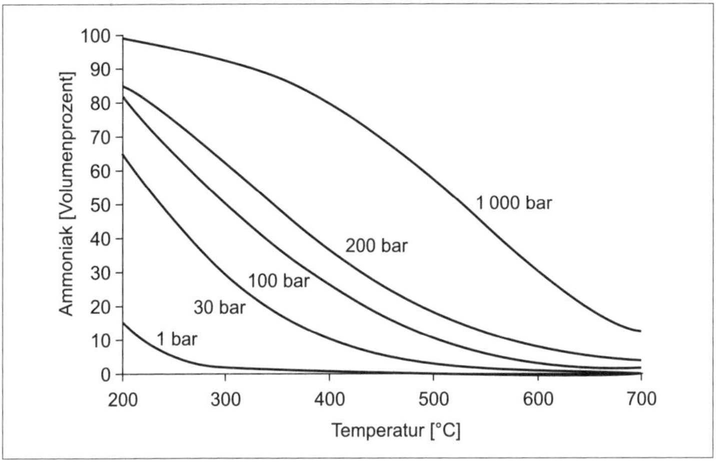

Abb. 3: Abhängigkeit der Ammoniak-Ausbeute von Druck und Temperatur[6]
(1 bar entspricht 1 000 hPa)

Vergleichen Sie die beiden Verfahren bezüglich ihrer Ausbeute sowie der Geschwindigkeit, mit der sich das Gleichgewicht jeweils einstellt, und erläutern Sie den Unterschied, der aufgrund der angegebenen Reaktionsbedingungen auftritt! 7

40

---

6 verändert nach: A. Holleman, N. Wiberg: *Lehrbuch der Anorganischen Chemie.* de Gruyter Verlag, Berlin, 1985

Lösungsvorschläge

1.1 *Für die notwendigen Elektroden sind Angaben aus der Aufgabenstellung zu verwenden. Für die Kathodenreaktion muss man wissen, dass Sauerstoff zu Wasser reduziert wird. Grundsätzlich werden Teilchen immer an der Anode oxidiert und an der Kathode reduziert.*

Oxidation an der Anode

$$R-\overset{+1}{C}HO + 3\,H_2O \longrightarrow R-\overset{+3}{C}OOH + 2\,e^- + 2\,H_3O^+$$

Reduktion an der Kathode

$$\overset{0}{O_2} + 4\,H_3O^+ + 4\,e^- \longrightarrow 6\,H_2\overset{-2}{O}$$

1.2 *Die allgemeine Form der Nernst'schen Gleichung kann aus der Formelsammlung abgeschrieben werden. Allgemein gilt, dass das Oxidationsmittel immer reduziert wird. Somit ist es in einer Redoxteilgleichung immer das Teilchen mit der größeren Oxidationszahl.*

Allgemeine Form der Nernst'schen Gleichung

$$E = E^0 + \frac{0{,}059\ \text{V}}{z} \cdot \lg \frac{c(\text{Ox})}{c(\text{Red})}$$

Für den konkreten Fall der Oxidation von Glucose gilt

$$E(\text{Glucose/Gluconsäure}) =$$
$$E^0(\text{Glucose/Gluconsäure}) + \frac{0{,}059\ \text{V}}{2} \cdot \lg \frac{\{c(\text{Gluconsäure})\} \cdot \{c(H_3O^+)\}^2}{\{c(\text{Glucose})\}}$$

Wenn alle anderen Bedingungen gleich bleiben und sich nur die Konzentration von Glucose verringert, wird der Nenner im Argument des Logarithmus kleiner. Dadurch wird der Wert des gesamten Terms größer und somit steigt das Redoxpotential *E*.
Dies hat zur Folge, dass die „Kraft" des Reduktionsmittels durch die Verringerung der Glucose-Konzentration in dieser Halbzelle kleiner wird, da die Stärke eines Reduktionsmittel sinkt, je größer sein Redoxpotential ist.

1.3

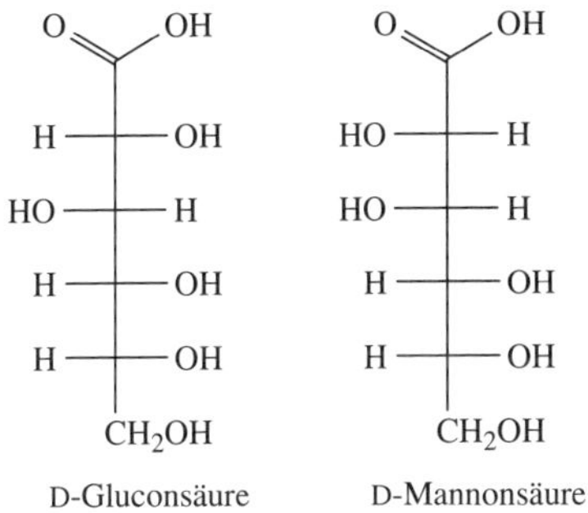

Unter den alkalischen Bedingungen der Fehling'schen Probe kommt es mit D-Fructose zu einer Keto-Enol-Tautomerie, wobei gemäß folgender Gleichung D-Glucose und D-Mannose entstehen:

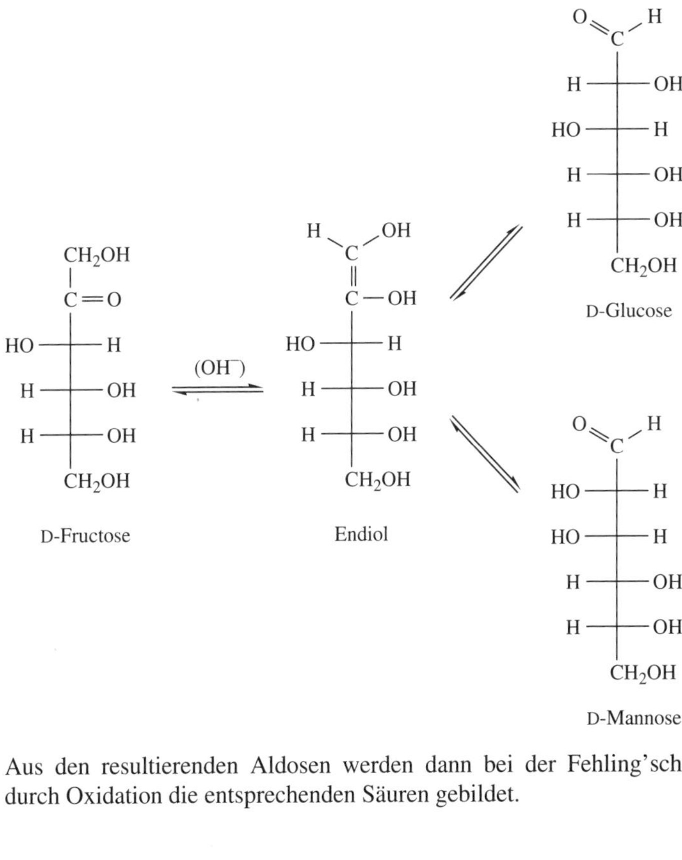

Aus den resultierenden Aldosen werden dann bei der Fehling'schen Probe durch Oxidation die entsprechenden Säuren gebildet.

2.1 Die beobachtete Veränderung des Drehwinkels in Abhängigkeit von der Zeit bezeichnet man als **Mutarotation**. Dies lässt sich dadurch erklären, dass in wässriger Lösung die beiden diastereomeren Anomere α-D-Glucose und β-D-Glucose über die offenkettige Form miteinander im Gleichgewicht stehen. Der resultierende Drehwinkel ist abhängig von den Drehwinkeln der drei Formen und der jeweiligen Gleichgewichtslage:

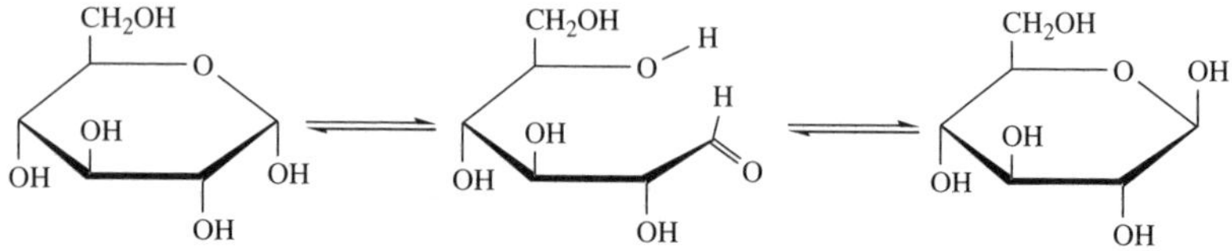

2.2 Ermittlung der **mittleren Reaktionsgeschwindigkeit**

$$\overline{v} = -\frac{\Delta c}{\Delta t} = -\frac{c_2 - c_1}{t_2 - t_1} = -\frac{0{,}4\ \text{mol} \cdot \text{L}^{-1} - 1{,}0\ \text{mol} \cdot \text{L}^{-1}}{24\ \text{h} - 0\ \text{h}} = 0{,}025\ \text{mol} \cdot \text{L}^{-1} \cdot \text{h}^{-1}$$

Für die Ermittlung der momentanen Reaktionsgeschwindigkeit ist es erforderlich, eine Tangente an den Graphen zum angegebenen Zeitpunkt t = 3 h zu legen und die Steigung dieser Geraden zu ermitteln. Da dies nicht rechnerisch, sondern zeichnerisch erfolgt, kann es hier keine exakte Lösung geben, sondern nur einen ungefähren Wert („Augenmaß"). Da das Aufgabenblatt nicht mit abgegeben werden muss, sollte man das Diagramm auf das Lösungsblatt übernehmen oder zumindest die entsprechende Vorgehensweise exakt beschreiben, damit bei der Korrektur der Lösungsweg berücksichtigt werden kann, wenn der Wert nicht mit der Musterlösung übereinstimmt.

Ermittlung der **momentanen Reaktionsgeschwindigkeit** bei $t = 3$ h

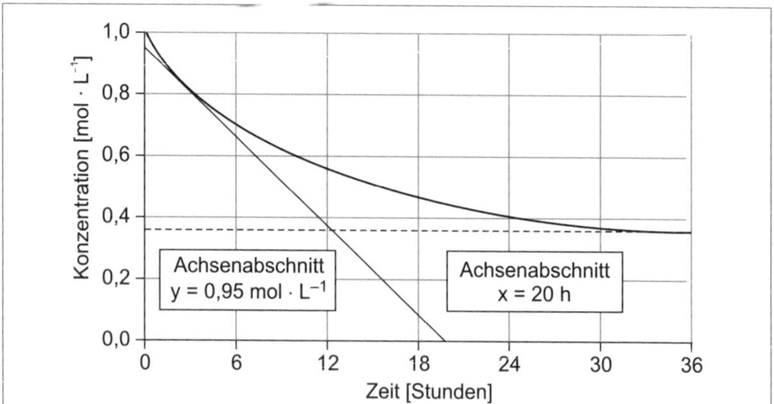

Die momentane Reaktionsgeschwindigkeit entspricht dann der Steigung der Tangente, die sich aus dem Quotienten der Achsenabschnitte x und y ergibt:

$$v = \frac{y}{x} = \frac{0{,}95\ \text{mol} \cdot \text{L}^{-1}}{20\ \text{h}} = 0{,}0475\ \text{mol} \cdot \text{L}^{-1} \cdot \text{h}^{-1} \approx 0{,}05\ \text{mol} \cdot \text{L}^{-1} \cdot \text{h}^{-1}$$

3.1 *Für die Lösung dieser Aufgabe muss man das Prinzip von LeChatelier anwenden, nach dem ein chemisches Gleichgewicht einer Veränderung der äußeren Bedingungen so ausweicht, dass dem äußeren Zwang entgegengewirkt wird. Die Aufgabe ähnelt Aufgabe 2.2 aus dem Block von C 1.*

Abbildung 2 zeigt, dass die Gleichgewichts-Konstante bei einer Temperaturerhöhung sinkt. Im Haber-Bosch-Verfahren gilt folgendes chemisches Gleichgewicht

$$N_2 + 3\,H_2 \rightleftharpoons 2\,NH_3$$

Dementsprechend lässt sich das Massenwirkungsgesetz wie folgt formulieren

$$K_c = \frac{c^2(NH_3)}{c(N_2) \cdot c^3(H_2)}$$

Wenn K_c bei einer Temperaturerhöhung kleiner wird, muss der Nenner im Massenwirkungsgesetz größer werden, d. h. der Zerfall von Ammoniak in Stickstoff und Wasserstoff (die Rückreaktion) wird gefördert, d. h. durch eine Temperaturerhöhung wird das Gleichgewicht auf die Edukt-Seite verschoben. Da eine Temperaturerhöhung immer die endotherme Reaktion begünstigt, muss die Ammoniakbildung exotherm sein.

3.2 *Wichtig ist, bei dieser Aufgabe nicht zu vergessen, dass der Operator „Vergleichen" immer darauf abzielt, dass Gemeinsamkeiten UND Unterschiede dargestellt werden. Um die Ausbeute der beiden Verfahren zu ermitteln, muss man aus der Kurvenschar die entsprechende Druckkurve suchen und bei der jeweiligen Temperatur die Ausbeute ablesen.*

Vergleicht man die Ausbeute der beiden Verfahren, so ergeben sich folgende Werte:

Haber-Bosch-Verfahren	**Mont-Cenis-Verfahren**
Temperatur: 500 °C	Temperatur: 450 °C
Druck: 200 bar	Druck: 100 bar
Ausbeute: ca. 18 %	Ausbeute: ca. 18 %

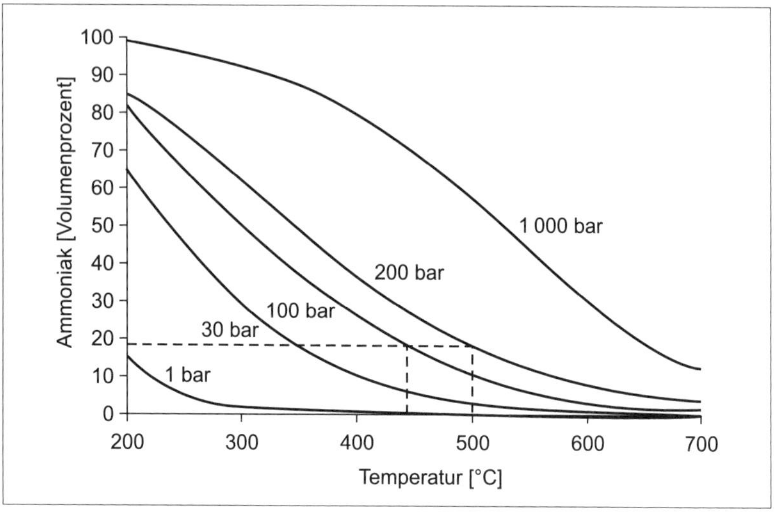

Die Ausbeute ist also in beiden Verfahren ungefähr gleich. Da die Temperatur beim Haber-Bosch-Verfahren höher als beim Mont-Cenis-Verfahren ist, ist die Reaktionsgeschwindigkeit in diesem technischen Prozess höher, weil bei höherer Temperatur nach der Maxwell-Boltzmann-Verteilung mehr Teilchen die erforderliche kinetische Energie für einen erfolgreichen Zusammenstoß haben. Deshalb stellt sich die Gleichgewichtslage beim Haber-Bosch-Verfahren schneller ein.

Zusätzlich ist beim Haber-Bosch-Verfahren der Druck im Reaktor größer als beim Mont-Cenis-Verfahren, d. h. pro Volumeneinheit befinden sich mehr Teilchen. Dadurch steigt die Wahrscheinlichkeit für einen Zusammenstoß und damit die Reaktionsgeschwindigkeit. Auch dadurch stellt sich die Gleichgewichtslage beim Haber-Bosch-Verfahren schneller ein.

Abiturprüfung 2013 Chemie (Bayern G8)
Aufgabe A1: Orangenlimonade

BE

1 Bei der Herstellung von Orangenlimonade wird unter anderem Johannisbrotkernmehl zugesetzt, um das Ausfallen von Trübstoffen zu verhindern. Dieser Zusatzstoff besteht überwiegend aus Polysacchariden, die aus den Monosacchariden D-Mannose und D-Galactose aufgebaut sind. D-Mannose unterscheidet sich von D-Glucose nur in der Konfiguration am C^2-Atom.

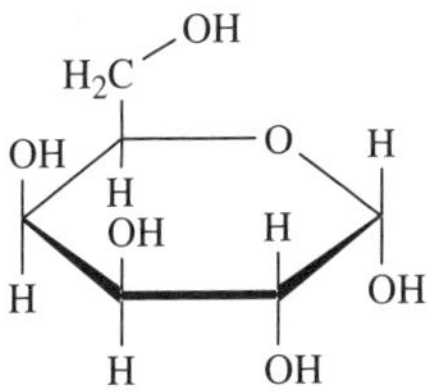

Abb.: Haworth-Projektionsformel von α-D-Galactopyranose

Bei einer wässrigen Lösung von α-D-Mannopyranose lässt sich das Phänomen der Mutarotation beobachten.

1.1 Eine Stoffportion von 45 g α-D-Mannopyranose wird bei einer Temperatur von 20 °C in Wasser gelöst. Die Lösung wird anschließend auf 100 mL Endvolumen aufgefüllt. Nach einer gewissen Zeit hat sich ein Gleichgewicht eingestellt, bei dem die D-Mannose zu 67 % in der α-Pyranoseform, zu 33 % in der β-Pyranoseform und in einem vernachlässigbar kleinen Anteil in der offenkettigen Form vorliegt.
Formulieren Sie die Strukturformelgleichung für das beschriebene Gleichgewicht! Berechnen Sie die Stoffmengenkonzentrationen der α-D-Mannopyranose und der β-D-Mannopyranose im Gleichgewicht und ermitteln Sie die Gleichgewichtskonstante für das Gleichgewicht zwischen diesen beiden Formen! 11

1.2 Nachdem sich in der in Aufgabe 1.1 beschriebenen Mannopyranose-Lösung das Gleichgewicht (Zustand A) eingestellt hat, wird feste α-D-Mannopyranose zugesetzt. Sobald sich der Stoff vollständig aufgelöst hat, stellt sich wieder ein Gleichgewicht (Zustand B) ein.
Beschreiben Sie die auf der Teilchenebene stattfindenden Vorgänge und vergleichen Sie die Stoffmengenkonzentrationen der beteiligten Stoffe sowie die Gleichgewichtskonstanten in den Gleichgewichtszuständen A und B! 6

1.3 Aus α-D-Galactopyranose lässt sich ein Disaccharid herstellen, das keine Mutarotation zeigt.
Zeichnen Sie eine Strukturformel des beschriebenen Disaccharids in der Haworth-Projektion und begründen Sie, weshalb bei einer Lösung dieses Stoffes keine Mutarotation auftritt! 4

2 Dosen aus Aluminium oder Weißblech sind neben Flaschen die wichtigsten Handelsverpackungen für kohlensäurehaltige Erfrischungsgetränke. Bei Weißblech handelt es sich um Eisenblech, dessen Oberfläche als Korrosionsschutz mit einer Zinnschicht überzogen ist.

2.1 Beurteilen Sie diese Schutzmaßnahme und berücksichtigen Sie dabei, dass die aufgebrachte Zinnschicht beim Transport der Dosen verletzt werden kann! 6

2.2 Mithilfe einer Aluminiumdose, einem Graphit-Stab und konzentrierter Kochsalzlösung lässt sich eine galvanische Zelle konstruieren. An einem der Prozesse, die in dieser Zelle ablaufen, ist Luftsauerstoff beteiligt. Um den Reaktionsverlauf zu untersuchen, wird die Kochsalzlösung mit Phenolphthalein versetzt. Bei der Stromentnahme verfärbt sich dieser Indikator ausgehend vom Graphit-Stab pink.

2.2.1 Fertigen Sie eine beschriftete Skizze der galvanischen Zelle an und formulieren Sie Reaktionsgleichungen für die bei der Entladung an den Elektroden ablaufenden Prozesse! 7

2.2.2 Berechnen Sie die Spannung der galvanischen Zelle bei einer Sauerstoff-Konzentration von $c(O_2) = 2{,}5 \cdot 10^{-4}$ mol · L^{-1}, einem pH-Wert von 7,0 und einer Aluminiumionen-Konzentration von $c(Al^{3+}) = 1{,}0 \cdot 10^{-3}$ mol · L^{-1}!
($E^0(Al/Al^{3+}) = -1{,}66$ V; E^0 (OH^-/O_2) = + 0,40 V) 6

40

Lösungsvorschläge

1.1 *Die Lösung der Aufgabe erfordert die Anwendung von Grundwissensinhalten zum stöchiometrischen Rechnen aus der Jahrgangsstufe 9 (NTG) bzw. 10 (SG). Dabei wird über die molare Masse eine Stoffmenge bzw. Stoffmengenkonzentration für die beteiligten anomeren Zucker ermittelt.*
Das Grundprinzip der beschriebenen Reaktion ähnelt dabei dem Mutarotationsgleichgewicht.

In der beschriebenen Lösung liegen folgende Teilchen im Gleichgewicht vor:

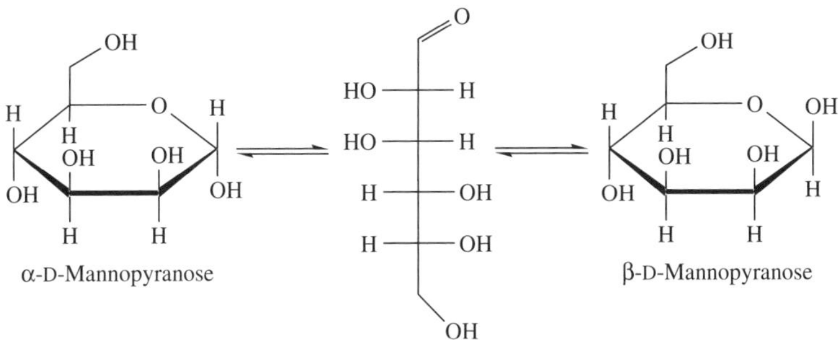

α-D-Mannopyranose D-Mannose β-D-Mannopyranose

Um die Gleichgewichtskonstante K_c zu ermitteln, braucht man die Stoffmengenkonzentrationen der Mannose, die sich aus den gegebenen Massen mithilfe der molaren Masse und der Stoffmenge berechnen lassen.

Gegeben:
m(α-D-Mannose) = 45 g; V = 100 mL = 0,1 L;
M(Mannose) = 180 g · mol^{-1} (aus Periodensystem der Elemente)
gesucht: K_c

Berechnung der Stoffmengenkonzentration c_0(α-D-Mannose) vor Einstellung des Gleichgewichts:

$$n_0(\alpha\text{-D-Mannose}) = \frac{m(\alpha\text{-D-Mannose})}{M(\alpha\text{-D-Mannose})} = \frac{45\text{ g}}{180\text{ g}\cdot\text{mol}^{-1}} = 0{,}25\text{ mol}$$

$$c_0(\alpha\text{-D-Mannose}) = \frac{n_0(\alpha\text{-D-Mannose})}{V} = \frac{0{,}25\text{ mol}\cdot\text{L}^{-1}}{0{,}1\text{ L}} = 2{,}5\text{ mol}\cdot\text{L}^{-1}$$

Berechnung der Stoffmenge c(α-D-Mannose) und c(β-D-Mannose) im Gleichgewicht:

$$c(\alpha\text{-D-Mannose}) = 0{,}67\cdot c_0(\alpha\text{-D-Mannose}) = 0{,}67\cdot 2{,}5\text{ mol} = 1{,}68\text{ mol}\cdot\text{L}^{-1}$$

Die restlichen Teilchen liegen als β-D-Mannose vor:

$c(\beta\text{-D-Mannose}) = c_0(\alpha\text{-D-Mannose}) - c(\alpha\text{-D-Mannose})$

$= 2{,}5 \text{ mol} \cdot \text{L}^{-1} - 1{,}68 \text{ mol} \cdot \text{L}^{-1} = 0{,}82 \text{ mol} \cdot \text{L}^{-1}$

Im Gleichgewicht gilt:

$$K_c = \frac{c(\beta\text{-D-Mannose})}{c(\alpha\text{-D-Mannose})} = \frac{0{,}82 \text{ mol} \cdot \text{L}^{-1}}{1{,}68 \text{ mol} \cdot \text{L}^{-1}} \approx 0{,}5$$

Die Gleichgewichtskonstante für das Mutarotationsgleichgewicht von Mannose hat einen Wert von etwa 0,5.

1.2 Durch Zugabe von α-D-Mannose nach Einstellung des Gleichgewichts wird nach dem Prinzip vom kleinsten Zwang (Prinzip von Le Chatelier) die Reaktion gefördert, bei der der zugegebene Stoff verbraucht wird. Im konkreten Fall wird die zugegebene α-Form also zum Teil in die β-Form umgewandelt. Die Konzentrationen der beiden anomeren Zucker (α- und β-Form) steigen im Zustand B gegenüber Zustand A an, das Verhältnis bleibt jedoch gleich, d. h. der Wert von K_c ändert sich durch die Zugabe von α-D-Mannose nicht.

1.3 *Als Mutarotation bezeichnet man die Veränderung des Drehwinkels der Schwingungsebene von linear polarisiertem Licht in Abhängigkeit von der Zeit. Dieses Phänomen tritt auf, wenn sich ein Gleichgewicht der diastereomeren α- bzw. β-Form bildet. Dies ist nur möglich, wenn sich der halbacetalische Ring unter den gegebenen Bedingungen am anomeren C-Atom öffnen kann.*

Disaccharid mit α1- α1-Verknüpfung:

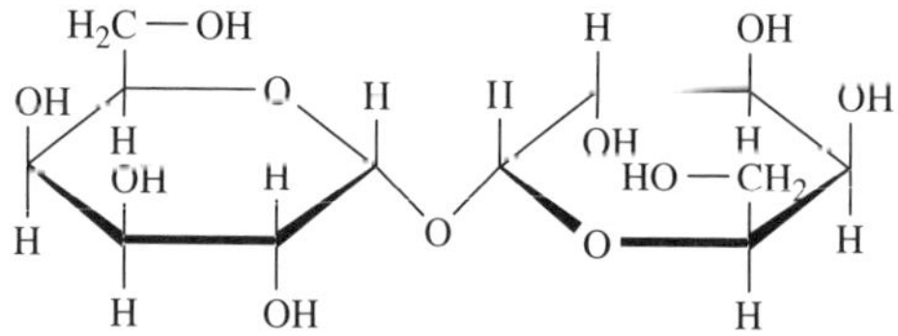

Da die beiden anomeren C-Atome an der glycosidischen Bindung beteiligt sind, ist keine Ringöffnung möglich und somit zeigt dieses Disaccharid auch keine Mutarotation.

2.1 Der Überzug aus Zinn dient als passiver Korrosionsschutz für das Eisenblech, das so nicht in Kontakt mit Sauerstoff bzw. Wasser kommt. Zinn ist ein edleres Metall als Eisen und zeigt keine Sauerstoff- bzw. Säurekorrosion. Wird die Zinnschicht allerdings beschädigt, bildet sich ein Kontaktelement zwischen Eisen und Zinn, das letztlich zu einer rascheren Oxidation des unedlen Metalls Eisen führt. Unter diesen Bedingungen der mechanischen Beanspruchung ist der Korrosionsschutz nicht mehr gegeben.

2.2.1 *Für die Erstellung der Teilgleichungen werden in der Aufgabenstellung einige Hinweise gegeben. So läuft in galvanischen Elementen die Oxidation immer an der Anode, die Reduktion immer an der Kathode ab. Die Pinkfärbung des Säure-Base-Indikators Phenolphthalein deutet auf die Bildung von Hydroxid-Ionen als Produkte der Reduktion hin, die aus „Luftsauerstoff" entstehen. Der Begriff Luftsauerstoff aus der Angabe ist etwas verwirrend, da es sich hier nicht um den Sauerstoff aus der Umgebung handelt, sondern um Sauerstoff, der in dem Natriumchlorid-Elektrolyten aufgelöst ist (s. Angabe der Konzentration von O_2 in Aufgabe 2.2.2).*
Als kleine Hilfe kann man auch die Angaben der Summenformeln der beteiligten Stoffe bei den Standardredoxpotenzialen in Aufgabe 2.2.2 ansehen.

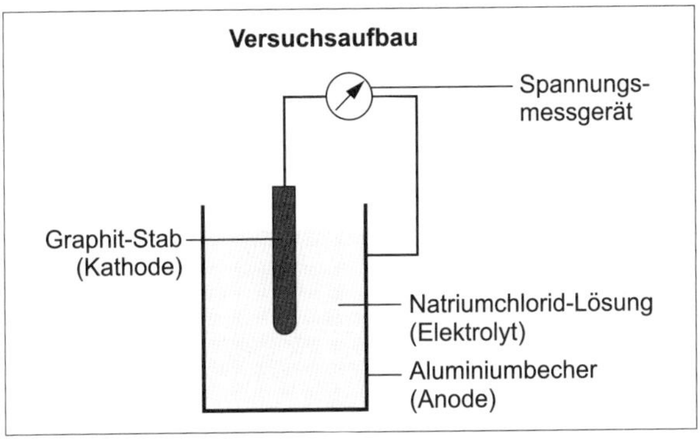

Reaktionsgleichungen für die bei der Entladung ablaufenden Prozesse:

Anode

Ox.: $Al \longrightarrow Al^{3+} + 3\,e^-$

Kathode

Red.: $O_2 + 4\,e^- + 2\,H_2O \longrightarrow 4\,OH^-$

2.2.2 *Die Leerlaufspannung U_L berechnet sich mithilfe der Redoxpotenziale der beteiligten Halbzellen unter den gegebenen Bedingungen unter Verwendung der Nernst'schen Gleichung. Konzentrationen nicht gelöster Stoffe (Aluminium, Wasser) gehen mit dem Faktor 1 in das Argument des logarithmischen Terms der Nernst'schen Gleichung ein.*
Tipp: Das Redoxpotenzial der Kathode muss immer größer sein als das der Anode, weil die Leerlaufspannung U_L nur positive Werte annehmen kann.

Gegeben: $c(O_2) = 2{,}5 \cdot 10^{-4}\ mol \cdot L^{-1}$
$c(Al^{3+}) = 1{,}0 \cdot 10^{-3}\ mol \cdot L^{-1}$
$E^0(Al/Al^{3+}) = -1{,}66\ V$
$E^0(OH^-/O_2) = +\,0{,}40\ V$
pH = 7

Für die Anode gilt:

$$E(\mathrm{Al}/\mathrm{Al}^{3+}) = E^0(\mathrm{Al}/\mathrm{Al}^{3+}) + \frac{0{,}059\ \mathrm{V}}{3} \cdot \lg \frac{c(\mathrm{Al}^{3+})}{c(\mathrm{Al})}$$

$$= -1{,}66\ \mathrm{V} + \frac{0{,}059\ \mathrm{V}}{3} \cdot \lg \frac{1{,}0 \cdot 10^{-3}}{1} = -1{,}72\ \mathrm{V}$$

Für die Kathode gilt:
Berechnung der Konzentration der Hydroxidionen
$\mathrm{pH} = 7 \Rightarrow \mathrm{pOH} = 7 \Rightarrow c(\mathrm{OH}^-) = 10^{-\mathrm{pOH}} = 10^{-7}\ \mathrm{mol} \cdot \mathrm{L}^{-1}$

$$E(\mathrm{OH}^- / \mathrm{O}_2) = E^0(\mathrm{OH}^- / \mathrm{O}_2) + \frac{0{,}059\ \mathrm{V}}{4} \cdot \lg \frac{c(\mathrm{O}_2) \cdot c^2(\mathrm{H}_2\mathrm{O})}{c^4(\mathrm{OH}^-)}$$

$$= +0{,}40\ \mathrm{V} + \frac{0{,}059\ \mathrm{V}}{4} \cdot \lg \frac{2{,}5 \cdot 10^{-4} \cdot 1}{(10^{-7})^4} = 0{,}76\ \mathrm{V}$$

Für die Leerlaufspannung gilt:
$U_\mathrm{L} = \Delta E = E(\text{Kathode}) - E(\text{Anode}) = 0{,}76\ \mathrm{V} - (-1{,}72\ \mathrm{V}) = 2{,}48\ \mathrm{V}$

Abiturprüfung 2013 Chemie (Bayern G8)
Aufgabe A2: Wein

BE

1 Wein wird durch das Vergären von Traubenmost hergestellt.

1.1 Traubenmost enthält neben Glucose die Pentosen Xylose und Arabinose. In Abbildung 1 sind Stereoisomere dieser Zucker in Fischer-Projektion dargestellt. Bei A handelt es sich um eine Arabinose.

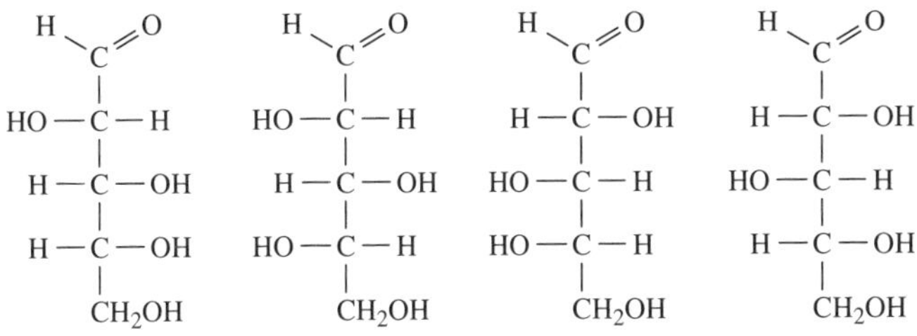

Abb. 1: Stereoisomere von Xylose und Arabinose in der Fischer-Projektion

Beschreiben Sie die stereochemischen Beziehungen der einzelnen Zuckerisomere zu A unter Verwendung von Fachbegriffen und benennen Sie die Zucker! 7

1.2 D-Arabinose liegt in wässriger Lösung fast ausschließlich in der Furanose-Form vor. Zwei dieser Ringe lassen sich über eine β-1,5-glycosidische Bindung zu einem Disaccharid verknüpfen.

1.2.1 Zeichnen Sie eine Strukturformel dieses Disaccharids in der Haworth-Projektion! 5

1.2.2 Mit D-Arabinose und dem Disaccharid wird in getrennten Versuchen jeweils die Fehling-Probe durchgeführt.
Beschreiben Sie die Durchführung der Fehling-Probe mit D-Arabinose und erklären Sie, ob die D-Arabinose mit dieser Probe von dem Disaccharid unterschieden werden kann! 6

2 Zur Verlängerung der Haltbarkeit kann Wein geschwefelt werden. Beim „Schwefel" im Wein handelt es sich nicht um das chemische Element, sondern um ein Gemisch aller Teilchen, die sich im Gleichgewichtssystem Schwefeldioxid/Wasser bilden:
Ein Teil des gelösten Schwefeldioxids reagiert mit Wasser zu Schwefliger Säure (H_2SO_3). Schweflige Säure dissoziiert in einer Protolysereaktion teilweise zu Hydrogensulfit-Ionen.

Die gebildeten Ionen können die Membran von Mikroorganismen nicht passieren. Konservierend wirksam ist nur das gelöste Schwefeldioxid. Je höher dessen Konzentration, desto besser haltbar ist der Wein. Der „Schwefelbedarf" bei der Weinbereitung ist u. a. abhängig vom Gehalt an freien Säuren in den Trauben zum Zeitpunkt der Weinlese.

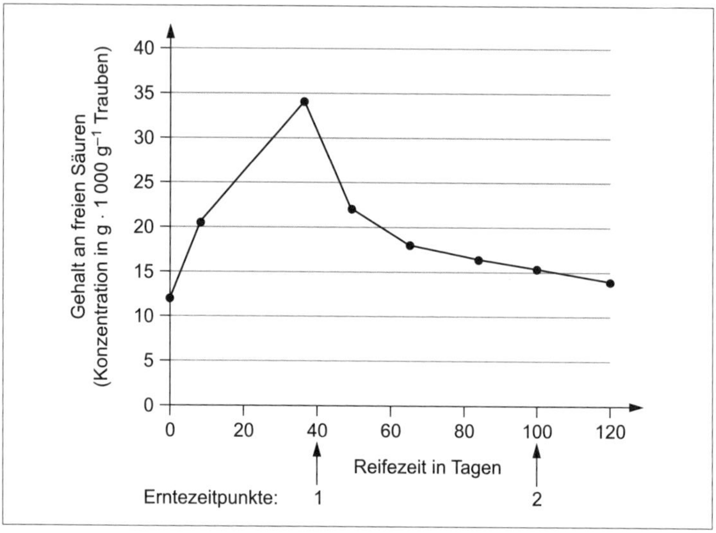

Abb. 2: Säuregehalt von Weintrauben in Abhängigkeit von ihrer Reifezeit
(verändert nach: Bocker, H.: Hobbyweinbau. Echino Media Verlag, 2011[3], S. 32)

2.1 Aus den zum Zeitpunkt 1 und 2 geernteten Weintrauben wird jeweils Wein hergestellt. Formulieren Sie die beschriebenen Gleichgewichtsreaktionen und erläutern Sie, welche der beiden Weinsorten stärker geschwefelt werden muss, um eine vergleichbare Haltbarkeit zu erreichen! 8

2.2 Das bei der Schwefelung zugesetzte Schwefeldioxid reagiert auch mit Farbstoffen des Weines. Abbildung 3 zeigt eine solche Reaktion mit einem roten Farbstoff im Wein.

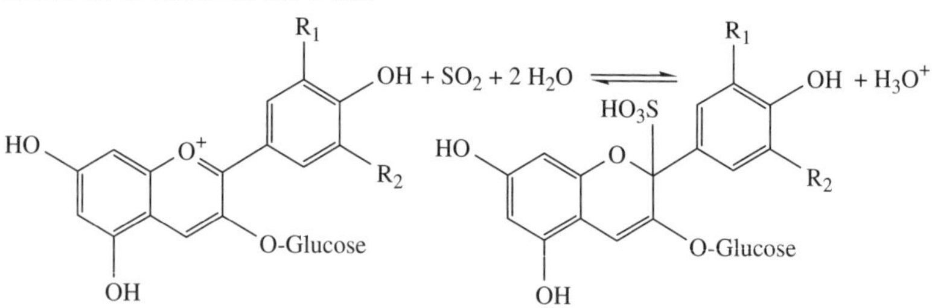

Abb. 3: Reaktion eines roten Farbstoffs bei der „Schwefelung"
(http://www.weinakademie.at/Schwefeln.pdf)

Beurteilen Sie die Auswirkung des Schwefelns auf die Farbe des Weins! 5

2.3 Schwefeldioxid kann mit im Wein enthaltenen Oxidationsmitteln reagieren. Dadurch wird ebenfalls der Grad der notwendigen Schwefelung beeinflusst.

2.3.1 Wein enthält u. a. gelöste Eisen(II)- und Eisen(III)-Ionen.
Entwickeln Sie über Teilgleichungen die Redoxgleichung für die Reaktion von Schwefeldioxid mit Eisen-Ionen, bei der im sauren Milieu Sulfat-Ionen entstehen! 4

2.3.2 Ermitteln Sie rechnerisch, ob die unter 2.3.1 genannte Reaktion unter den Bedingungen $c(Fe^{2+}) = 1{,}5 \cdot 10^{-4}\ mol \cdot L^{-1}$, $c(Fe^{3+}) = 3{,}0 \cdot 10^{-6}\ mol \cdot L^{-1}$, $c(SO_4^{2-}) = 1{,}8 \cdot 10^{-3}\ mol \cdot L^{-1}$, $c(SO_2) = 1{,}5 \cdot 10^{-3}\ mol \cdot L^{-1}$ und pH = 3,0 abläuft und damit einen Einfluss auf den Grad der Schwefelung hat!
($E^0\ (Fe^{2+}/Fe^{3+}) = +0{,}77\ V$; $E^0(SO_2\ /\ SO_4^{2-}) = +0{,}17\ V$) 5

40

Lösungsvorschläge

1.1 *Alle drei Moleküle sind zueinander stereoisomer, d. h. sie haben die gleiche Struktur (Reihenfolge der Verknüpfung der Atome), aber eine unterschiedliche räumliche Anordnung der Atome.*

Die Moleküle A und C sind zueinander enantiomer, d. h. sie verhalten sich wie Bild und Spiegelbild.
Die Moleküle A, B und D verhalten sich zueinander wie Diastereomere, d. h nicht wie Bild und Spiegelbild.

Verbindung	A	B	C	D
Name	D-Arabinose	L-Xylose	L-Arabinose	D-Xylose

1.2.1 *Bei der Verknüpfung der Monosaccharid-Bausteine über eine glycosidische Bindung muss darauf geachtet werden, dass die beiden OH-Gruppen auf der gleichen Seite des Rings liegen.*

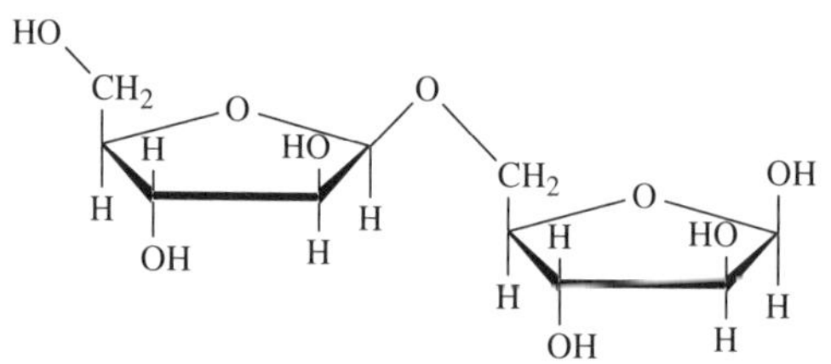

1.2.2 Bei der Fehling'schen Probe wird eine wässrige Kupfer(II)-sulfat-Lösung mit alkalischer Kalium-Natrium-Tartrat-Lösung gemischt. Zu der entstandenen tiefblauen Lösung wird D-Arabinose gegeben und das Gemisch anschließend vorsichtig erhitzt. Dabei bildet sich ein rotbrauner Feststoff (Cu_2O).
Sowohl bei D-Arabinose als auch beim betrachteten Disaccharid verläuft die Fehling'sche Probe positiv, da in beiden Fällen ein freies anomeres C-Atom die Ringöffnung ermöglicht und somit eine oxidierbare Aldehyd-Gruppe vorliegt. Eine Unterscheidung ist somit nicht möglich.

2.1 *Es gilt das Prinzip von LeChatelier, d. h. eine Veränderung der Reaktionsbedingungen verursacht eine Verschiebung der Gleichgewichtslage, die der äußeren Veränderung entgegenwirkt.*

(1) $SO_{2\,(aq)} + H_2O_{\,(l)} \rightleftharpoons H_2SO_{3\,(aq)}$

(2) $H_2SO_{3\,(aq)} + H_2O_{\,(l)} \rightleftharpoons HSO^-_{3\,(aq)} + H_3O^+_{\,(aq)}$

Zum Erntezeitpunkt 1 ist der Säuregehalt größer als zum Erntezeitpunkt 2. Dadurch ist die Oxonium-Ionenkonzentration im früher gelesenen Wein größer und somit verschiebt sich die Gleichgewichtslage von (2) zur schwefligen Säure.

Mehr schweflige Säure bedingt auch eine Verschiebung der Gleichgewichtslage von (1) in Richtung Schwefeldioxid. Der höhere Gehalt an gelöstem Schwefeldioxid macht damit ein geringeres Schwefeln nötig als zum Erntezeit punkt 2.

2.2 Durch das Schwefeln wird eine Sulfonsäure-Gruppe addiert. Dadurch wird das delokalisierte Elektronensystem des Chromophors kleiner. Somit wird die Anregungsenergie größer und das Molekül absorbiert im kürzerwelligen Spektralbereich. Es kommt zu einer Farbänderung, in diesem Fall zu einer Farbaufhellung.

2.3.1 *Eine vollständige Redoxgleichung erfordert die Angabe von Oxidations- und Reduktionsteilgleichungen. Für eine Teilreaktion (Schwefeldioxid zu Sulfat-Ionen) sind Edukt und Produkt gegeben – in Aufgabe 2.3.2. sogar in Summenformeln. Da dies aufgrund der größer werdenden Oxidationszahl die Oxidation ist, müssen folglich Eisen(III)- zu Eisen(II)-Ionen reduziert werden.*

$$\text{Red.:}\quad \overset{+III}{Fe^{3+}} + e^- \longrightarrow \overset{+II}{Fe^{2+}} \qquad | \cdot 2$$

$$\text{Ox.:}\quad \overset{+IV}{SO_2} + 6\,H_2O \longrightarrow \overset{+VI}{SO_4^{2-}} + 2\,e^- + 4\,H_3O^+$$

$$\text{Redox:}\quad 2\,Fe^{3+} + SO_2 + 6\,H_2O \longrightarrow 2\,Fe^{2+} + SO_4^{2-} + 4\,H_3O^+$$

2.3.2 $$E = E^0 + \frac{0{,}059}{n} \cdot \log \frac{[Ox]}{[Red]} \qquad \text{(in Volt)}$$

$$E(Fe^{2+}/Fe^{3+}) = E^0(Fe^{2+}/Fe^{3+}) + \frac{0{,}059\ V}{1} \cdot \lg \frac{c(Fe^{3+})}{c(Fe^{2+})}$$

$$= +\,0{,}77\ V + 0{,}059\ V \cdot \lg \frac{3{,}0 \cdot 10^{-6}}{1{,}5 \cdot 10^{-4}} = 0{,}67\ V$$

$$E(SO_2/SO_4^{2-}) = E^0(SO_2/SO_4^{2-}) + \frac{0{,}059\ V}{2} \cdot \lg \frac{c(SO_4^{2-}) \cdot c^4(H_3O^+)}{c(SO_2)}$$

$$= +\,0{,}17\ V + 0{,}0295\ V \cdot \lg \frac{1{,}8 \cdot 10^{-3} \cdot (10^{-3})^4}{1{,}5 \cdot 10^{-3}} = -0{,}18\ V$$

$$\Delta E = E(\text{Oxm}) - E(\text{Redm}) = E(Fe^{2+}/Fe^{3+}) - E(SO_2/SO_4^{2-})$$

$$= 0{,}67\ V - (-0{,}18\ V) = 0{,}85\ V > 0$$

Da ΔE größer als 0 ist, läuft die Reaktion ab. Somit beeinflusst sie den Grad der Schwefelung, weil dadurch der Gehalt an konservierend wirkendem Schwefeldioxid geringer wird.

Abiturprüfung 2013 Chemie (Bayern G8)
Aufgabe B1: Seide

BE

1 Aus den Kokons der Seidenspinner-Raupe wird Seide gewonnen, die als Textilfaser vielseitig eingesetzt werden kann. Die Spinndrüsen dieser Larven bilden einen mehrere tausend Meter langen Faden, der zu etwa 70 % aus reiner Seidenfaser (Fibroin) und zu 30 % aus Seidenleim, einem Glycoprotein, besteht. Dabei umhüllt der klebrige Seidenleim die Seidenfaser und sorgt so für die Stabilität des Kokons.

1.1 Bei Fibroin handelt es sich um ein Protein, in dessen Sequenz drei Aminosäurebausteine sehr häufig auftreten:

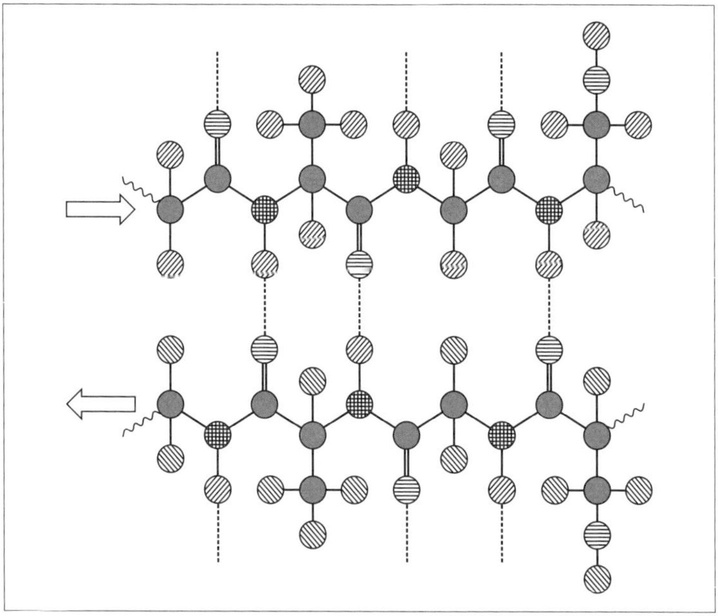

Abb. 1: Typischer Ausschnitt aus einer Seidenfaser, schematisch

1.1.1 Geben Sie die Fischer-Projektionsformeln der drei Aminosäuren an, die Fibroin hauptsächlich aufbauen, und benennen Sie diese nach den IUPAC-Regeln! 6

1.1.2 In Abbildung 1 ist ein Ausschnitt der typischen Sekundärstruktur des Fibroins dargestellt.
Benennen Sie diese und beschreiben Sie deren Stabilisierung! 3

1.1.3 Viskose wird auch als Kunstseide bezeichnet. Der Rohstoff für die Kunstseideerzeugung ist Cellulose, die in aufwendigen chemischen Verfahren zu den Fasern der Kunstseide versponnen wird.
Beschreiben Sie, wie man Kunstseide und Seide experimentell unterscheiden könnte! 4

1.2 Für die Herstellung von Seide als Textilfaser muss die Seidenfaser vom Seidenleim befreit werden, da dieser die Faser rau und hart macht. Dieser Vorgang wird als Entbasten bezeichnet.
Zur Entbastung dient ein siedendes Seifenbad, das innerhalb von zwei bis drei Stunden den Seidenleim entfernt.
Traditionell verwendet man hierzu die so genannte Marseiller Seife, die auf der Basis von Olivenöl hergestellt wird. Die in den Molekülen des Olivenöls gebundenen Fettsäuren sind in der Tabelle angegeben.

Myristinsäure	Tetradecansäure
Palmitinsäure	Hexadecansäure
Palmitoleinsäure	(Z)-Hexadec-9-ensäure
Stearinsäure	Octadecansäure
Ölsäure	(Z)-Octadec-9-ensäure
Linolsäure	(Z,Z)-Octadeca-9,12-diensäure
Linolensäure	(Z,Z,Z)-Octadeca-9,12,15-triensäure

Tab.: In den Molekülen des Olivenöls gebundene Fettsäuren

1.2.1 Zeichnen Sie die Strukturformel eines Fettmoleküls, in dem drei verschiedene Fettsäuren auftreten, von denen mindestens zwei ungesättigt sind, und formulieren Sie ausgehend von diesem Molekül eine Reaktionsgleichung für die Herstellung einer Seife! 7

1.2.2 Begründen Sie mithilfe einer Reaktionsgleichung, weshalb beim Entbasten der Seide enthärtetes Wasser verwendet werden sollte! 3

1.3 Am Ende seiner Entwicklung produziert der Seidenspinner das Enzym Cocoonase, das Seidenleim abbaut und so das Schlüpfen aus dem Kokon erleichtert.

1.3.1 Erklären Sie mithilfe einer Modellvorstellung, weshalb die Cocoonase den Abbau von Seidenleim, nicht jedoch den Abbau von Fibroin katalysiert! 4

1.3.2 Die Textilindustrie versucht Cocoonase, die aus gentechnisch veränderten Bakterien gewonnen wird, als Mittel zum Entbasten der Seide einzusetzen. Zur Untersuchung des Enzyms wird folgende Versuchsreihe durchgeführt:

Ansatz	**1**	**2**	**3**	**4**	**5**	**6**
Masse Seidenleim in g	10	10	10	10	10	10
pH-Wert	7,0	7,5	8,0	8,5	9,0	9,5
Gesamtvolumen in mL	100	100	100	100	100	100
Volumen Cocoonaselösung in mL	10	10	10	10	10	10
Reaktionszeit in min (gemessen ab Zugabe der Cocoonaselösung)	20	20	20	20	20	20

Nach Ablauf der Reaktionszeit werden jeweils 10 mL aus den Reaktionsansätzen entnommen und die Konzentration an gelösten Aminosäuren bestimmt. Jeder einzelne Versuchsansatz wird fünfmal wiederholt.
Erläutern Sie, auf welche Fragestellung dieses Experiment eine Antwort geben soll, und begründen Sie, warum jeder Versuchsansatz mehrfach wiederholt wird! 5

2 Zum Färben von Seide wurde bereits in der Antike Cochenille verwendet, das aus Schildläusen gewonnen wird. Hauptbestandteil von Cochenille ist Karminsäure.

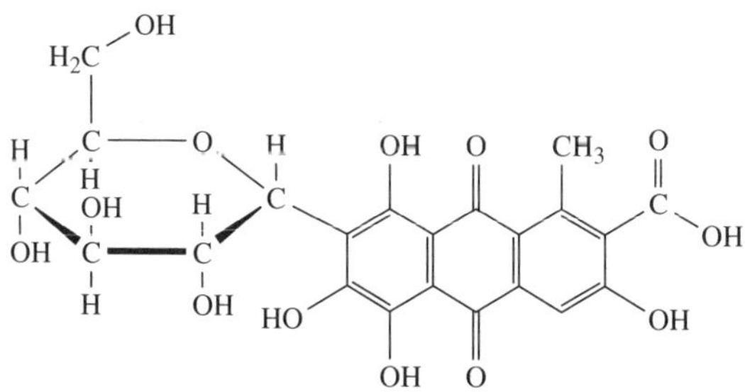

Abb. 2: Strukturformel von Karminsäure

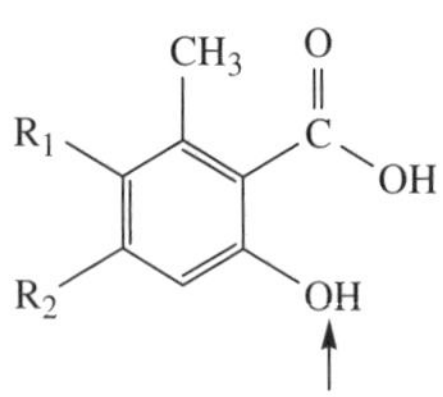

Abb. 3: Ausschnitt aus der Strukturformel von Karminsäure

Die in der Abbildung 3 gekennzeichnete Hydroxy-Gruppe des Karminsäure-Moleküls unterscheidet sich in ihrer Acidität deutlich von der Hydroxy-Gruppe des Phenolmoleküls.
Erklären Sie dies anhand von Grenzstrukturformeln! 8

40

Lösungsvorschläge

1.1.1 *Die modellartige Darstellung der beteiligten Atome hilft, die beteiligten Aminosäuren zu identifizieren. In dem gegebenen Modell steht ein Strich für eine Elektronenpaarbindung, ein ausgefüllter Kreis für ein C-Atom, ein waagrecht schraffierter Kreis für ein O-Atom, ein schräg schraffierter Kreis für ein H-Atom und ein kreuzförmig ausgefüllter Kreis für ein N-Atom:*

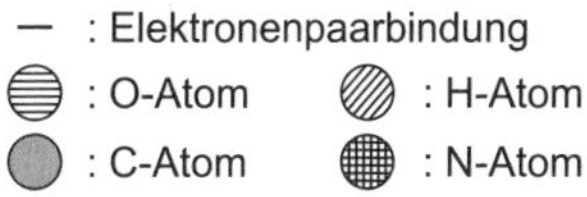

Um die Aminosäuren zu zeichnen, muss das abgebildete Peptid noch in Gedanken hydrolysiert werden, indem die Peptidbindungen gespalten werden.

Durch die Hydrolyse des Fibroins entstehen folgende drei Aminosäuren:

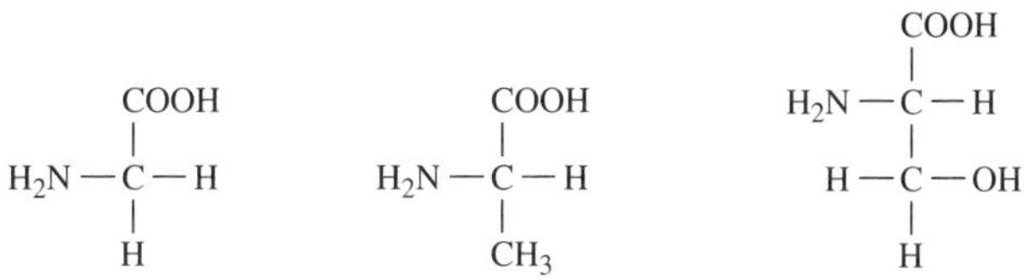

Glycin	L-Alanin	L-Serin
2-Aminoethansäure	2-Aminopropansäure	2-Amino-3-hydroxy-propansäure

1.1.2 Die Darstellung in Abbildung 1 zeigt eine β-Faltblattstruktur, die durch Wasserstoffbrückenbindungen zwischen den Atomen der Säureamid-Gruppen (= Peptidbindungen) stabilisiert wird.

1.1.3 Zur Unterscheidung kann man ein Nachweisverfahren für Peptide einsetzen, das mit Kohlenhydraten negativ verläuft,

z. B. die **Xanthoproteinreaktion:**
Seide bzw. Viskose werden mit konzentrierter Salpetersäure versetzt. Bei dem Protein Seide färbt sich das Gemisch gelb, weil die aromatischen Reste der Aminosäuren nitriert werden. Bei Viskose, einem synthetischen Kohlenhydrat, bleibt die Gelbfärbung aus.

oder z. B. die **Biuret-Probe:**
Seide bzw. Viskose werden mit alkalischer Kupfersulfat-Lösung versetzt. Mit Seide bildet sich eine blauviolette Lösung, da die Cu^{2+}-Ionen eine Koordinationsverbindung mit den Peptid-Gruppen eingehen. Bei Viskose wird dagegen keine blauviolette Färbung beobachtet.

1.2.1 *Fette sind Carbonsäureester aus Carbonsäuren und dem dreiwertigen Alkanol Propan-1,2,3-triol (= Glycerin). Aufgrund der Aufgabenstellung sind hier zahlreiche verschiedene Lösungen möglich.*
Die Verseifung ist eine alkalische Hydrolyse, d. h. eine Reaktion des Fettmoleküls mit wässriger Natron- oder Kalilauge.

Ein mögliches Fettmolekül mit drei verschiedenen Fettsäuren, von denen mindestens zwei ungesättigten Charakter zeigen, ist im Folgenden dargestellt.
Die Reaktionsgleichung für die Verseifung dieses Fettmoleküls (alkalische Hydrolyse) mit z. B. Natronlauge lautet:

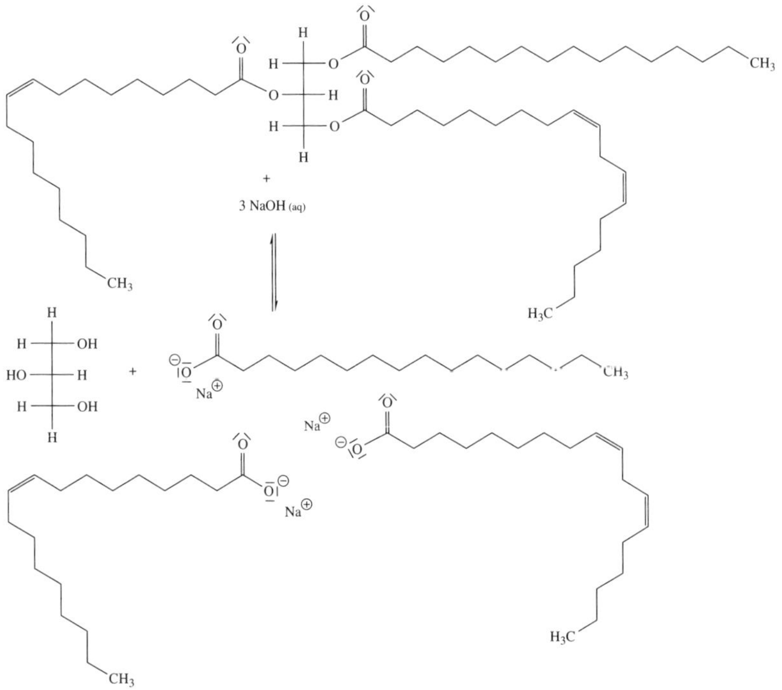

1.2.2 Die Fettsäureanionen bilden schwerlösliche Salze mit zweifach positiv geladenen Calcium-Ionen gemäß:

$$2\,R{-}COO^-{}_{(aq)} + Ca^{2+}{}_{(aq)} \longrightarrow Ca(RCOO)_{2\,(s)}$$

Durch diese Reaktion sinkt die Konzentration der waschaktiven $RCOO^-$-Teilchen und damit sinkt die Waschwirkung. Außerdem setzen sich diese Salze auf den Fasern als Grauschleier ab und führen somit zu einer unerwünschten Verschmutzung. Die Kalkseifenkristalle machen die Oberfläche der Seide zudem rau, sodass sich die Seidenfasern nicht mehr so weich anfühlen.

1.3.1 Enzyme wie Cocoonase wirken nach folgender Modellvorstellung:

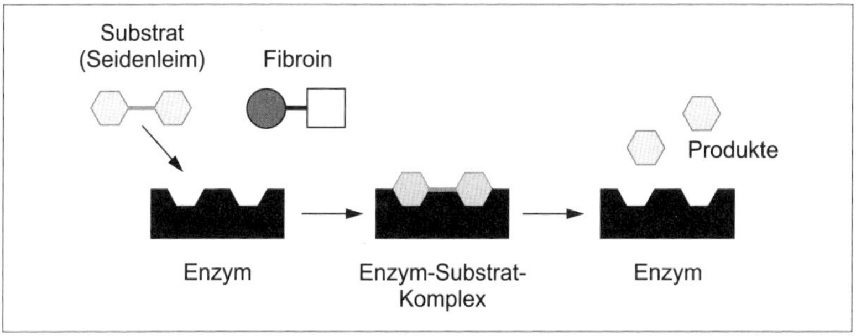

Das Glycoprotein Seidenleim bindet als Substrat nach dem **Schlüssel-Schloss-Prinzip** an das aktive Zentrum des Enzyms Cocoonase und bildet einen Enzym-Substrat-Komplex. Nach der Reaktion lösen sich die Produkte aus dem aktiven Zentrum und das Enzym liegt wieder in seinem ursprünglichen Zustand vor.
Der räumliche Bau des aktiven Zentrums ist komplementär zum räumlichen Bau des Substrats. Enzyme sind **substratspezifisch**, d. h. sie setzen nur ganz bestimmte Substratmoleküle, hier den Seidenleim, um, weil nur diese Moleküle exakt zu ihrem aktiven Zentrum passen, während andere wie z. B. Fibroin, aufgrund ihres räumlichen Baus nicht an das aktive Zentrum binden können.

1.3.2 Da bei diesem Experiment nach einer bestimmten Zeit die Konzentration der gelösten Aminosäuren gemessen wurde, stand für die Forscher die Frage nach der Reaktionsgeschwindigkeit der enzymatisch katalysierten Abbaureaktion von Seidenleim durch Cocoonase im Fokus des Experiments.
Betrachtet man zusätzlich die gegebenen Reaktionsbedingungen, so fällt auf, dass die Forscher alle Parameter bis auf den pH-Wert der Lösung konstant gehalten haben. Deshalb wollten die Wissenschaftler bei dem Experiment die Abhängigkeit der Reaktionsgeschwindigkeit (= Cocoonase-Enzymaktivität) vom pH-Wert untersuchen.
Die einzelnen Versuchsansätze müssen mehrfach wiederholt werden, um zufällig abweichende Messergebnisse in einzelnen Ansätzen zu erkennen. Zusätzlich ergibt sich die Möglichkeit, die Messdaten zu mitteln und dadurch eine bessere Aussagekraft der Ergebnisse zu erhalten.

2 *Für die Lösung der Aufgabe muss man davon ausgehen, dass die Hydroxy-Gruppe in deprotonierter Form vorliegt. Dies entspricht nicht unbedingt der Wirklichkeit, da die Carboxy-Gruppe tatsächlich einen kleineren pK_S-Wert hat als die Hydroxy-Gruppe. Deprotoniert man allerdings die Carboxy-Gruppe zu einem negativ geladenem Carboxylat, dann müsste eigentlich die OH-Gruppe schwerer gespalten werden werden als bei Phenol, da die OH-Bindung durch die stärkere negative Ladung und den auxochromen Effekt depolarisiert wird.*

Die Hydroxy-Gruppe der Karminsäure zeigt einen stärker sauren Charakter als die Hydroxy-Gruppe des Phenols, weil die negativ geladenen Anionen der Karminsäure besser mesomeriestabilisiert sind als die Phenolat-Anionen, da sich unter Einbeziehung der Carboxy-Gruppe mehr gleichwertige mesomere Grenzformeln schreiben lassen.

Im Phenolat-Anion gibt es **vier** gleichwertige mesomere Grenzstrukturen:

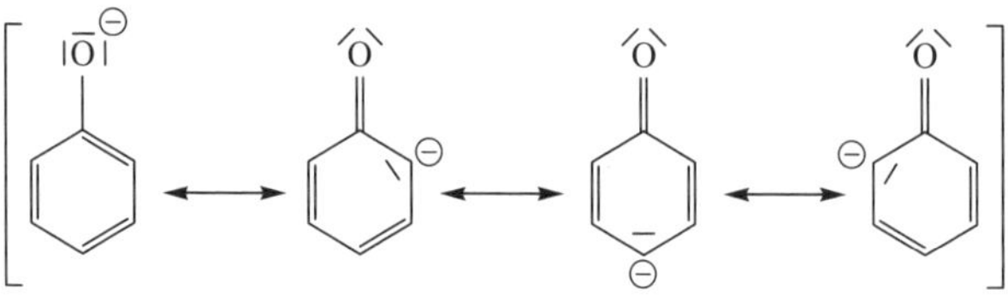

Im Karminsäure-Anion gibt es **fünf** gleichwertige mesomere Grenzstrukturen:

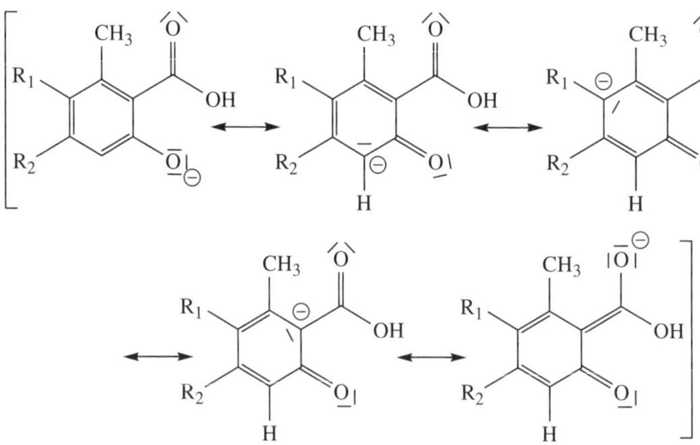

Abiturprüfung 2013 Chemie (Bayern G8)
Aufgabe B2: Cholesterin

BE

1 Eine unregulierte Cholesterinsynthese in der Leber kann zusammen mit einer übermäßigen Aufnahme von Cholesterin über die Nahrung zu einer gesundheitsschädlichen Cholesterin-Konzentration im Blut führen und damit das Risiko für Arteriosklerose erhöhen.

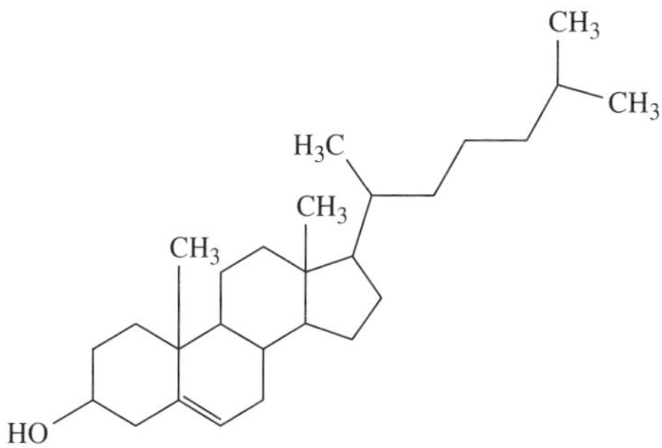

Abb. 1: Strukturformel von Cholesterin

1.1 Problematisch in Bezug auf Arteriosklerose sind die so genannten LDL-Partikel, in denen neben Cholesterin auch Cholesterinester vorkommen. Die häufigste Säurekomponente ist hierbei die Linolsäure ((*Z,Z*)-Octadeca-9,12-diensäure).
Formulieren Sie die Strukturformelgleichung für die Bildung des Esters aus Linolsäure und Cholesterin! Nicht an der Esterbindung beteiligte Bereiche des Cholesterinmoleküls können abgekürzt werden. 4

1.2 Um den Gehalt an LDL-Partikeln zu verringern, kann medikamentös die Synthese von Cholesterin beeinflusst werden. Hierzu werden häufig Medikamente aus der pharmakologischen Klasse der Statine eingesetzt, die auf das Enzym HMG-CoA-Reduktase wirken. Das folgende Diagramm zeigt die Abhängigkeit der Aktivität der HMG-CoA-Reduktase von der Substratkonzentration mit und ohne Zusatz eines Statins.

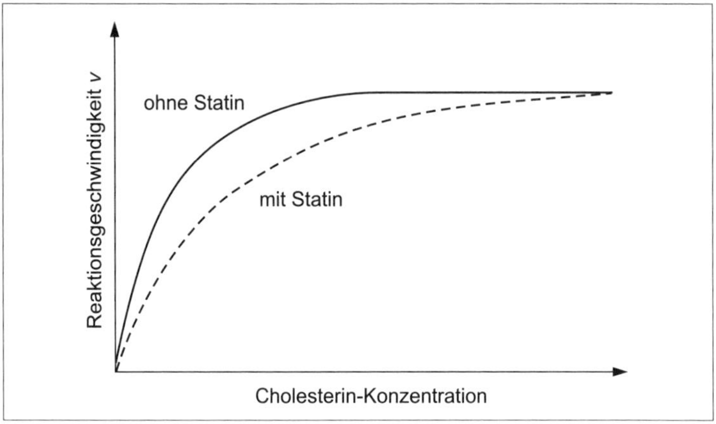

Abb. 2: Abhängigkeit der Aktivität der HMG-CoA-Reduktase von der Cholesterin-Konzentration mit und ohne Zusatz eines Statins

1.2.1 Leiten Sie aus dem Diagramm die Wirkungsweise von Statin ab und begründen Sie Ihre Aussage mithilfe einer Modellvorstellung! 5

1.2.2 Das Enzym HMG-CoA-Reduktase arbeitet in Leberzellen bei 41 °C. Begründen Sie, wie sich die Aktivität dieses Enzyms in einem Experiment bei einer Temperaturverringerung auf 31 °C bzw. einer Temperaturerhöhung auf 81 °C verändert! 4

2 Als Hauptabbauprodukt von Cholesterin entstehen in der Leber Gallensalze. Als Bestandteil der Gallenflüssigkeit haben sie eine wichtige Bedeutung bei der Fettverdauung. Im schwach basischen Milieu des Zwölffingerdarms entfalten die beiden dargestellten Gallensalze optimale Wirkung.

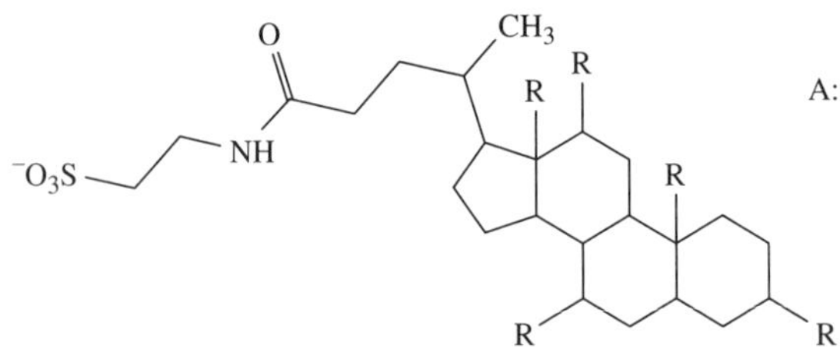

A: Taurocholat-Ion

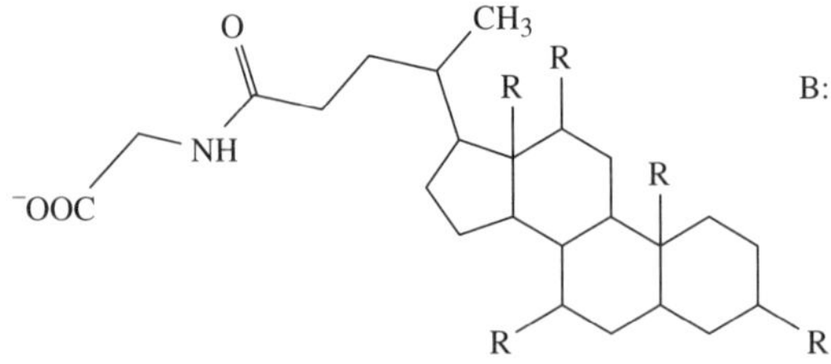

B: Glycocholat-Ion

Abb. 3: Strukturformeln von Gallensalz-Anionen

	pK_S-Wert
Alkylsulfonsäuren	ca. 0
Alkylcarbonsäuren	ca. 4

Tab. 1: pK_S-Richtwerte von Alkylsulfonsäuren und Alkylcarbonsäuren

2.1 Erläutern Sie ausgehend von charakteristischen Strukturmerkmalen die Wirkungsweise der Gallensalz-Anionen auf den Nahrungsbrei – ein Öl-in-Wasser-Gemisch – unter Verwendung schematischer Skizzen!
Erläutern Sie, welches der beiden Gallensalz-Anionen beim Ansäuern zuerst seine Wirkung verliert! 10

2.2 Glycocholat kann hydrolytisch in eine Aminosäure und einen weiteren Bestandteil gespalten werden.
Vergleichen Sie unter Mitverwendung mesomerer Grenzstrukturformeln die Basizität der stickstoffhaltigen funktionellen Gruppen in dieser Aminosäure und im Glycocholat-Ion und erläutern Sie Ihre Aussage! 7

2.3 Eine Glycocholsäure-Lösung wird mit einem Indikator versetzt und mit Natronlauge titriert. Dabei werden folgende Werte gemessen:

V(NaOH) in mL	0	1	3	5	7	9	10	11	15	20
pH	2	3	3,5	3,7	3,9	5	8	11	12,3	12,5

2.3.1 Zeichnen Sie die Titrationskurve und leiten Sie daraus den pK_S-Wert der Glycocholsäure ab! 6

2.3.2 Im folgenden Diagramm ist die Abhängigkeit des Quotienten der deprotonierten und protonierten Form eines Indikators vom pH-Wert dargestellt. Die Hochwertachse ist hierbei logarithmisch skaliert.

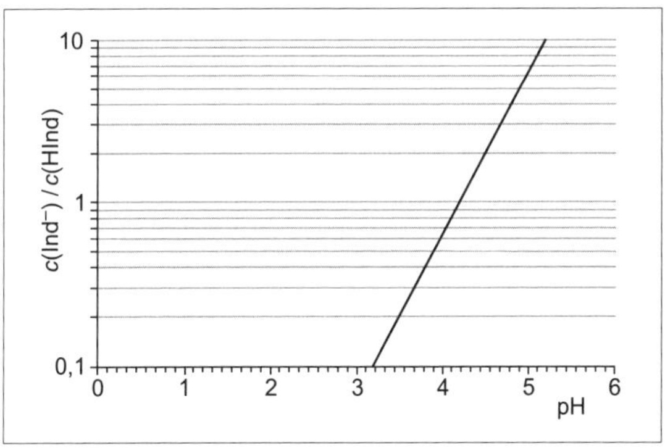

Abb. 4: Quotient der Konzentrationen der deprotonierten und protonierten Form eines Indikators in Abhängigkeit vom pH-Wert

Leiten Sie aus dem Diagramm den pK_S-Wert des Indikators ab und beurteilen Sie, ob dieser Indikator für die Titration von Glycocholsäure mit Natronlauge geeignet ist! 4

40

Lösungsvorschläge

1.1 *Die Esterbildung ist einerseits aus der Jahrgangsstufe 10, andererseits auch aus der Bildung von Fettmolekülen bekannt. R steht für den nicht an der Esterbindung beteiligten Teil des Cholesterin-Moleküls.*

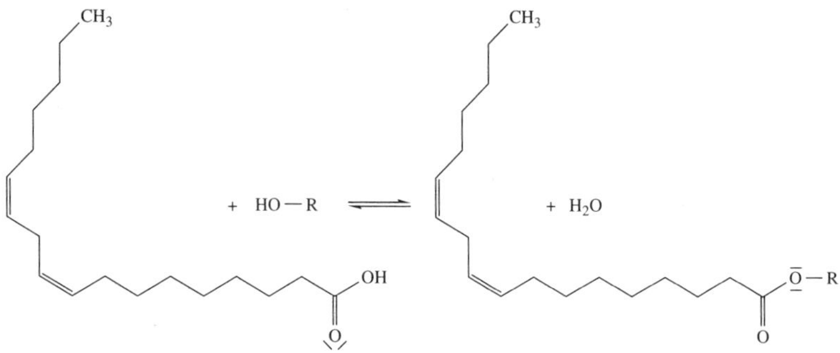

1.2.1 Statin wirkt als kompetitiver Hemmstoff, da die maximale Reaktionsgeschwindigkeit in beiden Versuchsansätzen gleich ist, aber erst bei höheren Substrat-Konzentrationen erreicht wird und die Michaelis-Konstante K_M zu höheren Werten hin verschoben ist (s. Abb. 2 der Aufgabenstellung).

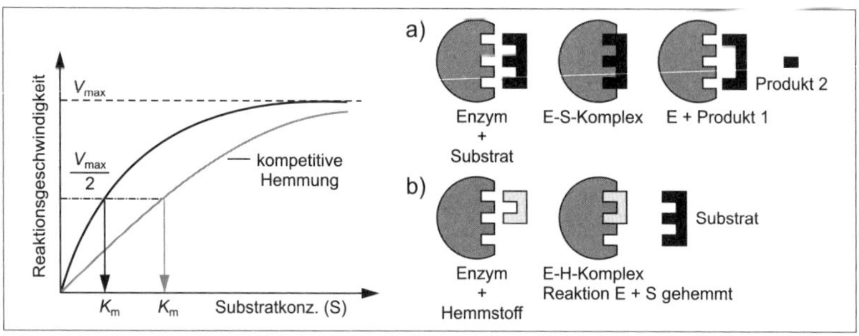

Cholesterin (Substrat) und Statin (Hemmstoff) sind räumlich ähnlich gebaut (Konkurrenz um das aktive Zentrum), d. h. Statin kann an das aktive Zentrum der HMG-CoA-Reduktase binden, ohne selbst umgesetzt zu werden. Je höher die Substratkonzentration ist, desto größer ist die Wahrscheinlichkeit, dass ein Enzym auf ein Substrat trifft, sodass der Hemmstoff bei extrem hohen Substratkonzentrationen praktisch nicht mehr an die Enzyme bindet. Damit ist die maximale Reaktionsgeschwindigkeit genauso groß wie im ungehemmten Zustand, weil alle Enzyme in Enzym-Substratkomplexen gebunden sind.

1.2.2 Senkt man die Temperatur um 10 °C, so vermindert sich die Reaktionsgeschwindigkeit nach der RGT-Regel um etwa die Hälfte, d. h. bei 31 °C arbeitet das Enzym nur halb so schnell wie bei 41 °C.

Bei 81 °C denaturiert der Proteinanteil des Enzyms. Dadurch ändert sich der räumliche Bau des aktiven Zentrums, sodass keine Substrat-Moleküle mehr gebunden werden können. Ohne die Bildung von Enzym-Substratkomplexen sinkt die Enzymaktivität auf annähernd 0.

2.1 Die Gallensalz-Anionen tragen sowohl hydrophile (COO^-, SO_3^-) als auch hydrophobe Gruppen (aliphatischer Rest), d. h. sie sind grenzflächenaktiv:

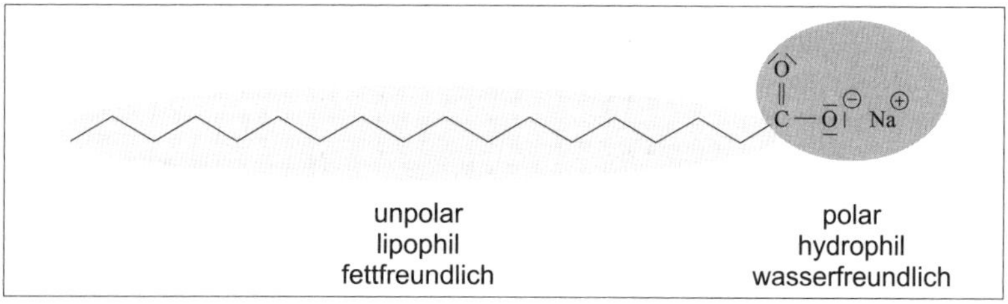

In einem Öl-Wassergemisch wie dem Nahrungsbrei ordnen sie sich folgendermaßen an:

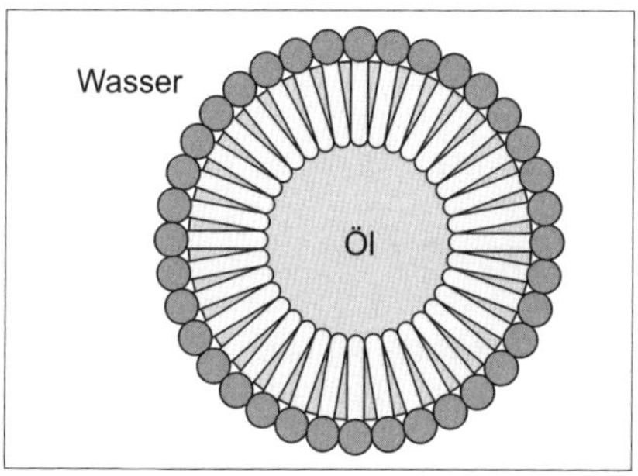

Die unpolaren Reste verankern sich im Öl und die polaren Gruppen bedecken die Oberfläche der Micelle. Dadurch erhält die Oberfläche einen hydrophilen Charakter und die kleinen Fetttröpfchen lassen sich in Wasser dauerhaft emulgieren.

Da der pK_S-Wert von A (Taurocholat = Alkylsulfonsäure) kleiner ist als von B (Glycocholat = Alkylcarbonsäure), hat B gemäß $pK_B = 14 - pK_S$ einen kleineren pK_B-Wert als A und ist somit die stärkere Base. B wird deshalb bereits bei größeren pH-Werten protoniert als A und verliert dadurch eher seine Grenzflächenaktivität, da durch die Protonierung die Polarität sinkt.

2.2 Bei der Hydrolyse von Glycocholat bildet sich Glycin (2-Aminoethansäure):

Glycin 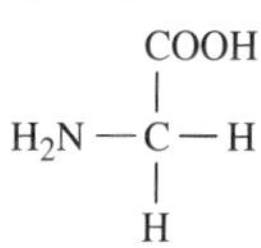

Bei der Säureamid-Gruppe (Peptidbindung) tritt im Gegensatz zum Glycin eine Delokalisation der Elektronen auf:

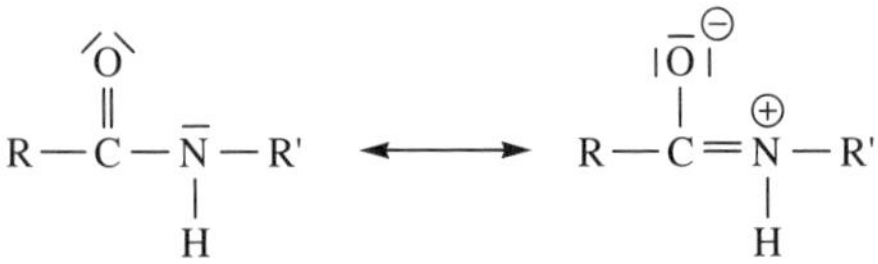

Dadurch ist die Elektronendichte am N-Atom der Peptidbindung geringer und somit die Basenstärke kleiner als bei einer freien Amino-Gruppe.

2.3.1

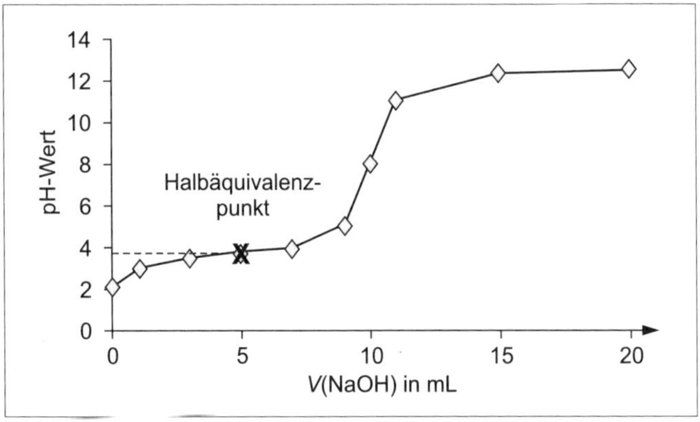

Am Halbäquivalenzpunkt gilt $pH = pK_S \approx 3{,}7$.

2.3.2 *Die Skalierung der y-Achse ist logarithmisch und dadurch etwas ungewöhnlich. Für die Lösung der Aufgabe spielt das aber keine Rolle. Lassen Sie sich dadurch nicht verwirren.*

Nach Henderson-Hasselbach gilt folgender Zusammenhang:

$$pH = pK_S + \lg \frac{c(\mathrm{Ind}^-)}{c(\mathrm{HInd})}$$

Wenn $\frac{c(\mathrm{Ind}^-)}{c(\mathrm{HInd})} = 1$ ist, gilt $pH = pK_S$.

Gemäß Diagramm ist bei $\frac{c(\mathrm{Ind}^-)}{c(\mathrm{HInd})} = 1$ der pH-Wert 4,2.

Damit hat der pK_S-Wert der Indikatorsäure auch einen Wert von 4,2.

Da der Äquivalenzpunkt der Titration etwa bei pH = 8 liegt, ist der Indikator nicht geeignet, da er bei kleineren pH-Werten umschlägt und somit der Äquivalenzpunkt nicht im Umschlagsbereich des Indikators enthalten ist.

Abiturprüfung 2013 Chemie (Bayern G8)
Aufgabe C1: Aromatische Verbindungen in Kunst- und Farbstoffen

BE

1 Viele Kunst- und Farbstoffmoleküle enthalten aromatische Ringsysteme.

1.1 Die Grundlage für die Erforschung der Chemie der Aromaten legte Michael Faraday mit der Entdeckung von Benzol im Steinkohlenteer im Jahr 1862. Nach Aufklärung der Summenformel C_6H_6 wurde unter anderem folgende Strukturformel vorgeschlagen:

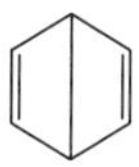

Abb. 1: Strukturformelvorschlag für Benzol nach James Dewar

Zur Aufklärung der Struktur des Benzols wurden verschiedene Experimente durchgeführt. Im Folgenden sind die Ergebnisse der Experimente dargestellt:
I. Es gibt genau ein Monobrombenzol.
II. Es gibt genau ein 1,2-Dibrombenzol.
III. Es gibt genau drei Dibrombenzole.
IV. Benzol reagiert bei Raumtemperatur im Dunkeln nicht mit Brom.

Stellen Sie ausgehend vom Strukturformelvorschlag nach Dewar unter Mitverwendung von Strukturformeln dar, dass die unter I bis IV angegebenen Beobachtungen mit diesem Strukturformelvorschlag nicht übereinstimmen! 8

1.2 Aus Benzol können zahlreiche weitere aromatische Verbindungen hergestellt werden wie zum Beispiel Methylbenzol, das als Weichmacher in der Kunststoffindustrie Verwendung findet. Es kann durch Umsetzung von Chlormethan mit Benzol synthetisiert werden. Wie bei der Halogenierung von Benzol muss hierbei Aluminiumchlorid oder Eisen(III)-chlorid als Katalysator eingesetzt werden.
Formulieren Sie den Mechanismus dieser elekrophilen aromatischen Substitution unter Mitverwendung mesomerer Grenzstrukturformeln! 8

2 Aus aromatischen Monomerbausteinen können synthetische Polymere, die Aramide, hergestellt werden, die zum Beispiel zur Herstellung von schusssicheren Westen oder als Verstärkungsmaterial für Glasfaserkabel eingesetzt werden. Die folgende Abbildung zeigt einen Strukturformelausschnitt aus einem Aramid-Molekül:

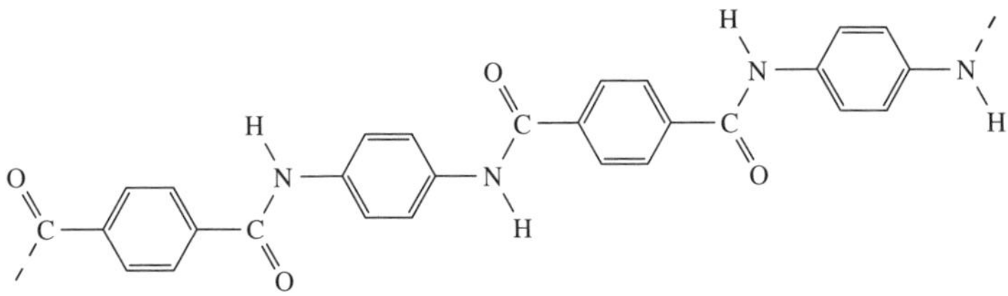

Abb. 2: Strukturformelausschnitt aus einem Aramid-Molekül

2.1 Formulieren Sie eine Strukturformelgleichung der Polyreaktion, die der Synthese dieses Aramids zugrunde liegt, und benennen Sie den Polyreaktionstyp! 5

2.2 Bei der Herstellung von Funktionskleidung werden Aramidgewebe mit anderen Kunststoffen wie zum Beispiel Polypropen beschichtet.

2.2.1 Die Kettenlänge der Polypropenmoleküle wird durch die Reaktionsbedingungen bei der Synthese beeinflusst. Abbildung 3 zeigt eine mögliche Verteilung der Anzahl der Polymermoleküle in Abhängigkeit von ihrer Kettenlänge:

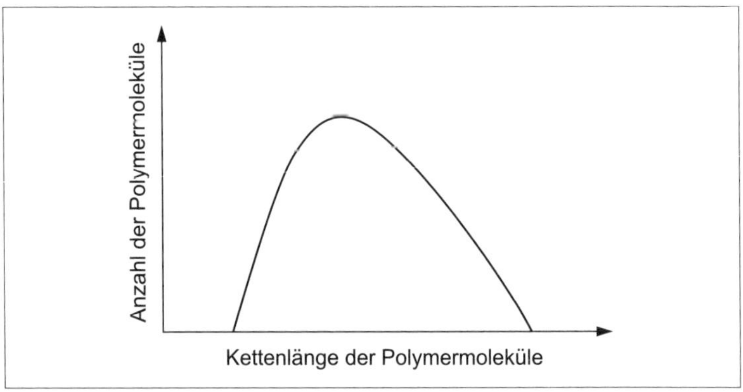

Abb. 3: Verteilung der Anzahl der Polymermoleküle in Bezug auf ihre Kettenlänge

Skizzieren Sie in dem Diagramm aus Abbildung 3 eine weitere Kurve, die sich ergibt, wenn unter sonst gleichen Bedingungen eine höhere Konzentration an Startermolekülen eingesetzt wird, und begründen Sie Ihre Aussage! 6

2.2.2 Bei den beschichteten Aramid-Geweben ist eine der beiden Komponenten für die Reißfestigkeit und die andere für die Säurebeständigkeit des Materials verantwortlich.
Erläutern Sie diesen Sachverhalt auf Basis der unterschiedlichen Struktur der Kunststoff-Moleküle! 6

3 Aromatische Stickstoffverbindungen dienen als Ausgangssubstanzen für die Synthese von Azofarbstoffen.
Der Farbstoff Dispersionsorange 3 wurde lange zur Färbung von Textilfasern eingesetzt, bis sein Allergie auslösendes Potenzial entdeckt wurde.

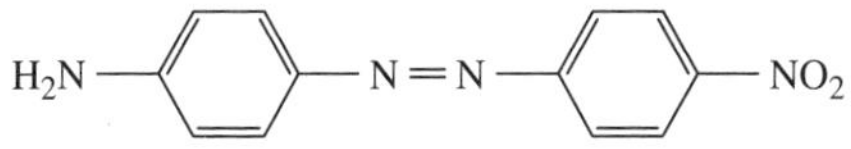

Abb. 4: Strukturformel von Dispersionsorange 3

Für die Herstellung von Dispersionsorange 3 ist nur eines der folgenden Eduktpaare geeignet:

	Edukt A	Edukt B
I	1,4-Diaminobenzol	Nitrobenzol
II	1-Amino-4-nitrobenzol	Anilin (Aminobenzol)
III	Nitrobenzol	Anilin (Aminobenzol)

Zeichnen Sie die Strukturformeln der angegebenen Edukte, geben Sie an, welches Eduktpaar zur Herstellung von Dispersionsorange 3 geeignet ist, und erläutern Sie Ihre Aussage! 7

40

Lösungsvorschläge

1.1 *Bei dieser Aufgabe gilt es, Strukturisomere zu finden, die die angegebenen Aussagen entkräften, d. h. man muss durch Überlegen neue Varianten der Dewar-Benzol–Derivate konstruieren.*

I ist nicht erfüllt, weil sich für Dewar-Benzol mehr als ein Monobrom-Derivat formulieren lässt:

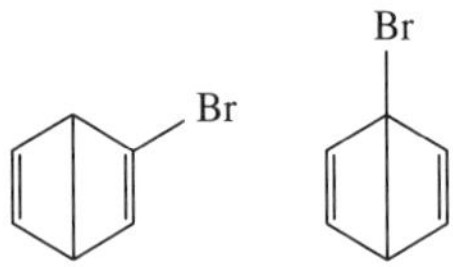

II ist nicht erfüllt, weil mehr als ein 1,2-Dibrom-Dewar-Benzol existiert:

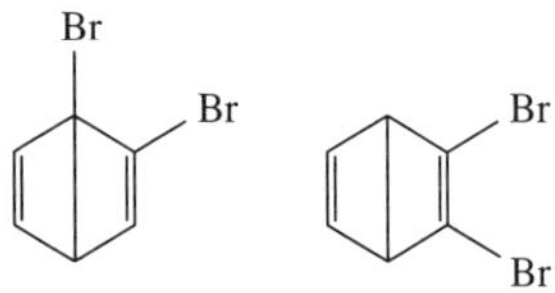

III ist für Dewar-Benzol auch nicht richtig, weil zu den beiden bei II genannten Dibrom-Isomeren noch zwei weitere formuliert werden können und somit insgesamt vier Dibrom Isomere existieren:

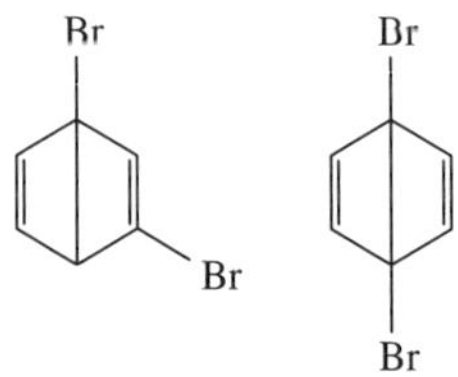

Da Dewar-Benzol elementares Brom elektrophil an die Doppelbindung addieren kann, ist auch der experimentelle Befund IV für Dewar-Benzol nicht richtig.

1.2 *Dieses Beispiel einer sogenannten Friedel-Crafts-Alkylierung kann als Transferbeispiel zur Halogenierung von Aromaten gesehen werden, da sie ebenfalls nach dem gleichen Mechanismus der elektrophilen Substitution abläuft.*

Mechanismus der elektrophilen aromatischen Substitution:

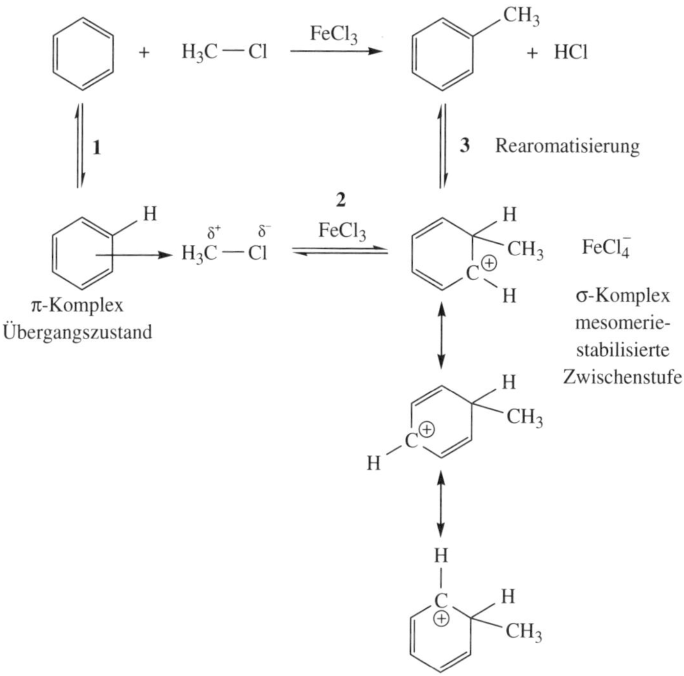

2.1 *Bei der Lösung der Aufgabe muss man in Gedanken die Säureamid-Gruppierung zwischen den Benzolkernen zwischen dem C und dem N-Atom „auseinanderschneiden" und dann das C-Atom mit einer OH-Gruppe zur Carboxy-Gruppe und das N-Atom mit einem H-Atom zur Amino-Gruppe vervollständigen.*

Aramid-Moleküle entstehen durch **Polykondensation**:

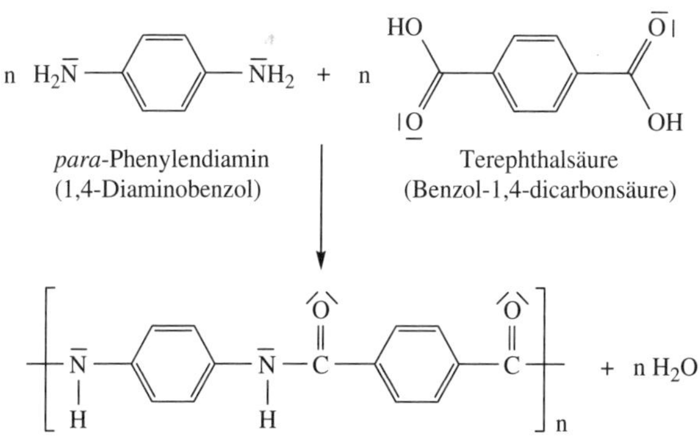

2.2.1 *Da die Anzahl der Edukte nicht verändert wird, sondern nur die Kettenlänge der resultierenden Polymere kürzer wird, muss das Maximum der einzuzeichnenden Kurve bei einer kleineren Kettenlänge liegen und eine größere Anzahl an Polymeren abbilden, da ja weiterhin alle Edukte umgesetzt werden.*

Je mehr Starter-Moleküle vorliegen, desto mehr Molekülketten werden begonnen, weil mehr Radikale vorhanden sind. Die Monomere verteilen sich also auf mehr Ketten und werden somit schneller verbraucht, sodass bei gleicher Monomer-Anzahl die durchschnittliche Kettenlänge kürzer wird:

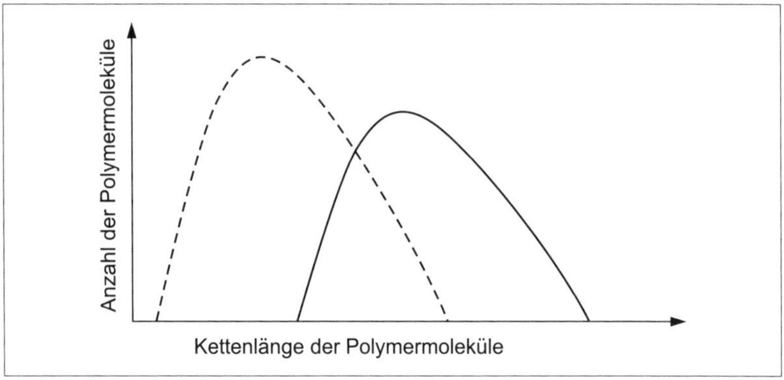

2.2.2 Die **Reißfestigkeit** der Gewebe wird durch die Aramid-Fasern gewährleistet, da diese über starke Wasserstoffbrückenbindungen zwischen den Säureamid-Gruppen zusammengehalten werden, während zwischen Polypropen-Molekülen nur schwache Van-der-Waals-Kräfte wirken.
Polypropen hat keine hydrolysierbaren Gruppen und dient deshalb der **Säurebeständigkeit**. Dagegen sind die Säureamid-Gruppen der Aramid-Fasern säureempfindlich und lassen sich in Gegenwart von Säuren hydrolysieren.

3 *Bei der Lösung der Aufgabe muss man in Gedanken die Azo-Gruppierung zwischen den Benzolkernen zwischen den beiden N-Atomen „auseinanderschneiden". Das am Benzolkern gebundene N-Atom wird mit 2 H-Atomen vervollständigt und man erhält das Edukt für die Diazotierung. Hier ist es 1-Amino-4-nitrobenzol (II). Theoretisch käme auch 1,4-Diaminobenzol in Frage (I), aber hier würde sich bei der Diazotierung ein doppeltes Diazonium-Ion bilden und die Azokupplung dadurch auf beiden Seiten erfolgen. Demnach würde ein anderer Farbstoff entstehen. Allerdings könnten in sehr kleiner Menge auch bei diesem Eduktpaar einzelne Moleküle von Dispersionsorange 3 entstehen.*
Eduktpaar III ist nicht geeignet, weil bei der Diazotierung von Anilin die Amino-Gruppe im Diazonium-Ion liegt und das N-Atom nach der Azokupplung in der Azogruppe des Farbstoffs festliegt. Dispersionsorange hat aber noch eine

freie Amino-Gruppe die sich bei der Reaktion der Stoffe von Eduktpaar III nicht ergeben kann.

1,4-Diaminobenzol

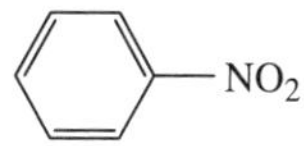

Nitrobenzol

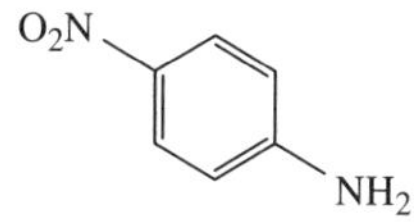

1-Amino-4-nitrobenzol

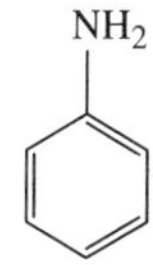

Anilin (Aminobenzol)

Eduktpaar II ist geeignet, weil durch die Diazotierung von 1-Amino-4-nitro-Benzol ein geeignetes Diazonium-Kation entsteht, um durch Azokupplung mit Anilin den Farbstoff Dispersionsorange zu bilden.

Abiturprüfung 2013 Chemie (Bayern G8)
Aufgabe C2: Polyurethane und andere Kunststoffe

BE

Polyurethane sind vielseitig verwendbare Kunststoffe, die als Fasern oder Schäume eingesetzt werden können.

1 Ein Grundstoff für die Synthese von Polyurethanen ist Toluol-2,4-diisocyanat. Zur Herstellung von Toluol-2,4-diisocyanat wird Toluol (Methylbenzol) zweifach nitriert und das entstehende Produkt anschließend katalytisch zu 2,4-Diaminotoluol hydriert. Diese Verbindung wird mit Phosgen (s. Abb. 1) zum Produkt Toluol-2,4-diisocyanat umgesetzt.

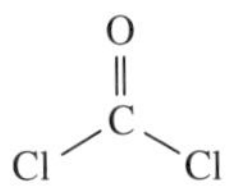

Abb. 1: Strukturformel von Phosgen

1.1 Formulieren Sie den Reaktionsmechanismus der Nitrierung von Toluol zum 2-Nitrotoluol unter Mitverwendung mesomerer Grenzstrukturformeln! Als Elektrophil fungiert das Nitronium-Ion (NO_2^+). 6

1.2 Formulieren Sie Strukturformelgleichungen für die katalytische Hydrierung von 2,4-Dinitrotoluol zu 2,4-Diaminotoluol und für die Umsetzung von 2,4-Diaminotoluol zu Toluol-2,4-diisocyanat! 6

1.3 Toluol-2,4-diisocyanat wird mit Ethan-1,2-diol zu einem Polyurethan umgesetzt. Die Temperaturabhängigkeit des Elastizitätskoeffizienten dieses Polyurethans wird mit derjenigen eines Elastomers, wie z. B. Gummi, verglichen. Der Elastizitätskoeffizient kennzeichnet die Kraft pro Fläche, die aufzuwenden ist, um eine Materialprobe um einen bestimmten Prozentsatz der Ausgangslänge zu dehnen.

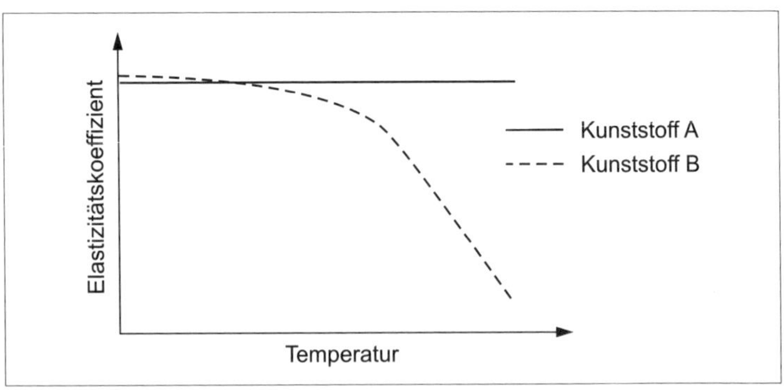

Abb. 2: Elastizitätskoeffizient der Kunststoffe A und B in Abhängigkeit von der Temperatur, stark vereinfacht

1.3.1 Zeichnen Sie einen charakteristischen Strukturformelausschnitt des Polyurethans! 4

1.3.2 Geben Sie an, bei welchem der Kunststoffe A und B es sich um das Polyurethan und bei welchem es sich um den Gummi handelt, und erläutern Sie die beiden Kurvenverläufe! 10

1.3.3 Ein Gummiband gibt beim Dehnen Wärme an die Umgebung ab. Erklären Sie, warum sich das gedehnte Gummiband bei Entlastung freiwillig wieder zusammenzieht! 3

2 Zum Einfärben von Polyurethan-Fasern kann ein Azofarbstoff verwendet werden, der aus den unten angegebenen Komponenten hergestellt wird:

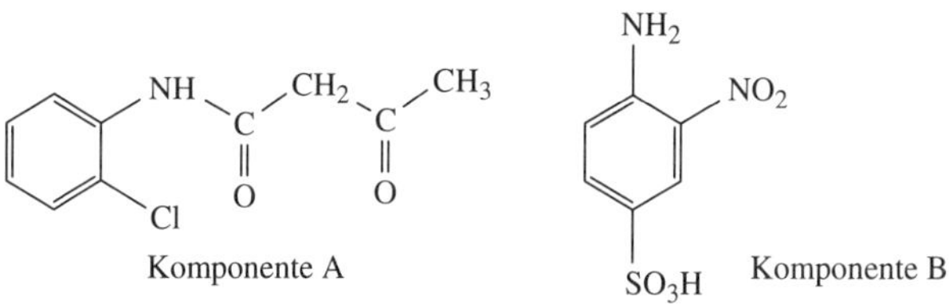

Abb. 3: Komponenten zur Synthese eines Azofarbstoffes

2.1 Formulieren Sie die Strukturformelgleichungen der Synthese eines Azofarbstoffes aus den Komponenten A und B! Benennen Sie die Reaktionsschritte! 7

2.2 Ermitteln Sie mithilfe des Farbkreises, in welchem Wellenlängenbereich ein gelber Azofarbstoff das Licht absorbiert, und skizzieren Sie ein entsprechendes Absorptionsspektrum!

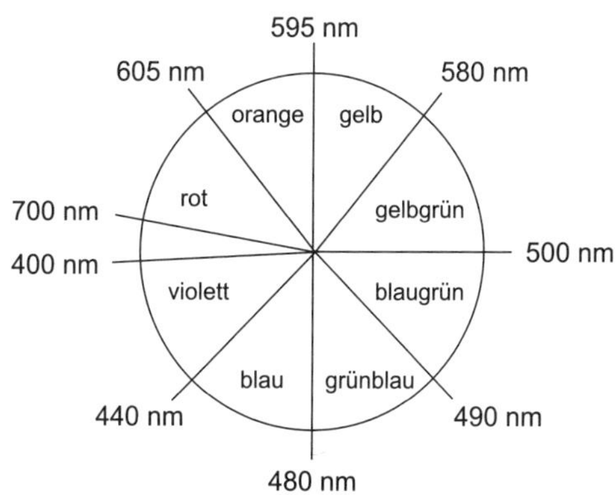

Abb. 4: Farbkreis 4

40

Lösungsvorschläge

1.1 *Die Zweitsubstitution von Toluol als Nitrierung eines Aromaten wird als Transferbeispiel zum Lehrplanpunkt „Halogenierung (von Aromaten)" als elektrophile Substitution verwendet. Durch die positive Ladung des Nitronium-Ions wird klar, dass es sich dabei um das elektrophile Teilchen handeln muss.*

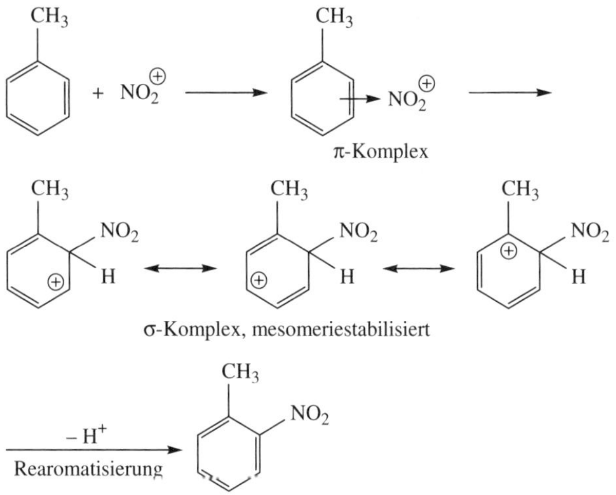

1.2 *Eine Hydrierung ist immer eine Redoxreaktion mit Wasserstoff als Reduktionsmittel.*

Reaktionsgleichung für die katalytische Hydrierung:

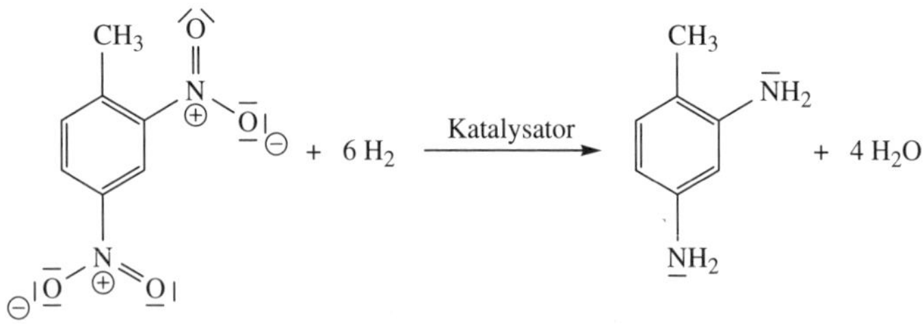

Reaktionsgleichung für die Bildung von Toluol-2,4-diisocyanat:

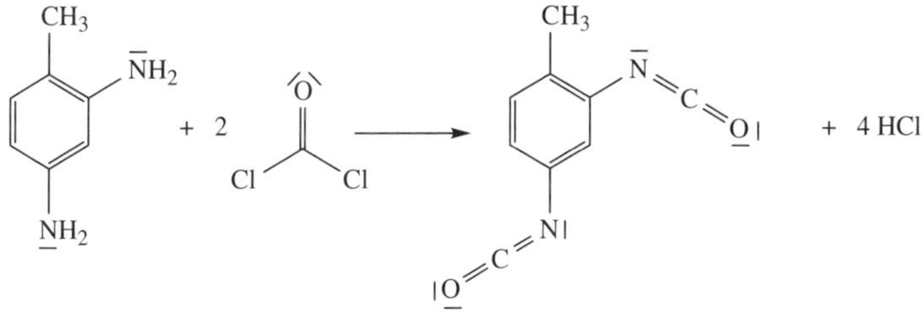

1.3.1 Ein charakteristischer Strukturformelausschnitt des resultierenden Polyurethan-Kunststoffs hat folgenden Aufbau:

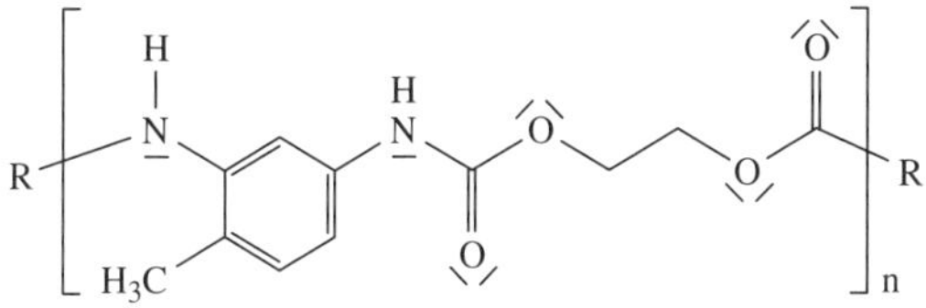

1.3.2 Bei Kunststoff A handelt es sich um ein Elastomer, d. h. den Gummi, weil sich der Elastizitätskoeffizient mit steigender Temperatur nicht ändert und somit der Kunststoff nicht weicher wird. Dies lässt sich dadurch erklären, dass bei einem Elastomer alle Ketten weitmaschig über kovalente Bindungen vernetzt sind. Diese lassen sich im angegebenen Temperaturbereich nicht spalten.

Bei Kunststoff B sinkt der Elastizitätskoeffizient mit steigender Temperatur, d. h. der Kunststoff wird bei einer Temperaturerhöhung weicher. Deshalb muss es sich bei Kunststoff B um einen thermoplastischen Kunststoff handeln. Da der fragliche Polyurethan-Kunststoff aus linearen (verschieden langen) Makromolekül-Ketten besteht, die über keine kovalenten Bindungen verknüpft sind, lassen sich diese Ketten durch Energiezufuhr relativ leicht gegeneinander verschieben, weil durch die Temperaturerhöhung die schwachen zwischenmolekularen Wechselwirkungen zwischen den Ketten überwunden werden.

1.3.3 Wenn ein Gummiband beim Dehnen Wärme an die Umgebung abgibt, dann handelt es sich dabei um einen exothermen Prozess. Umgekehrt gilt, dass für das Zusammenziehen Energie benötigt wird, weil die Umkehrung des energieliefernden Dehnens endotherm sein muss. Da das Zusammenziehen Energie verbraucht, aber trotzdem freiwillig abläuft, muss die Entropie beim Zusammenziehen größer werden, damit der Gesamtprozess exergonisch ist.

2.1 *Für die Diazotierung ist immer eine Amino-Gruppe erforderlich, d. h. die Diazotierung muss mit Komponente B durchgeführt werden.*
Die Azokupplung mit Komponente A entspricht einer Drittsubstitution am Aromaten. Prinzipiell dirigieren die schon vorhandenen Substituenten das Diazonium-Ion an eine bestimmte Stelle des aromatischen Rings (Cl in ortho-, para- und NH–CO in ortho-, para-Position), sodass nicht eindeutig klar ist, an welcher Stelle die Substitution erfolgen muss und deshalb in der Lösung auch keine Rolle spielen sollte.

Die Bildung eines Azofarbstoffs läuft immer in folgenden zwei Schritten ab:

1) Diazotierung

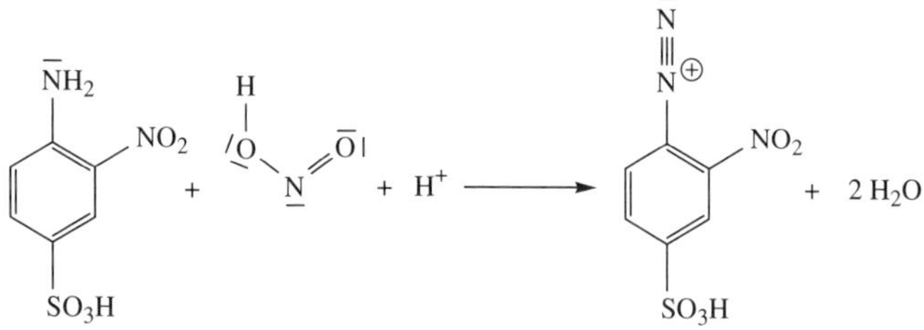

2) Azokupplung

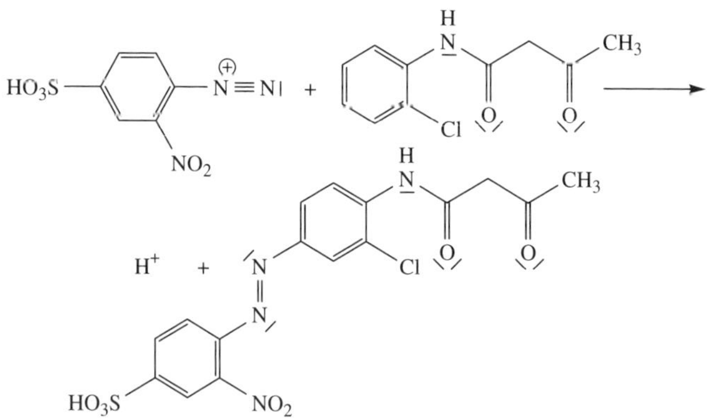

2.2 Wenn ein Farbstoff gelb erscheint, absorbiert er nach dem gegebenen Farbkreis die Komplementärfarbe blau, also Wellenlängen zwischen 440 und 480 nm. Ein entsprechendes Absorptionsspektrum sieht damit wie folgt aus:

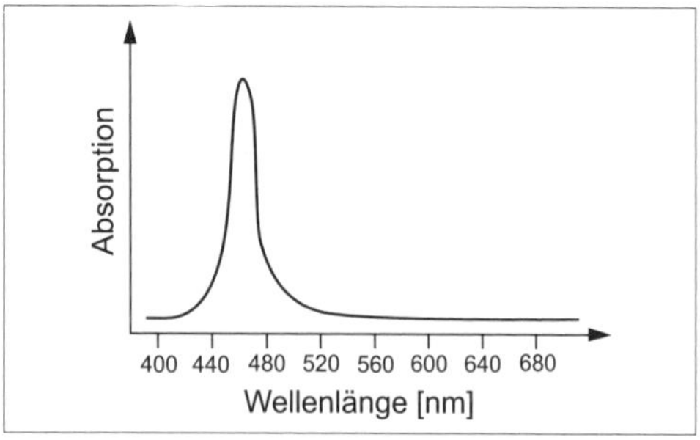

Abiturprüfung 2014 Chemie (Bayern G8)
Aufgabe A1: Kontaktlinsen

BE

Das Grundmaterial vieler Kontaktlinsen bilden Polymere. Die meisten Kontaktlinsenpolymere weisen geladene Seitenketten auf, damit die Benetzbarkeit mit der wässrigen Tränenflüssigkeit erleichtert wird. Diese Seitengruppen bewirken aber auch, dass sich im Lauf des Tages Proteine, die in der Tränenflüssigkeit enthalten sind, an die Linsenoberfläche anlagern können und den Tragekomfort beeinträchtigen.

1 Zu den Proteinen der Tränenflüssigkeit gehören Lysozyme. Diese Enzyme bauen Bakterienzellwände ab und wirken damit antibakteriell. Ein Lysozym-Molekül ist aus 129 Aminosäurebausteinen aufgebaut. Ausgehend vom N-terminalen Ende finden sich folgende Primärsequenzausschnitte: ... Lys–Phe–Glu–Ser–...–Leu–Ser–Ser–Asp ...

Abkürzung	Trivialname	IUPAC-Name
Asp	Asparaginsäure	2-Aminobutandisäure
Glu	Glutaminsäure	2-Aminopentandisäure
Leu	Leucin	2-Amino-4-methylpentansäure
Lys	Lysin	2,6-Diaminohexansäure
Phe	Phenylalanin	2-Amino-3-phenylpropansäure
Ser	Serin	2-Amino-3-hydroxypropansäure

Tab. 1: Abkürzungen und IUPAC-Namen verschiedener Aminosäuren

Zeichnen Sie die Strukturformel eines zwei verschiedene Aminosäurebausteine umfassenden Proteinausschnittes von Lysozym und stellen Sie mithilfe einer weiteren Grenzstrukturformel die Bindungsverhältnisse zwischen den Aminosäurebausteinen dar! Leiten Sie ab, ob die Seitenketten der Aminosäurebausteine in dem von Ihnen dargestellten Proteinausschnitt das Anhaften des Lysozyms an die Kontaktlinsenoberfläche ermöglichen könnten! 9

2 Kontaktlinsen, die über einen längeren Zeitraum getragen werden, sollten täglich mit einer Reinigungsflüssigkeit behandelt werden, um die Proteinablagerungen auf der Linsenoberfläche zu entfernen. Diese Flüssigkeiten enthalten Wasserstoffperoxid (H_2O_2) zur Oxidation der Ablagerungen. Der Überschuss an Wasserstoffperoxid muss anschließend zu Wasser und Sauerstoff zersetzt werden, um eine Schädigung der Hornhaut zu vermeiden. Ein Hersteller bietet dazu zwei unterschiedliche Systeme an:

- System 1 enthält das Enzym Katalase.
- System 2 enthält eine Katalysatorscheibe, die mit elementarem Platin beschichtet ist.

In einer Versuchsreihe wird die pH-Abhängigkeit von System 1 untersucht. In allen Versuchsansätzen beträgt die Anfangskonzentration von Wasserstoffperoxid 0,2 mol · L^{-1} und die Temperatur 20 °C.

Versuch Nr.	pH-Wert der Versuchslösung	Gasentwicklung in System 1
1	1	0
2	4	+
3	6	+++
4	7	++++
5	8	+++
6	9	+
7	14	0

Tab. 2: Gasentwicklung in System 1 (Intensität der Gasentwicklung steigt von 0 bis ++++) (eigene Zusammenstellung nach: L. Bentlage, H. Kleinhorst, K. Sommer: *Kontaktlinsenreinigungssysteme.* In: Praxis der Naturwissenschaften Chemie in der Schule. Heft 6/61, September 2012, S. 11)

2.1.1 Erläutern Sie die pH-Wert-Abhängigkeit der Reaktionsgeschwindigkeit in den Versuchen 1 bis 7 anhand einer Modellvorstellung! 7

2.1.2 Stellen Sie für das System 2 eine Hypothese zur Temperaturabhängigkeit der Reaktionsgeschwindigkeit des Zerfalls von Wasserstoffperoxid auf und planen Sie ein Experiment, mit dem Sie diese Hypothese überprüfen können! 5

2.2 Durch das längere Tragen von Kontaktlinsen kann es zur übermäßigen Verdunstung von Wasser aus dem Tränenfilm kommen. Diese kann Augenbeschwerden auslösen, die als „Trockenes Auge“ bekannt sind.
Der Tränenfilm auf dem Auge besteht aus drei Schichten. Die innerste Schicht ist die Mucinschicht, die vor allem für die Haftung des Tränenfilmes auf dem Auge sorgt. Die mittlere wässrige Schicht sorgt unter anderem für die nötige Befeuchtung des Auges. Die dritte Schicht des Tränenfilmes an der Oberfläche des Auges ist die Lipidschicht. Bei einem Medikament zur Behandlung des „Trockenen Auges“ werden als Inhaltsstoffe u. a. Triacylglycerine angegeben.
Stellen Sie eine Hypothese zur Funktion der Lipidschicht auf und zeichnen Sie die Strukturformel eines Triacylglycerin-Moleküls! 6

3 Die Tränenflüssigkeit des Menschen hat einen pH-Wert von 7,4. Flüssigkeiten zur Aufbewahrung von Kontaktlinsen enthalten daher Zusätze, die als Puffer wirken, um den pH-Wert 7,4 konstant zu halten. Ein Teil

der verwendeten Puffersysteme ist das Borsäure/Borat-System. Borsäure $B(OH)_3$ steht in wässriger Lösung im Gleichgewicht mit Tetrahydroxoborat-Ionen $B(OH)_4^-$:

$$B(OH)_3 + 2\,H_2O \rightleftharpoons B(OH)_4^- + H_3O^+$$

Das folgende Diagramm zeigt das Ergebnis einer Titration von 10 mL einer Borsäurelösung der Konzentration $c(B(OH)_3) = 0{,}1\ mol \cdot L^{-1}$ mit Natronlauge der Konzentration $c(NaOH) = 0{,}1\ mol \cdot L^{-1}$. Bis zum Erreichen des Äquivalenzpunktes wird ein Volumen von 10 mL Natronlauge verbraucht:

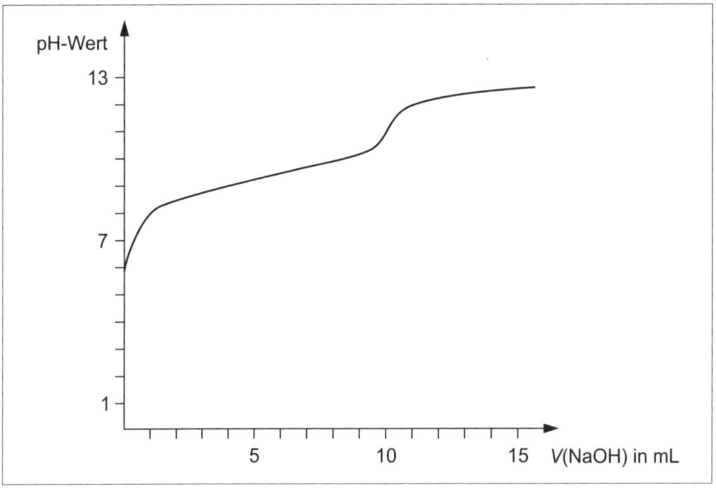

Abb.: Titrationskurve von Borsäurelösung mit Natronlauge

3.1 Erläutern Sie die Wirkungsweise des Borsäure/Borat-Puffersystems mithilfe des Prinzips von Le Chatelier! 6

3.2 Ermitteln Sie den pH-Wert einer äquimolaren Borsäure/Borat-Lösung! Entscheiden Sie, ob diese Lösung geeignet ist, den pH-Wert 7,4 konstant zu halten, und begründen Sie Ihre Entscheidung! 7

40

Lösungsvorschläge

1 *In der Aufgabenstellung wird kein explizites Dipeptid genannt, d. h., man kann wählen, welche beiden der genannten Aminosäuren man verknüpft. Die IUPAC-Namen helfen beim Ermitteln der Strukturformeln.*

z. B. Strukturformelausschnitt –Ser–Asp–:

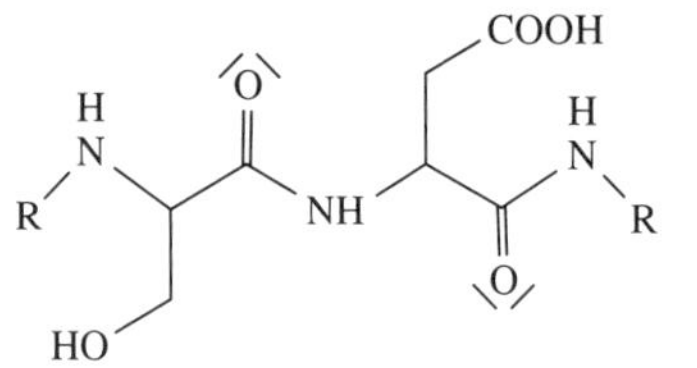

Die **Peptidbindung** (= Säureamidbindung) zwischen den Aminosäurebausteinen ist **mesomeriestabilisiert**:

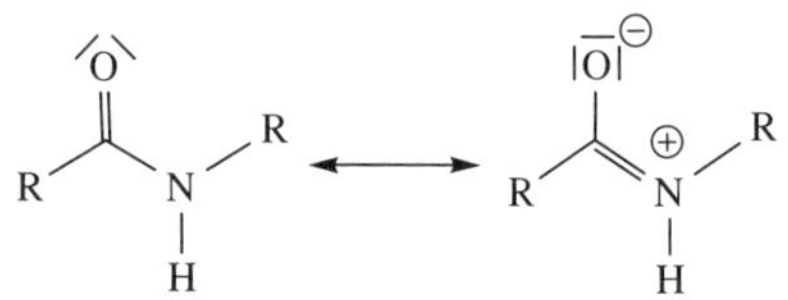

Der Bindungswinkel in diesem planaren Molekülteil beträgt 120°. Die Bindungslänge liegt zwischen einer isolierten C-N-Einfach- und einer isolierten C-N-Doppelbindung.

Die Polymere der Kontaktlinsen tragen geladene Gruppen und die Lysozym-Moleküle weisen ebenfalls polare und je nach pH-Wert auch geladene Seitenketten auf. Daher ist eine Anhaftung des Proteinmoleküls durch **Wasserstoffbrückenbindungen** mit der Hydroxy-Gruppe des Serins bzw. **Ion-Dipol-Wechselwirkungen** zwischen geladenen Gruppen und der Hydroxy-Gruppe möglich.

2.1.1 Enzyme wie z. B. Katalase wirken nach folgender Modellvorstellung:

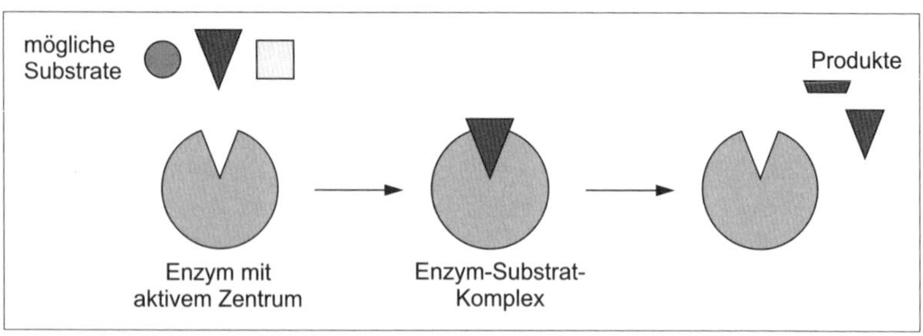

Das Substrat Wasserstoffperoxid bindet nach dem **Schlüssel-Schloss-Prinzip** an das aktive Zentrum des Enzyms Katalase und bildet einen Enzym-Substrat-Komplex. Der räumliche Bau des aktiven Zentrums ist komplementär zum räumlichen Bau des Substrats.
Nach der Reaktion lösen sich die Produkte aus dem aktiven Zentrum und das Enzym liegt wieder in seinem ursprünglichen Zustand vor.
Aufgrund der Messdaten zeigt sich, dass Katalase bei einem pH-Wert von 7 optimal arbeitet. Verändert sich der pH-Wert, ändert sich auch der räumliche Bau des Proteinanteils von Katalase. Dadurch passt das Substrat nicht mehr in das aktive Zentrum des Enzyms (Schlüssel-Schloss-Prinzip) und kann somit nicht mehr umgesetzt werden. Die Enzymaktivität sinkt.

2.1.2 *Bei der Planung von Experimenten muss stets beachtet werden, dass immer nur eine Variable in einem Versuch verändert werden darf, d. h., in diesem Fall ist es z. B. wichtig, nur die Temperatur zu verändern und alle anderen Parameter (z. B. die Konzentration) gleich zu lassen.*

Hypothese:
Die Reaktionsgeschwindigkeit ändert sich in Abhängigkeit von der Temperatur gemäß der **RGT-Regel** (Reaktionsgeschwindigkeits-Temperatur-Regel), d. h., eine Temperaturerhöhung um 10 °C führt ungefähr zu einer Verdopplung der Reaktionsgeschwindigkeit.

Diese Hypothese lässt sich durch folgendes Experiment überprüfen:
In verschiedenen Versuchsansätzen wird Wasserstoffperoxidlösung gleicher Konzentration bei gleichem Druck aber unterschiedlicher Temperatur (z. B. 10 °C, 20 °C, 30 °C, …) mit dem Platin-Katalysator in Kontakt gebracht. Dabei wird die Volumenänderung des Versuchsansatzes in Abhängigkeit von der Zeit gemessen, bis sich das gesamte Wasserstoffperoxid zersetzt hat. Halbiert sich die Zeit bei einer Temperaturerhöhung von 10 °C, so gilt die Hypothese als bestätigt.

2.2 *Bei der Strukturformel eines Triacylglycerin (Fett)-Moleküls muss beachtet werden, dass die Anzahl der C-Atome in den Carbonsäureresten immer geradzahlig ist. Wenn Doppelbindungen eingezeichnet werden, müssen diese in Z-Stellung sein.*

Hypothese:
Die hydrophoben Lipide bilden eine Lipidschicht auf dem Tränenfilm. Dadurch können die hydrophilen Wasserteilchen diese Lipidschicht nicht mehr durchdringen und die Verdunstung von Wasser aus dem Auge ist eingeschränkt.

Strukturformel eines Triacylglycerins (Fettmolekül):

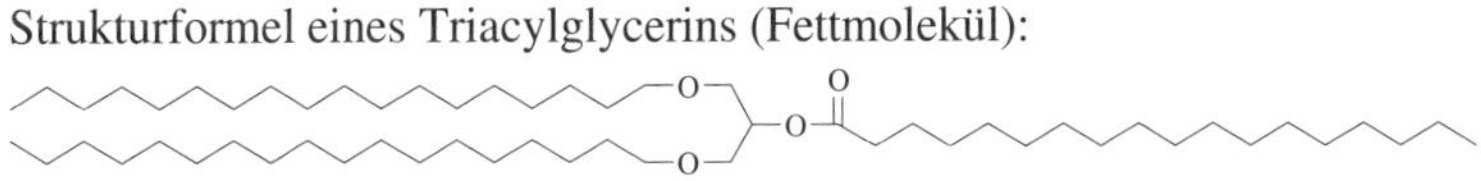

3.1 Ein Puffersystem ist ein Gemisch aus einer schwachen Säure (hier: Borsäure) und ihrer korrespondierenden Base (hier: Borat-Anionen), das seinen pH-Wert bei Zugabe von Oxonium- bzw. Hydroxid-Ionen kaum verändert. Nach dem **Prinzip des kleinsten Zwanges** von LE CHATELIER beeinflusst eine von außen herbeigeführte Veränderung der Gleichgewichtslage ein System so, dass die Reaktion gefördert wird, die dem äußeren Zwang entgegenwirkt.
So wird z. B. bei Zugabe von Oxonium-Ionen die Reaktion begünstigt, bei der Oxonium-Ionen verbraucht werden, in dem Fall ist das die Bildung von Borsäure (Rückreaktion). Hydroxid-Ionen dagegen reagieren mit Oxonium-Ionen zu Wasser und entziehen dadurch diese Ionen dem Gleichgewicht. Dementsprechend wird in der Puffergleichgewichtsreaktion die Reaktion gefördert, welche Oxonium-Ionen nachbildet, d. h., Borsäure reagiert zu Borat.

3.2 *Der Begriff „äquimolar" bedeutet, dass c(Borsäure) = c(Borat) ist, d. h., dass die Verhältnisse am Halbäquivalenzpunkt der Titrationskurve betrachtet werden müssen. Eine Alternativlösung über einen Vergleich der Titrationskurve bei pH = 7,4 ist denkbar.*

Am Halbäquivalenzpunkt der Titrationskurve gilt: c(Borsäure) = c(Borat).
Daraus folgt nach der **HENDERSON-HASSELBALCH-Gleichung**:
pH = pK_S ≈ 9 (aus der Titrationskurve).

Die größte Pufferwirkung hat dieses System also bei einem pH-Wert von ca. 9. Geht man von der allgemeinen Regel aus, dass der Pufferbereich immer um eine pH-Einheit um diesen Pufferpunkt schwankt, ergibt sich für das Borsäure/Borat-Systems ein Pufferbereich von 8–10. Dieses Puffersystem ist also nicht geeignet, einen pH-Wert von 7,4 konstant zu halten, da dieser Wert außerhalb des Pufferbereiches liegt.

Abiturprüfung 2014 Chemie (Bayern G8)
Aufgabe A2: Papain – ein Enzym aus der Papaya

BE

Aus Papaya-Früchten kann das Eiweiß spaltende Enzym Papain isoliert werden, das z. B. in der Medizin als Medikament zur Verdauungshilfe oder in der Lebensmittelchemie als Zartmacher für Fleisch eingesetzt wird.

1 In einer Versuchsreihe A wird die Abhängigkeit der Papainaktivität von der Konzentration eines Peptids bei einer Temperatur von 25 °C untersucht. Die folgende Grafik zeigt die Ergebnisse der Versuchsreihe A:

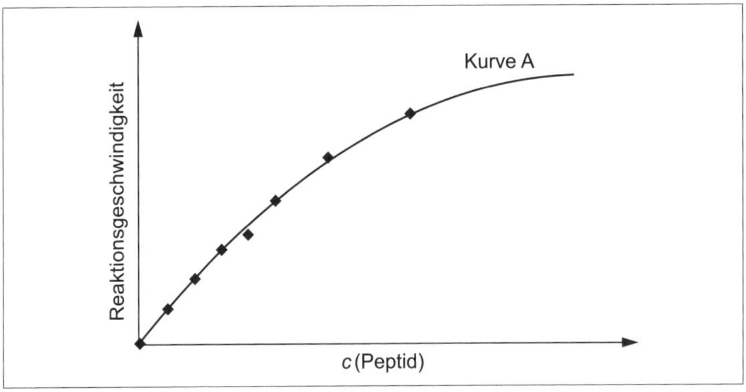

Abb. 1: Abhängigkeit der relativen Enzymaktivität des Papains von der Konzentration eines Peptids
(eigene Darstellung nach: J. D. Reid et al.: *Isomerization of the uncomplexed actinidin molecule: kinetic accessibility of additional steps in enzyme catalysis provided by solvent perturbation.* In: Biochemical Journal (2004) 378, S. 699–703)

1.1 Das Enzym Papain besitzt am aktiven Zentrum eine HS-Gruppe, welche für die Spaltung der Peptidbindungen benötigt wird. Iodethansäure (CH_2ICOOH) wirkt als Hemmstoff, indem es diese HS-Gruppe irreversibel verändert.
Zeichnen Sie in das Diagramm eine Kurve B ein, die sich ergeben könnte, wenn Versuchsreihe A unter Zusatz von Iodethansäure erneut durchgeführt wird, und erläutern Sie den von Ihnen dargestellten Kurvenverlauf anhand einer Modellvorstellung! 8

1.2 Zur Untersuchung ihrer hemmenden Wirkung wird Iodethansäure mit einer Konzentration von $c(CH_2ICOOH) = 0{,}004 \text{ mol} \cdot L^{-1}$ eingesetzt. Der pK_S-Wert dieser Säure liegt bei 3,18.
Berechnen Sie den pH-Wert dieser Iodethansäurelösung und die Masse an Iodethansäure, die in Wasser gelöst werden muss, um einen Liter einer solchen Lösung herzustellen! Für die Berechnungen kann Iodethansäure als schwache Säure betrachtet werden. 8

1.3 In einer Versuchsreihe wird die Abhängigkeit der Papainaktivität von der Temperatur bei einem pH-Wert von pH = 8 untersucht. Als Substrat wurde Casein, ein Proteingemisch aus der Milch, eingesetzt. Die folgende Tabelle zeigt die Ergebnisse der Versuchsreihe.

Temperatur in °C	**relative Enzymaktivität in %**
40	47
50	98
60	70
70	33
80	18

Tab.: Aktivität von Papain bei verschiedenen Temperaturen
(verändert nach: Yan Feng Li et al.: *Papain immobilization on a nitrilon fiber carrier containing primary amine groups*. In: Biotechnology and Applied Biochemistry (2001) 33, S. 29–34)

Stellen Sie die Versuchsergebnisse graphisch dar und erläutern Sie die Messergebnisse! 9

2 Die Primärstruktur von Papain enthält u. a. Glycin-Bausteine (Glycin: 2-Aminoethansäure). In Abhängigkeit vom pH-Wert findet man in wässrigen Lösungen von Glycin (IEP = 5,97) verschiedene Strukturen des Glycin-Moleküls.

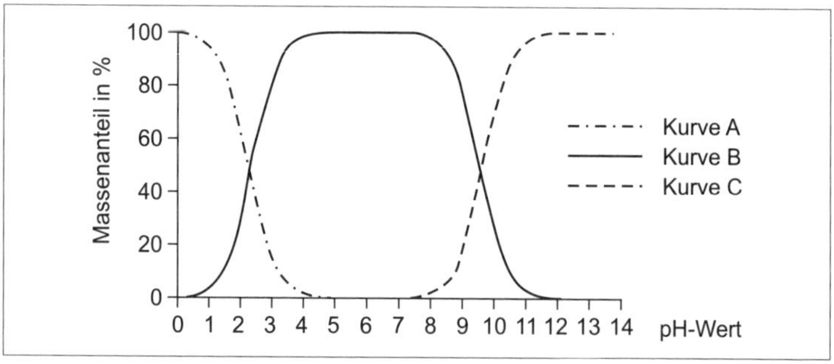

Abb. 2: Massenanteile der verschiedenen Glycin-Strukturen in Abhängigkeit vom pH-Wert
(eigene Darstellung nach: http://www.jagemann-net.de/amiosaeuren/aminosaeuren.php, aufgerufen am 4. 10. 2013, Autor: Kay-Uwe Jagemann)

Ordnen Sie den Kurven A bis C die entsprechenden Strukturformeln von Glycin zu und leiten Sie einen der beiden pK_S -Werte von Glycin ab! 9

3 Manche Fettcremes zur Hautpflege, die wässrige Papayaextrakte enthalten, werben mit der „Kraft der Papaya", die einen „unschlagbaren Cocktail an Vitaminen, Mineralsalzen und Enzymen" enthält. Um eine stabile Emulsion zu erhalten, werden solchen Cremes Emulgatoren zugesetzt. Ein Beispiel für einen Emulgator ist Natriumlaurylsulfat.

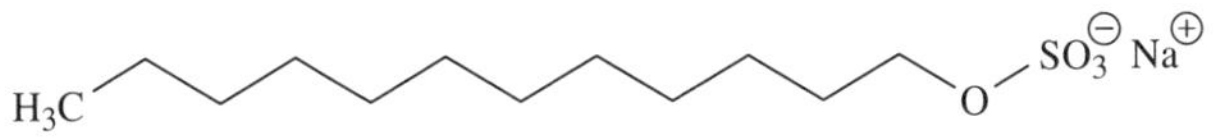

Abb. 3: Strukturformel von Natriumlaurylsulfat

Erklären Sie anhand der Molekülstruktur von Natriumlaurylsulfat seine emulgierende Wirkung! 6

40

Lösungsvorschläge

1.1 Mit dem Hemmstoff Iodethansäure ergibt sich für das Enzym Papain folgender Kurvenverlauf:

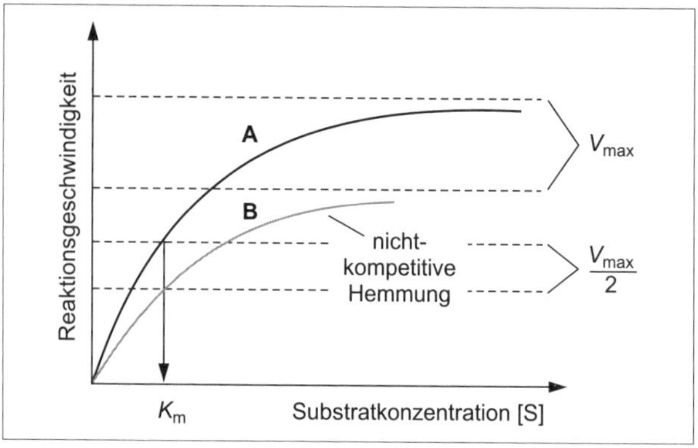

Enzyme wie z. B. Papain wirken nach folgender Modellvorstellung:

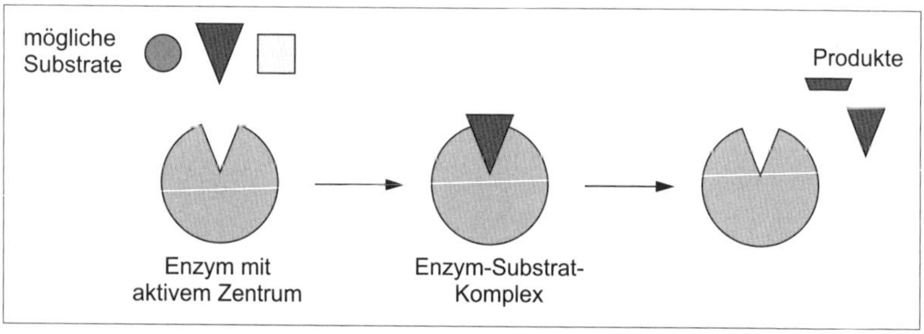

Das Substrat bindet an das aktive Zentrum des Enzyms Papain und bildet einen **Enzym-Substrat-Komplex**. Der räumliche Bau des aktiven Zentrums ist komplementär zum räumlichen Bau des Substrats (**Schlüssel-Schloss-Prinzip**). Nach der Reaktion lösen sich die Produkte aus dem aktiven Zentrum und das Enzym liegt wieder in seinem ursprünglichen Zustand vor.

Iodethansäure verändert als **nicht-kompetitiver Hemmstoff** irreversibel den räumlichen Bau des aktiven Zentrums von Papain, sodass das Substrat nicht mehr an das Enzym binden kann. Die betroffenen Enzyme verlieren ihre Wirkung, d. h. weniger Enzyme stehen für die Reaktion zur Verfügung, sodass die maximale Reaktionsgeschwindigkeit kleiner ist als ohne den nicht-kompetitiven Hemmstoff.

1.2 *Die Lösung der Aufgabe erfordert die Anwendung von Grundwissen zum stöchiometrischen Rechnen aus der Sekundarstufe I. Dabei wird über die Stoffmenge und die molare Masse die Masse für die beteiligte Iodethansäure ermittelt.*
Den pH-Wert der Lösung ermittelt man durch Ableitung aus dem Massenwirkungsgesetz mithilfe der gegebenen Stoffmengenkonzentration der Iodethansäure. Da in der Aufgabe keine weiteren Angaben gemacht werden, können Sie davon ausgehen, dass es sich bei den 0,004 mol · L^{-1} um eine Gleichgewichtskonzentration handelt, sodass keine komplizierten Vereinfachungen nötig sind.

Gegeben:
$c(CH_2ICOOH) = 0{,}004\ mol \cdot L^{-1}$
$V = 1\ L$
$M(CH_2ICOOH) = 186\ g \cdot mol^{-1}$ aus dem Periodensystem der Elemente

Protolysegleichung von Iodethansäure mit Wasser:

$$CH_2ICOOH + H_2O \rightleftharpoons CH_2ICOO^- + H_3O^+$$

Im Gleichgewicht gilt das **Massenwirkungsgesetz:**

$$K_c = \frac{c(CH_2ICOO^-) \cdot c(H_3O^+)}{c(CH_2ICOOH) \cdot c(H_2O)}$$

$$= K_c \cdot c(H_2O) = K_S = \frac{c(CH_2ICOO^-) \cdot c(H_3O^+)}{c(CH_2ICOOH)}$$

Mit $c(CH_2ICOO^-) = c(H_3O^+)$ gilt:

$$K_S = \frac{c^2(H_3O^+)}{c(CH_2ICOOH)}$$

In der Folge löst man die Gleichung nach $c(H_3O^+)$ auf:

$$K_S = \frac{c^2(H_3O^+)}{c(CH_2ICOOH)}$$

$$c(H_3O^+) = {}_{(\overset{+}{-})}\sqrt{10^{-pK_S} \cdot c(CH_2ICOOH)}$$

$$= \sqrt{10^{-3{,}18}\ mol \cdot L^{-1} \cdot 0{,}004\ mol \cdot L^{-1}}$$

$$= 0{,}0016\ mol \cdot L^{-1}$$

Berechnung des pH-Wertes der Iodethansäurelösung:

$$pH = -\lg\{c(H_3O^+)\} = 2{,}78$$

Der pH-Wert einer Iodethansäure-Lösung mit der Konzentration 0,004 mol · L^{-1} beträgt **2,78**.

Berechnung der Masse von Iodethansäure:
$n(CH_2ICOOH) = c(CH_2ICOOH) \cdot V$
$= 0{,}004\ mol \cdot L^{-1} \cdot 1\ L = 0{,}004\ mol$

$m(CH_2ICOOH) = n(CH_2ICOOH) \cdot M(CH_2ICOOH)$
$= 0{,}004\ \text{mol} \cdot 186\ \text{g} \cdot \text{Mol}^{-1} = 0{,}744\ \text{g}$

Um 1 Liter Iodethansäure der Konzentration 0,004 mol $\cdot$ L^{-1} herzustellen, müssen **0,744 g** Iodethansäure in 1 Liter Wasser aufgelöst werden.

1.3 Die Temperaturabhängigkeit der **Papainaktivität** bei pH = 8 ist in folgender Grafik dargestellt:

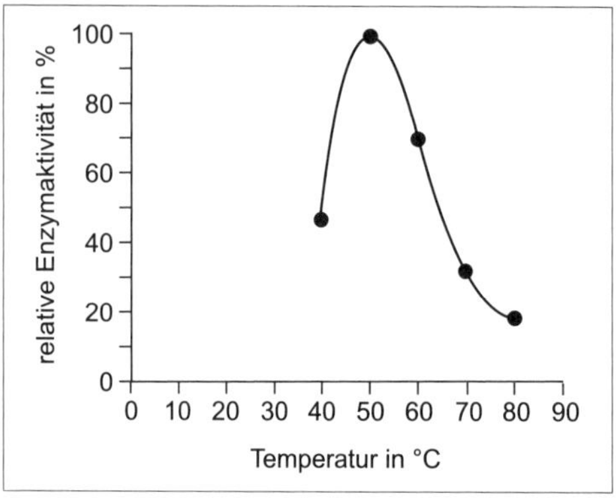

Eine Temperaturerhöhung um 10 °C führt zwischen 40 °C und 50 °C gemäß der **RGT-Regel** zu einer Verdoppelung der Reaktionsgeschwindigkeit. Das eingesetzte Enzym Papain erreicht seine optimale Aktivität bei ca. 50 °C. Bei höheren Temperaturen sinkt die Enzymaktivität, da der Proteinanteil des Enzyms denaturiert und sich dadurch die Tertiärstruktur verändert. Das Substrat passt nicht mehr in das aktive Zentrum des Enzyms (Schlüssel-Schloss-Prinzip) und kann somit nicht mehr umgesetzt werden.

2 *Zur Lösung der Aufgabe muss das Diagramm korrekt interpretiert werden. Knackpunkt ist dabei die pK_S-Werte der jeweiligen Formen zu ermitteln. Hierfür muss man wissen, dass der pH = pK_S ist, wenn protonierte und deprotonierte Form im gleichen Verhältnis vorliegen, d. h., ihr jeweiliger Massenanteil 50 % beträgt.*

Kurve A	**Kurve B**	**Kurve C**
Kationform von Glycin	Zwitterionische Form	Anionform
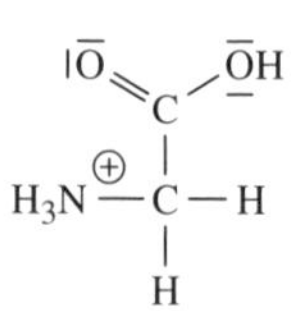	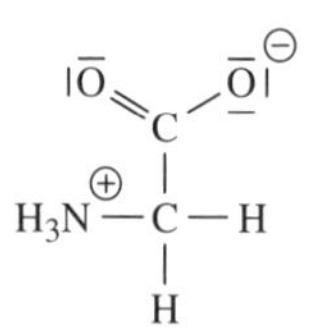	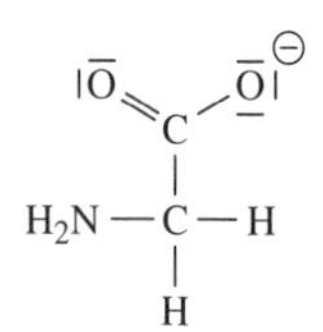

Am Schnittpunkt von Kurve A und B liegen die vollständig protonierte **Kationform** und die **zwitterionische Form** (deprotonierte Carboxylgruppe und protonierte Aminogruppe) in gleicher Konzentration vor. Unter diesen Bedingungen entspricht der pH-Wert dem pK_S-Wert der protonierten Carboxylgruppe.

Es gilt die **HENDERSON-HASSELBALCH-Gleichung:**

$$pH = pK_S + \lg \frac{c(\text{zwitterionische Form})}{c(\text{Kationform})}$$

Da c(Kationform) = c(zwitterionische Form) gilt $pH = pK_S \approx 2{,}3$.

Bei kleineren pH-Werten überwiegt die vollständig protonierte Form, d. h. Kurve A repräsentiert die Kationform von Glycin und Kurve B die zwitterionische Form.

Alternativlösung:
Am Schnittpunkt von Kurve B und C liegen die **zwitterionische Form** (deprotonierter Carboxylgruppe und protonierte Aminogruppe) und die vollständig deprotonierte **Anionform** in gleicher Konzentration vor. Unter diesen Bedingungen entspricht der pH-Wert dem pK_S-Wert der protonierten Aminogruppe.

Es gilt die **HENDERSON-HASSELBALCH-Gleichung:**

$$pH = pK_S + \lg \frac{c(\text{zwitterionische Form})}{c(\text{Kationform})}$$

Da c(zwitterionische Form) = c(Anionform) gilt $pH = pK_S \approx 9{,}5$.

Bei größeren pH-Werten überwiegt die deprotonierte Form, d. h. Kurve C repräsentiert die Anionform von Glycin und Kurve B die zwitterionische Form.

3 Laurylsulfat-Anionen tragen sowohl hydrophile ($-OSO_3^-$) als auch hydrophobe Gruppen (aliphatischer Rest). Daher wirken diese **amphiphilen** Teilchen grenzflächenaktiv:

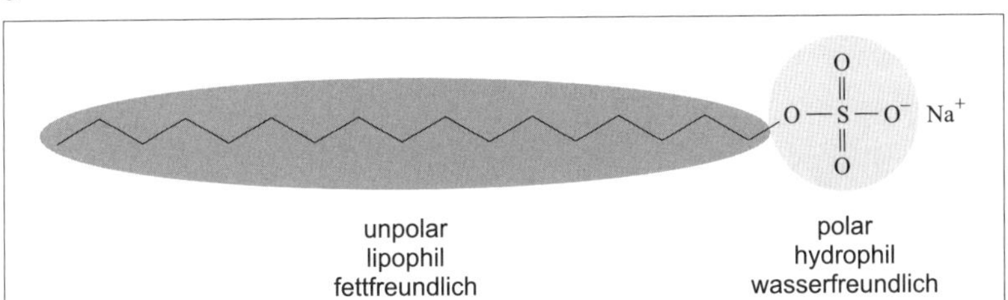

Cremes stellen ein Öl-Wassergemisch dar, in dem sich die Laurylsulfat-Teilchen wie folgt anordnen:

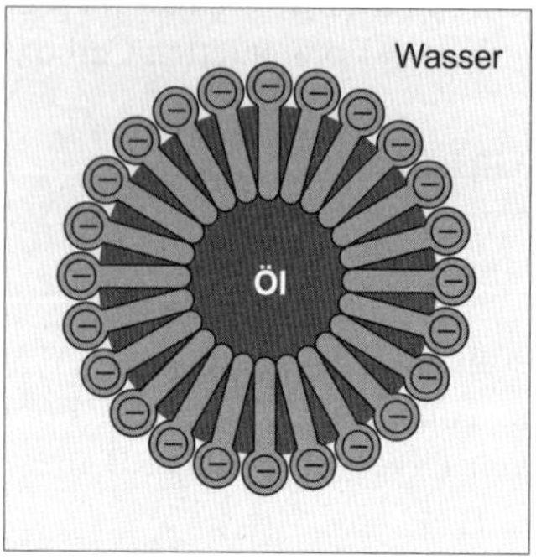

Die unpolaren und lipophilen Reste verankern sich im Fett während die kleinen polaren Gruppen sich zum Wasser hin ausrichten. Dadurch erhält die Oberfläche der Micelle einen hydrophilen Charakter und die kleinen Fetttröpfchen lassen sich in Wasser dauerhaft emulgieren.

Abiturprüfung 2014 Chemie (Bayern G8)
Aufgabe B1: Kupfer

BE

1 Zur Gewinnung von elementarem Kupfer werden Erze in einem vielstufigen Prozess zu Rohkupfer mit einem Kupferanteil von 98 % verarbeitet. In den restlichen 2 % sind neben unedlen Metallen, wie z. B. Eisen, auch Edelmetalle, wie z. B. Silber, enthalten. Zur Gewinnung von Reinstkupfer wird u. a. eine elektrolytische Raffination von Rohkupfer durchgeführt: Hierbei wird in schwefelsaurer Kupfer(II)-sulfat-Lösung eine Elektrode aus Rohkupfer und eine Elektrode aus Reinstkupfer verwendet und eine Spannung von ca. 0,3 V angelegt.
Erläutern Sie mithilfe der Teilgleichungen für die Anoden- und die Kathodenreaktion, welche Vorgänge während der Elektrolyse an den Elektroden stattfinden! Berücksichtigen Sie hierbei auch die als Beimengungen aufgeführten Metalle! 10

2 Historische Batterien, die bis Anfang des 20. Jahrhunderts beispielsweise die Stromversorgung in der Telegrafie sicherten, entsprachen in ihrem Aufbau weitgehend einem Daniell-Element. Als Elektrodenmaterial wurden die Metalle Kupfer und Zink verwendet. Die Kupfer(II)-sulfat-Lösung wurde mit der Zink(II)-sulfat-Lösung vorsichtig überschichtet. Aufgrund der deutlich höheren Dichte der Kupfer(II)-sulfat-Lösung durchmischen sich die Lösungen nicht, deshalb werden solche Elemente als „Gravity-Daniell-Elemente" (gravity: Schwerkraft) bezeichnet. Bei Inbetriebnahme der Elemente lag die Konzentration der Zink(II)-sulfat-Lösung bei $c(ZnSO_4) = 0{,}05 \text{ mol} \cdot L^{-1}$ und die der Kupfer(II)-sulfat-Lösung bei $c(CuSO_4) = 1{,}7 \text{ mol} \cdot L^{-1}$.
Skizzieren Sie den Aufbau des oben beschriebenen Elements, formulieren Sie für die an der Anode und Kathode ablaufenden Vorgänge die Reaktionsteilgleichungen und berechnen Sie, welche Leerlaufspannung dieses Element bei Inbetriebnahme liefert! 12

3 Versetzt man elementares Kupfer mit halbkonzentrierter Salpetersäure, so bildet sich Stickstoffmonooxid. In Gegenwart von Sauerstoff entsteht daraus rasch Stickstoffdioxid. Stickstoffdioxid reagiert in einer Gleichgewichtsreaktion zu Distickstofftetraoxid. Da Stickstoffdioxid ein braunes und Distickstofftetraoxid ein farbloses Gas ist, kann die Gleichgewichtslage über die Farbe des Gemisches gut verfolgt werden.
Bei einem Versuch wird in einem geschlossenen Reaktionsgefäß Distickstofftetraoxid vorgelegt und die Gleichgewichtseinstellung des Systems bis zum Zeitpunkt t_1 beobachtet. Zum Zeitpunkt t_2 wird der Druck im Reaktionsgefäß geändert. Alle anderen Reaktionsbedingungen bleiben gleich.

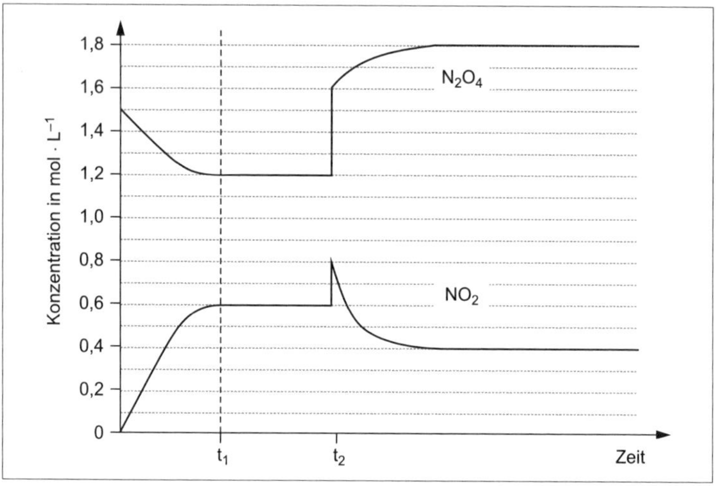

Abb. 1: Konzentrationen von Stickstoffdioxid und Distickstofftetraoxid im Verlauf des Experiments

3.1 Ermitteln Sie den Wert der Gleichgewichtskonstanten K_c zum Zeitpunkt t_1! 4

3.2 Begründen Sie, ob der Druck im Reaktionsgefäß zum Zeitpunkt t_2 erhöht oder erniedrigt wurde, und erläutern Sie den Verlauf der Kurven ab dem Zeitpunkt t_2! 7

4 Bei der Charakterisierung von Kohlenhydraten mithilfe der FEHLING-Probe spielen Kupfer(II)-Ionen eine wichtige Rolle.
Neben anderen Kohlenhydraten kommt im Honig das Trisaccharid Melezitose vor.

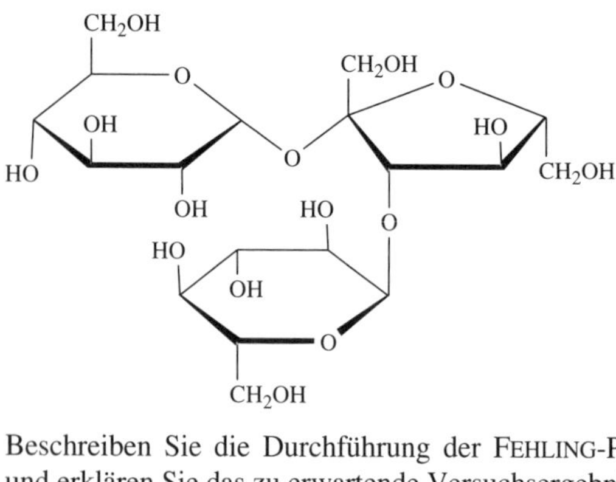

Abb. 2: Strukturformel von Melezitose

Beschreiben Sie die Durchführung der FEHLING-Probe mit Melezitose und erklären Sie das zu erwartende Versuchsergebnis! 7

40

Lösungsvorschläge

1 *Normalerweise müssen die Abscheidungspotenziale eines Ions an einem bestimmten Elektrodenmaterial bekannt sein, um die Reihenfolge der Ionenentladung zu bestimmen. Da diese Angaben (z. B. Überpotenzial, Konzentrationen) hier fehlen, kann vereinfachend davon ausgegangen werden, dass die Ionen edler Metalle vor den Ionen unedler Metalle entladen werden. Da ein Reinigungsprozess stattfindet, müssen die Elektroden so gewählt werden, dass verunreinigtes Kupfer zu Kupfer-Ionen oxidiert wird. Daher muss die Anode aus Rohkupfer sein.*

An der Elektrode aus Rohkupfer findet die **Oxidation**steilreaktion statt.

Anode: $Cu \longrightarrow Cu^{2+} + 2\,e^-$

Zusätzlich werden auch unedlere Metallverunreinigungen wie z. B. Eisen oxidiert. Die gebildeten Ionen gehen in Lösung.

Anode: $Fe \longrightarrow Fe^{2+} + 2\,e^-$

Die angelegte Spannung von 0,3 V ist zu klein, um Silber zu Silber-Ionen zu oxidieren, d. h., die Silberverunreinigungen reichern sich im Anoden-Material an. Insgesamt wird die Anode aber kleiner.

Die Elektrode aus Reinstkupfer wird als Kathode geschalten. Hier läuft folgende **Reduktion** ab.

Kathode: $Cu^{2+} + 2\,e^- \longrightarrow Cu$

Die Kupfer-Ionen aus der Lösung werden zu elementarem Kupfer reduziert, das sich auf dem Elektrodenmaterial abscheidet. Gelöste Eisen-Ionen bleiben unter diesen Bedingungen in der Lösung, weil die angelegte Spannung nicht ausreicht sie zu elementarem Eisen zu reduzieren.

2 *Die gegebenen Ionenkonzentrationen entsprechen nicht den Standardbedingungen. Es ist also notwendig die Redoxpotentiale bei dieser Konzentration mithilfe der NERNST'schen Gleichung zu berechnen. Die benötigten Standardredoxprotentiale müssen der zugelassenen Formelsammlung entnommen werden. Außerdem gilt zu beachten, dass die Konzentration nicht gelöster Stoffe auf 1 festgelegt ist. Da die Leerlaufspannung U_L niemals negativ sein kann, muss das Redoxpotential der Kathode stets größer als jenes der Anode sein.*

Das beschriebene galvanische Element hat folgenden Aufbau. Die Elektrolytflüssigkeiten sind dabei nicht durch ein Diaphragma getrennt, sondern separieren sich durch ihre unterschiedliche Dichte.

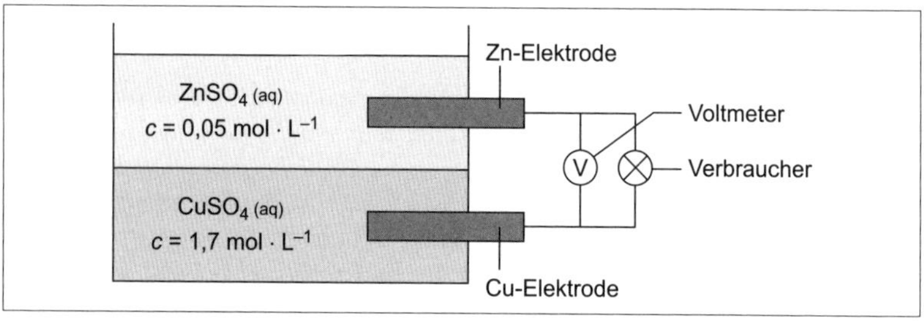

An den Elektroden laufen folgende Vorgänge ab:

Anode

Ox.: $Zn \longrightarrow Zn^{2+} + 2\,e^-$

Kathode

Red.: $Cu^{2+} + 2\,e^- \longrightarrow Cu$

Die **Leerlaufspannung U_L** lässt sich wie folgt berechnen:
$U_L = E_{Kathode} - E_{Anode} = E(Cu\,/\,Cu^{2+}) - E(Zn\,/\,Zn^{2+})$

Für das Redoxpotenzial $E(Cu\,/\,Cu^{2+})$ gilt die **NERNST'sche Gleichung:**

$$E(Cu\,/\,Cu^{2+}) = \frac{E^0(Cu\,/\,Cu^{2+}) - 0{,}059\ V}{2} \cdot \lg \frac{c(Cu^{2+})}{c(Cu)}$$

$$= \frac{0{,}034\ V + 0{,}059\ V}{2} \cdot \lg \frac{1{,}7}{1} = 0{,}35\ V$$

$$E(Zn\,/\,Zn^{2+}) = \frac{E^0(Zn\,/\,Zn^{2+}) - 0{,}059\ V}{2} \cdot \lg \frac{c(Zn^{2+})}{c(Zn)}$$

$$= \frac{-0{,}76\ V + 0{,}059\ V}{2} \cdot \lg \frac{0{,}05}{1} = -0{,}80\ V$$

Somit gilt:

$U_L = E_{Kathode} - E_{Anode} = E(Cu/Cu^{2+}) - E(Zn/Zn^{2+})$
$= 0{,}35\ V - (-0{,}80\ V) = 1{,}15\ V$

Die Leerlaufspannung in dem beschriebenen galvanischen Element beträgt unter diesen Bedingungen **1,15 V**.

3.1 Um die Gleichgewichtskonstante K_c bei dieser Reaktion mithilfe des Massenwirkungsgesetzes zu ermitteln, braucht man die Konzentrationen der beteiligten Stoffe im Gleichgewicht. Diese lassen sich aus dem Diagramm zum Zeitpunkt t_1 ablesen.

Bei dieser Reaktion herrscht folgendes **Gleichgewicht:**

$N_2O_4 \rightleftharpoons 2\,NO_2$

Zum Zeitpunkt t_1 liegen die Stoffe laut Diagramm in folgenden Konzentrationen vor:

$c(NO_2) = 0{,}6\ mol \cdot L^{-1}$ und $c(N_2O_4) = 1{,}2\ mol \cdot L^{-1}$

Es gilt das **Massenwirkungsgesetz:**

$$K_c = \frac{c^2(NO_2)}{c(N_2O_4)} = \frac{(0{,}6\ mol \cdot L^{-1})^2}{1{,}2\ mol \cdot L^{-1}} = 0{,}3\ mol \cdot L^{-1}$$

Die Gleichgewichtskonstante beträgt zum Zeitpunkt t_1 **0,3 mol · L^{-1}**.

3.2 Zum Zeitpunkt t_2 wird der Druck erhöht. Dies zeigt sich an dem abrupten Anstieg der beiden Konzentrationen, der im Diagramm zum Zeitpunkt t_2 zu sehen ist. Die Druckerhöhung ist Folge einer Volumenverkleinerung, d. h., bei gleicher Stoffmenge aber kleinerem Volumen steigt die Stoffmengenkonzentration gemäß der Formel $c = \frac{n}{V}$.

Im weiteren Verlauf sinkt die Konzentration von NO_2 und die Konzentration von N_2O_4 steigt an, bis beide Konzentrationen wieder konstant sind. Dies lässt sich mithilfe des **Prinzips des kleinsten Zwanges** nach LE CHATELIER wie folgt erklären: Durch die bei t_2 vorgenommene Druckerhöhung wird die volumenverkleinernde Reaktion von NO_2 zu N_2O_4 gefördert, bis sich eine neue Gleichgewichtslage mit veränderten Stoffmengenkonzentrationen der Reaktanten einstellt.

4 Bei der **FEHLING'schen Probe** wird eine Kupfersulfat-Lösung im Verhältnis 1 : 1 mit einer alkalischer Kalium-Natrium-Tartrat-Lösung gemischt, sodass ein tiefblaues Stoffgemisch entsteht. Nach Zugabe der Testsubstanz Melezitose wird das Gemisch erwärmt. Im vorliegenden Fall verläuft die FEHLING'sche Probe negativ, d. h., es zeigt sich im Experiment keine farbliche Veränderung. Da alle anomeren C-Atome in glykosidischen Bindungen sind, ist unter den Bedingungen der FEHLING'schen Probe keine Ringöffnung möglich. Es liegen daher keine offenkettigen Aldehydgruppierungen vor, die oxidiert werden könnten. Daher können die farbgebenden Kupfer-Ionen nicht reduziert werden. Die Lösung bleibt tiefblau.

Abiturprüfung 2014 Chemie (Bayern G8)
Aufgabe B2: Römerzeit

BE

1 Im alten Rom nutzten die Menschen die alkoholische Gärung zur Herstellung berauschender Getränke. Zu diesen Getränken wurden bei Festen u. a. auch süße Leckerbissen, beispielsweise kandierte Früchte, gereicht.

1.1 Heute ist bekannt, dass Hefepilze in Abwesenheit von Sauerstoff bei der alkoholischen Gärung Glucose zu Ethanol und Kohlenstoffdioxid abbauen. Für diesen Abbau werden pro Mol Glucose folgende thermodynamische Daten angegeben:

$\Delta G^0 = -228 \text{ kJ} \cdot \text{mol}^{-1}$ $\Delta H^0 = -74{,}4 \text{ kJ} \cdot \text{mol}^{-1}$

Erstellen Sie die Reaktionsgleichung der alkoholischen Gärung und berechnen Sie die Entropieänderung ΔS^0 dieser Reaktion bei einer Temperatur von 25 °C! Erklären Sie unter Bezug auf die Reaktionsgleichung das Vorzeichen von ΔS^0! 6

1.2 Kandierte Früchte können u. a. auch in geringen Mengen Sorbose enthalten.

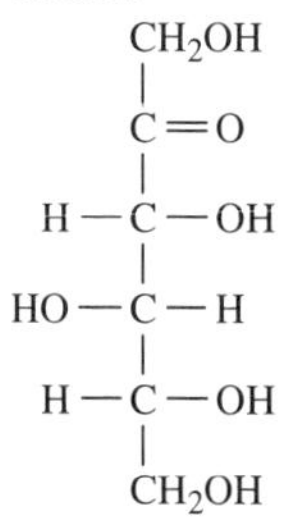

Abb. 1: Strukturformel von D-Sorbose

Zeichnen Sie die Fischerprojektionsformel des Enantiomers eines D-Sorbose-Moleküls und die Haworthprojektionsformel eines α-D-Sorbofuranosemoleküls! 4

2 Entlang des Limes wurden Gegenstände aus Bronze, einer Legierung aus Kupfer und Zinn, gefunden. Die Oberflächen dieser Gegenstände wurden von den römischen Kunstschmieden mechanisch vergoldet. In der heutigen Zeit können Gegenstände mit chemischen Verfahren vergoldet werden. Hierbei werden sie z. B. in eine wässrige Gold(III)-chlorid-Lösung getaucht.

2.1 Erklären Sie das Prinzip der chemischen Vergoldung eines Bronzegegenstandes mit einer Gold(III)-chlorid-Lösung! 4

2.2 Bei der Untersuchung von Bronzegegenständen, die in sauren, sauerstoffarmen Moorböden gefunden wurden, stellten die Archäologen fest, dass sich der an manchen Stellen beschädigte Goldüberzug beschleunigend auf die Korrosion der Bronze ausgewirkt hat.
Erläutern Sie diese Tatsache unter Verwendung von Reaktionsteilgleichungen! 8

3 Färberwaid *(Isatis tinctoria)* wird seit dem Altertum als Pflanze zum Färben kultiviert. In seinem Werk *De bello Gallico* beschreibt Cäsar: *„Alle Britannier hingegen färben sich mit Waid blaugrün, wodurch sie in den Schlachten umso furchtbarer aussehen; auch tragen sie lange Haare."* Die Blätter des Färberwaids enthalten die farblose Substanz Indican, eine Vorstufe von Indigo.

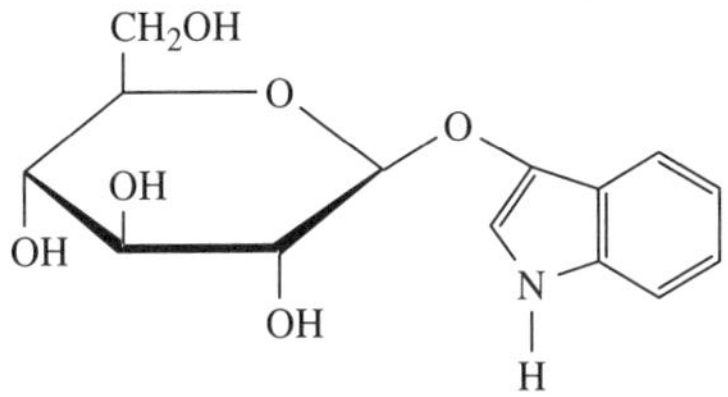

Abb. 2: Strukturformel von Indican

In zwei Versuchsansätzen werden wässrige Lösungen von Indican mit einem Polarimeter untersucht. Der pH-Wert der Lösung 1 beträgt pH = 7, der pH-Wert der Lösung 2 beträgt pH = 4. In einem der beiden Ansätze ändert sich im Verlauf des Experiments der Drehwinkel bis zu einem konstanten Wert, im anderen bleibt er von Anfang an konstant.
Ordnen Sie die Beobachtungen den beiden Versuchsansätzen zu und erläutern Sie die Zuordnung! 11

4 Holz und Kohle waren die am weitesten verbreiteten Energieträger für Schmiedeaktivitäten und Heizzwecke im antiken Rom.
Heutzutage kann aus Kohle Methanol gewonnen werden. Durch Reaktion von Methanol mit Sauerstoff in einer „Direkt-Methanol-Brennstoffzelle" wird elektrische Energie bereitgestellt. Wie bei der Verbrennung von Kohle entstehen dabei Kohlenstoffdioxid und Wasser.
Die folgende Abbildung zeigt eine vereinfachte Skizze einer Direkt-Methanol-Brennstoffzelle:

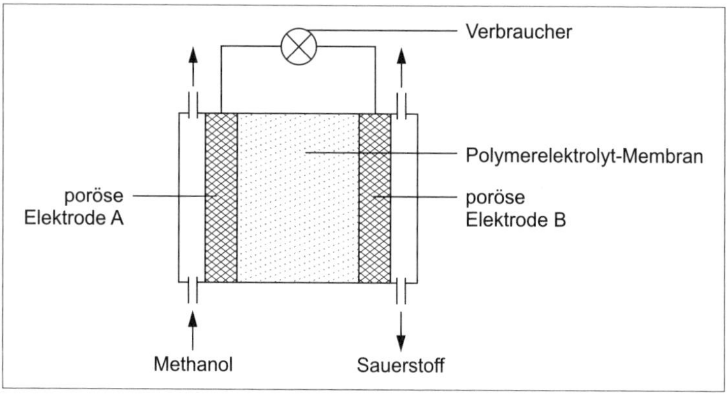

Abb. 3: Schematischer Aufbau einer Direkt-Methanol-Brennstoffzelle (eigene Darstellung nach: J. Scholta, M. Zedda: *Portable Anwendungen mit PEM-Brennstoffzellen.* In: Forschungsverbund Sonnenenergie (Hrsg.), *Zukunftstechnologie Brennstoffzelle*. Köln 2000, S. 33)

Erstellen Sie für die an den beiden Polen im sauren Milieu stattfindenden Reaktionen die Reaktionsteilgleichungen und geben Sie an, an welcher Elektrode sich der negative Pol befindet! 7

40

Lösungsvorschläge

1.1 *Zum Abschätzen der Entropieänderung, d. h. dem Maß für die Änderung des „Ordnungsgrades“ der Moleküle, können die Aggregatzustände bzw. die Anzahl der Edukt- und Produkt-Teilchen verglichen werden.*
Vorsicht: In die Gibbs-Helmholtz-Gleichung muss die Temperatur immer in Kelvin eingesetzt werden!

Reaktionsgleichung:

$$C_6H_{12}O_{6\,(aq)} \longrightarrow 2\,C_2H_5OH_{(l)} + 2\,CO_{2\,(g)}$$

Es gilt die **Gibbs-Helmholtz-Gleichung:**

$$\Delta G^0 = \Delta H^0 - T\Delta S^0$$

$$T\Delta S^0 = \Delta H^0 - \Delta G^0$$

$$\Delta S^0 = \frac{\Delta H^0 - \Delta G^0}{T} = \frac{(-74{,}4-(-228))\ kJ \cdot mol^{-1}}{(273\ K + 25\ K)} = 0{,}52\ kJ \cdot mol^{-1} \cdot K^{-1}$$

Das Vorzeichen der Entropieänderung ist positiv, d. h., die Entropie nimmt zu. Die Produkte haben insgesamt einen kleineren Ordnungsgrad, weil u. a. mehr Teilchen bei der Reaktion entstehen, als vorher vorhanden waren und zusätzlich eines der Produkte gasförmig ist.

1.2 *Enantiomere verhalten sich zueinander wie Bild- und Spiegelbild, deswegen ist es nötig den in der Aufgabenstellung gegebenen Zucker an einer gedachten Achse zu spiegeln. Für die Umwandlung in die Haworth-Projektion gilt für alle D-Zucker die Regel, dass OH-Gruppen, die in Fischer-Projektion links stehen, in der Haworth-Projektion unterhalb der Ringebene liegen und umgekehrt. Am anomeren C-Atom (dem neu entstandenen chiralen Zentrum) muss die OH-Gruppe unterhalb der Ringebene stehen, weil in der Aufgabenstellung die α-Form gefordert ist.*

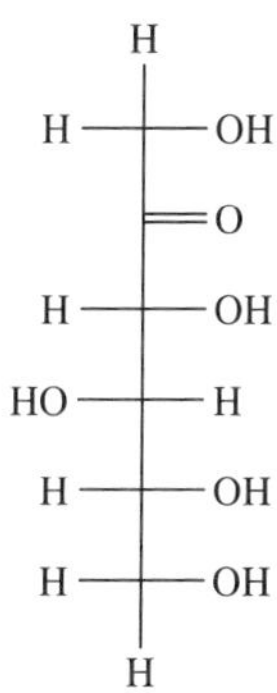
D-Sorbose

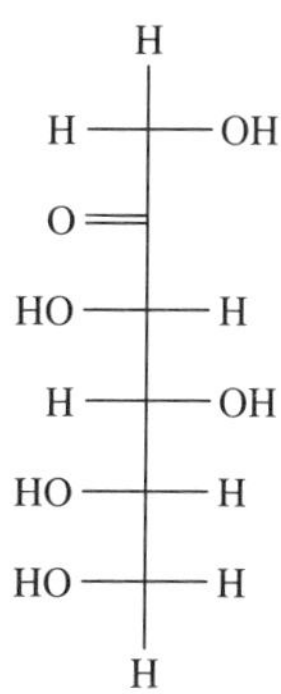
L-Sorbose

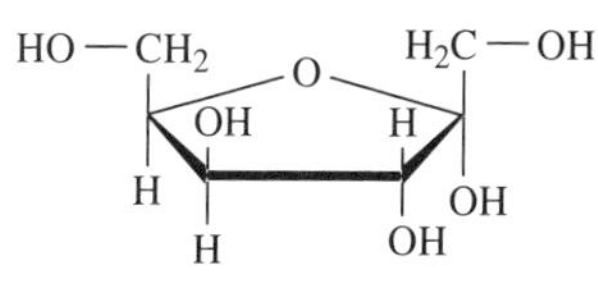
α-D-Sorbose

2.1 *Um einzuschätzen, wie edel ein Metall ist, müssen die Standardredoxpotenziale aus der zugelassenen Formelsammlung miteinander verglichen werden.*

Der Vergleich der Standardredoxpotentiale zeigt, dass $E^0(Au/Au^{3+})$ das größte Standardredoxpotenzial aller genannten Stoffe hat und somit Gold(III)-Ionen das stärkste Oxidationsmittel sind. Das Edelmetall Gold ist dementsprechend ein sehr schwaches Reduktionsmittel. Stehen Gold(III)-Ionen in Kontakt mit elementarem Kupfer oder Zinn, werden die letzteren (unedleren) Metalle in einer Redoxreaktion oxidiert. Die Gold(III)-Ionen nehmen die frei werdenden Elektronen auf und werden somit zu elementarem Gold reduziert, das sich auf der Oberfläche abscheidet.

2.2 Bei einer Beschädigung der Goldschicht bildet sich an dieser Stelle ein Kontaktelement (= Lokalelement) aus. Dies kann sich beschleunigend z. B. auf die Säurekorrosion auswirken, weil die Verletzung des Goldüberzuges durch den sauren Elektrolyten zu einem Kontakt zwischen elementarem Gold und z. B. elementarem Zinn führt.

Da sowohl elementares Zinn als auch elementares Kupfer unedler als Gold sind, können die geforderten Reaktionsgleichungen mit beiden Metallen aufgestellt werden. Eine Alternativlösung wäre hier also die Oxidation von Kupfer.

Das unedlere Metall Zinn wird dadurch zu Zinn(II)-Ionen oxidiert. Die frei werdenden Elektronen fließen zur Goldschicht und werden dort auf Oxonium-Ionen übertragen. Dies führt zu einer schnelleren Korrosion des unedlen Metalls Zinn.

Ox.: $Sn \longrightarrow Sn^{2+} + 2\,e^-$

Red.: $2\,H_3O^+ + 2\,e^- \longrightarrow H_2 + 2\,H_2O$

Ähnliches gilt für die Bildung eines Kontaktelementes zwischen Gold und Kupfer, dem Hauptbestandteil der Legierung Bronze.

3 *Sie sollten sich durch die in der Angabe genannte Verwendung von Indican als Farbstoff nicht verwirren lassen, denn für die Lösung der Aufgabe spielt eigentlich nur die Zuckerkomponente von Indican eine Rolle, die durch eine glykosidische Bindung mit dem aromatischen Rest verbunden ist.*

Die Veränderung des Drehwinkels der Schwingungsebene linear polarisierten Lichts in einem Polarimeter im Verlauf des Experiments bezeichnet man als Mutarotation. Sie tritt dann auf, wenn sich im Verlauf der Zeit zwischen mehreren optisch aktiven Substanzen ein Gleichgewicht ausbildet.

Im vorliegenden Experiment zeigt die Indican-Lösung 1 keine Mutarotation, weil in neutraler Umgebung die glykosidische Bindung nicht hydrolysiert wird und damit auch keine Ringöffnung am anomeren C-Atom möglich ist.
Lösung 2 ändert den Drehwinkel, da in saurer Umgebung die glykosidische Bindung im Indican hydrolysiert wird. Die dabei zuerst gebildete β-D-Glucose

wandelt sich über die offenkettige Aldehydform zum Teil in α-D-Glucose um. Alle drei Substanzen sind optisch aktiv und beeinflussen den Drehwinkel. Wenn sich das Gleichgewicht zwischen diesen drei Formen der Glucose eingestellt hat, bleibt der Drehwinkel konstant.

4 **Elektrode A (Minuspol):**

$$H_3\overset{-II}{C}OH + 7\,H_2O \longrightarrow \overset{+IV}{C}O_2 + 6\,e^- + 6\,H_3O^+$$

Elektrode B (Pluspol):

$$\overset{0}{O}_2 + 4\,e^- + 4\,H_3O^+ \longrightarrow 2\,H_2\overset{-II}{O} + 4\,H_2O$$

Abiturprüfung 2014 Chemie (Bayern G8)
Aufgabe C1: Polyphenole – sekundäre Pflanzenstoffe

BE

Sekundäre Pflanzenstoffe sind charakteristisch für verschiedene Pflanzengruppen und besitzen oft eine spezifische ökologische Funktion, z. B. das Anlocken von Tieren mithilfe von Farb-, Duft- und Geschmacksstoffen, aber auch die Abwehr von Fraßfeinden. Die Gruppe der sekundären Pflanzenstoffe ist sehr heterogen, u. a. gehören hierzu die Polyphenole, bei denen mindestens zwei Hydroxy-Gruppen an einen aromatischen Ring gebunden sind.

1 Der Saft der Gerber-Akazie enthält das Polyphenol Catechin, aus dem früher durch Pyrolyse Brenzcatechin (1,2-Dihydroxybenzol) gewonnen wurde. Brenzcatechin ist ein Ausgangsmaterial für die Synthese verschiedener Farbstoffe, Duftstoffe und Arzneimittel.
Die folgende Abbildung zeigt schematisch, wie sich heute Brenzcatechin aus Phenol im Labor synthetisieren lässt:

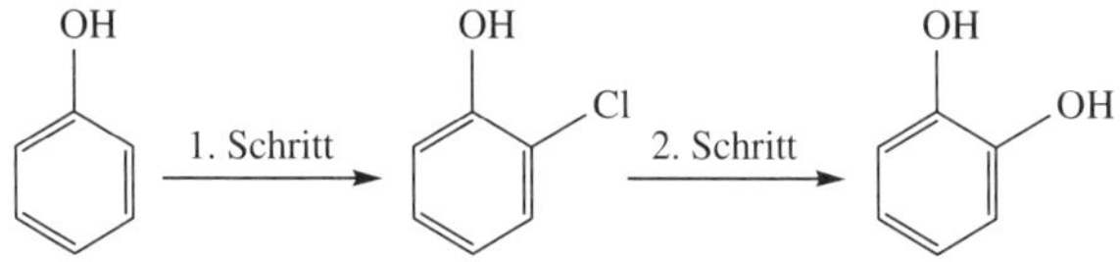

Abb. 1: Schritte der Brenzcatechin-Synthese im Labor

Formulieren Sie den Reaktionsmechanismus mit Strukturformeln für den ersten Schritt der Brenzcatechin-Synthese im Labor! Für Phenol kann vereinfacht die gleiche Reaktivität wie bei Benzol angenommen werden. 6

2 Im roten Traubensaft ist das antioxidativ wirkende Polyphenol (E)-Resveratrol ($C_{14}H_{12}O_3$) enthalten. Forschungen konnten im Tierversuch eine lebensverlängernde Wirkung nachweisen und wecken das Interesse an Resveratrol als funktionellem Lebensmittelzusatz.
Die folgende Abbildung zeigt die modellhafte Darstellung eines (E)-Resveratrol-Moleküls:

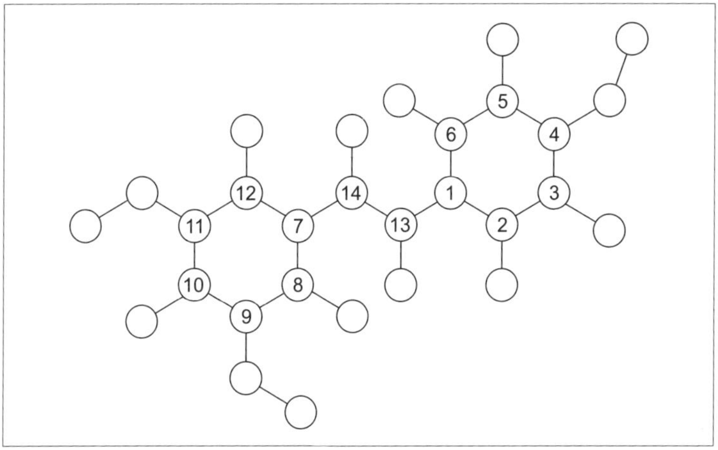

Abb. 2: Kugel-Stab-Modell eines (E)-Resveratrol-Moleküls

An (E)-Resveratrol wurde eine schwingungsspektroskopische Strukturanalyse durchgeführt, deren Ergebnisse die folgende Tabelle zeigt:

Bindung	Länge in pm	Bindung	Länge in pm	Bindung	Länge in pm
C1–C2	140	C6–C1	140	C11–C12	137
C2–C3	137	C7–C8	140	C12–C7	140
C3–C4	139	C8–C9	137	C7–C14	146
C4–C5	138	C9–C10	138	C1–C13	147
C5–C6	137	C10–C11	137	C13–C14	133

Tab. 1: Bindungslängen der Kohlenstoff-Kohlenstoff-Bindungen in (E)-Resveratrol (eigene Zusammenstellung nach: F. Billes, I. Mohammed-Ziegler, H. Mikosch, E. Tyihak: *Vibrational spectroscopy of resveratrol.* In: Spectrochimica Acta Part A. 68. Jg. 2007, S. 671)

Strukturanalysen ergaben eine Bindungslänge der Kohlenstoff-Kohlenstoff-Bindung im Ethan-Molekül von 154 pm und im Ethen-Molekül von 134 pm.
Zeichnen Sie die Strukturformel eines (E)-Resveratrol-Moleküls und erklären Sie die Bindungslänge zwischen den Kohlenstoffatomen C1 und C2 im (E)-Resveratrol-Molekül im Vergleich zu den Bindungslängen zwischen den Kohlenstoffatomen im Ethan- und im Ethen-Molekül! 7

3 Die Löslichkeit von Polyphenolen in Wasser ist pH-abhängig.
Erläutern Sie diese Beobachtung! 6

4 Anthocyane sind eine Gruppe von Polyphenolen, die in den Blüten und Früchten vieler Pflanzen enthalten sind. Cyanidin-3-O-β-glucosid ist ein in Brombeeren vorkommendes Anthocyan, dessen Farbe je nach pH-Wert der Lösung variiert.

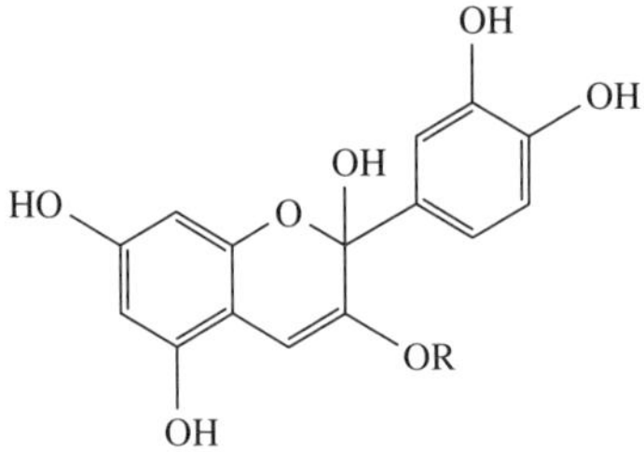

Cyanidin-3-O-β-glucosid
bei pH = 5

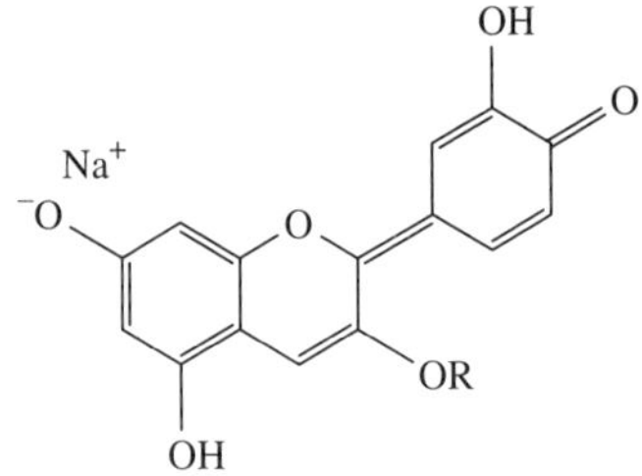

Cyanidin-3-O-β-glucosid
bei pH = 9

Abb. 3: Strukturformeln von Cyanidin-3-O-ß-glucosid bei verschiedenen pH-Werten (R: β-Glucopyranose)

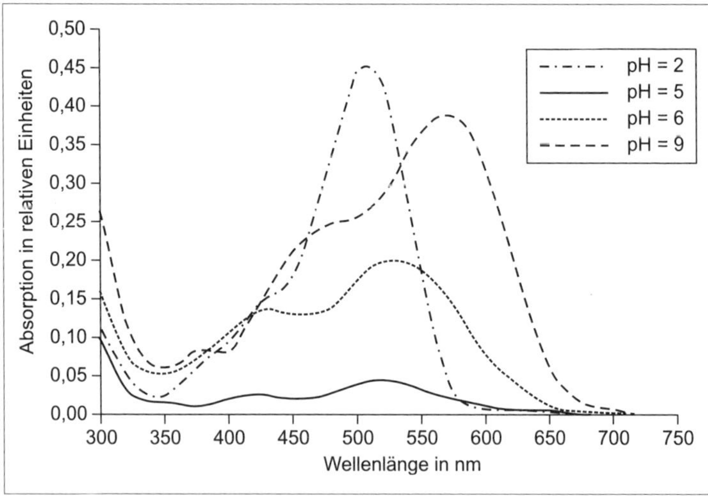

Abb. 4: Absorptionsspektren einer Cyanidin-3-O-ß-glucosid-Lösung bei unterschiedlichen pH-Werten
(verändert nach: T. Borkowski et al.: *The effect of 3-O-β-glucosylation on structural transformations of anthocyanidins.* In: Food Research international. 38, 2005, S. 1 034.

Wellenlänge des absorbierten Lichts in nm	Farbe des absorbierten Lichts	Komplementär-farbe
400–435	Violett	Gelb
435–480	Blau	Orange
480–500	Grünblau	Rot
500–570	Gelbgrün	Purpur
570–590	Gelb	Violett
590–610	Orange	Blau
610–700	Rot	Blaugrün

Tab. 2: Absorbiertes Licht und Farbe

Ermitteln Sie die jeweilige Farbe von Cyanidin-3-O-β-glucosid bei pH = 5 und pH = 9! Beschreiben Sie den Zusammenhang zwischen der jeweiligen Molekülstruktur und der Farbigkeit von Cyanidin-3-O-β-glucosid bei diesen beiden unterschiedlichen pH-Werten! 10

5 Phenolische Bestandteile von Traubensaft haben einen Einfluss auf den Geschmack der aus diesem Saft hergestellten Weine. In hohen Konzentrationen führen sie zu einem bitteren Aroma im Wein. Zur Entfernung dieser unerwünschten Komponenten setzt man dem Wein das Polymer Polyvinylpyrrolidon (PVP) in Pulverform zu, um die phenolischen Stoffe nach Adsorption am Polymer herausfiltern zu können. Die Synthese des Polymers erfolgt bei Anwesenheit von Radikalen, ausgehend von Vinylpyrrolidon-Monomeren.

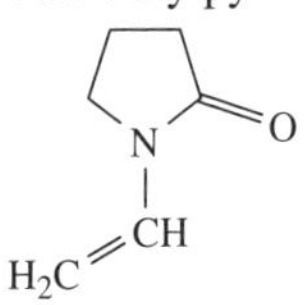

Abb. 5: Strukturformel von Vinylpyrrolidon

5.1 Formulieren Sie den Mechanismus der Synthese eines zwei Monomere umfassenden Ausschnittes eines Polyvinylpyrrolidon-Moleküls! 7

5.2 Zeigen Sie anhand einer beschrifteten Skizze, wie phenolische Bestandteile im Wein an dem zugesetzten Kunststoff adsorbieren können! 4

40

Lösungsvorschläge

1 *Dieses Beispiel einer Zweitsubstitution am Aromaten kann mit dem in der Aufgabe genannten Hinweis auf die gleiche Reaktivität von Phenol und Benzol als Transferbeispiel zur Halogenierung von Aromaten gesehen werden.*

Mechanismus der **elektrophilen Substitution:**

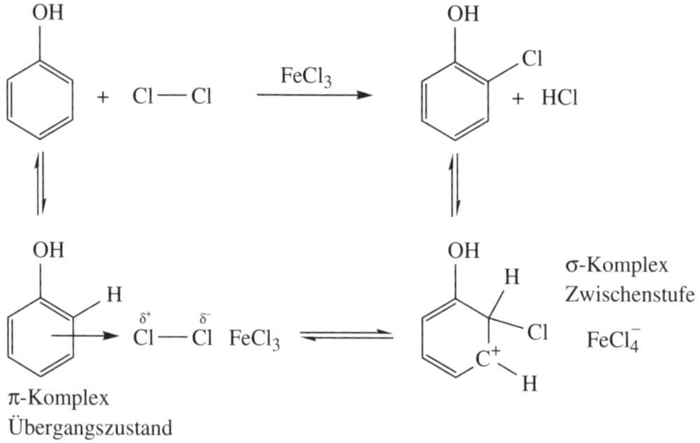

2 *In dem geforderten Molekül muss eine Doppelbindung enthalten sein, da es sich um ein (E)-Isomer handelt. Aufgrund der Bindungslängen, sollte die Doppelbindung, zwischen C13 und C14 liegen, da dieser Abstand der Bindungslänge einer klassischen Einfachbindung am ehesten entspricht.*
Die in der Summenformel angegebenen O-Atome treten als Hydroxy-Gruppen an den Benzolkernen auf. Die Ringe sind „aromatisch", da die angegebenen Bindungslängen in diesem konjugierten System zwischen jenen einer isolierten Einfach- und einer isolierten Doppelbindung liegen.

Strukturformel von **(E)-Resveratrol:**

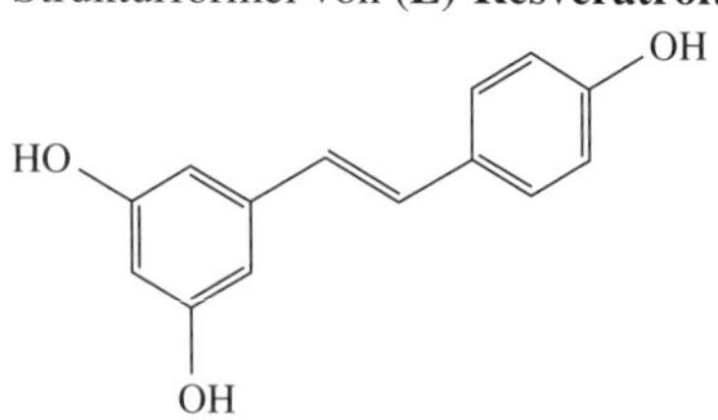

Die Bindungslänge zwischen dem C1- und dem C2-Atom beträgt 140 pm und liegt damit zwischen den Bindungslängen einer isolierten Einfachbindung im Ethanmolekül und einer isolierten Doppelbindung im Ethenmolekül. Dieses Phänomen lässt sich durch die Delokalisation von Elektronen in einem mesomeren System erklären, d. h., die C–C-Verknüpfung zwischen C1 und C2 hat einen partiellen Doppelbindungscharakter.

3 Die Löslichkeit von Polyphenolenin Wasser steigt mit dem pH-Wert, da mit zunehmender Hydroxidionen-Konzentration im Medium immer mehr Hydroxygruppen des Polyphenolmoleküls ein Proton aufgrund ihrer sauren Eigenschaften abgeben. Die bei dieser Protolysereaktion entstehenden, negativ geladenen Phenolat-Anionen haben eine höhere Wasserlöslichkeit, als die protonierten Phenole.

4 Bei einem pH-Wert von 5 absorbiert Cyanidin-3-O-β-glucosid laut Abbildung 4 kaum Wellenlängen aus dem sichtbaren Bereich des elektromagnetischen Spektrums, d. h., das Molekül erscheint Menschen farblos.
Bei einem pH-Wert von 9 lässt sich aus dem Diagramm ablesen, dass Cyanidin-3-O-β-glucosid bei ca. 570 nm ein Absorptionsmaximum hat, d. h. gelbes Licht absorbiert und damit für den Menschen in der Komplementärfarbe violett erscheint.

Das unterschiedliche Absorptionsverhalten lässt sich mit den Molekülstrukturen bei verschiedenen pH-Werten erklären. Bei einem pH-Wert von 5 liegt eine Konjugationssperre an einem zentralen C-Atom (siehe Kennzeichnung im Molekül) vor. An dieser Stelle ist das System aus konjugierten Doppelbindungen unterbrochen und somit liegen nur zwei relativ kleine isolierte Chromophore vor, deren Elektronen sich nur durch eine vergleichsweise hohe Energie anregen lassen. Das Molekül absorbiert also elektromagnetische Strahlen mit Wellenlängen, die kleiner als 300 nm sind.

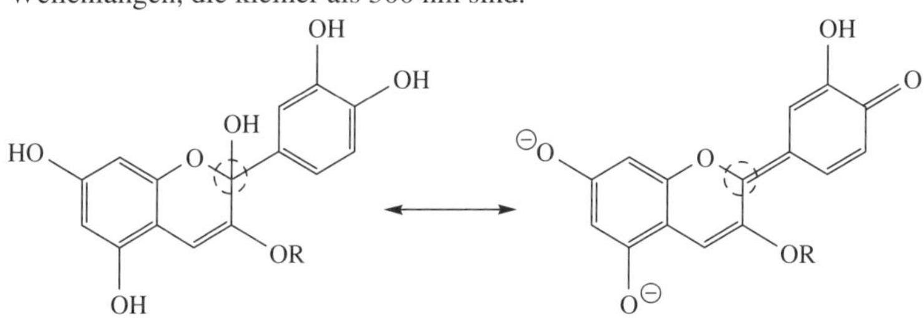

Im Gegensatz dazu ist das gleiche C-Atom bei einem pH-Wert von 9 ein Teil eines konjugierten Doppelbindungssystems. Das Chromophor ist wesentlich größer und die Elektronen werden durch kleinere Energiebeträge angeregt, sodass das Molekül Wellenlängen aus dem sichtbaren Bereich des elektromagnetischen Spektrums absorbiert. Zusätzlich findet man in dieser Struktur auxochrome (z. B. –OH) und antiauxochrome (z. B. =O) Gruppen, die einen bathochromen Effekt bewirken.

5.1 *Durch den Hinweis in der Aufgabenstellung „Anwesenheit von Radikalen" und die typische Doppelbindung im Monomer erschließt sich der Syntheseweg über eine radikalische Polymerisation. Da Radikale bereits vorhanden sind, ist keine Startreaktion erforderlich. Abbruchreaktionen sind ebenfalls nicht verlangt.*

Polymerisationstyp: **Radikalische Polymerisation**
Mechanismus der kettenverlängernden Reaktion:

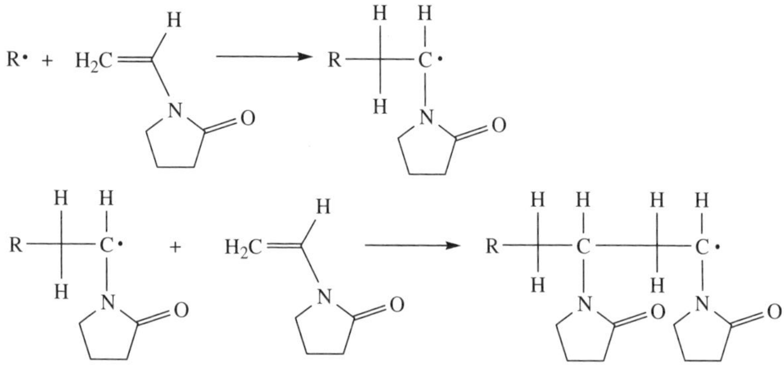

5.2 *Das Adsorptionsverhalten hängt davon ab, wie gut die Teilchen miteinander wechselwirken, d. h. welche Arten von zwischenmolekularen Kräften zwischen ihnen auftreten.*

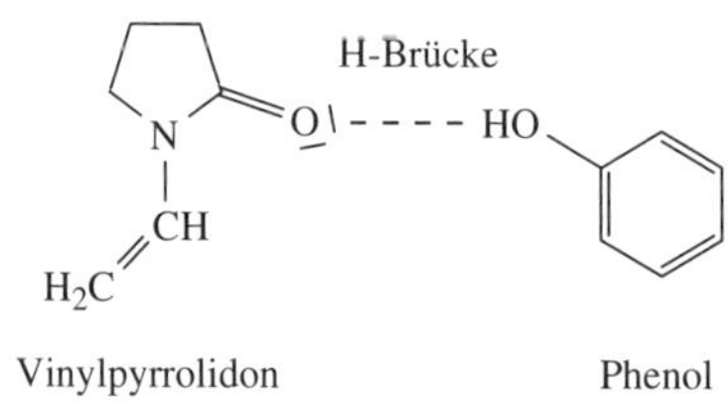

Zwischen dem Sauerstoff-Atom der Carbonyl-Gruppe des Vinylpyrrolidons und dem H-Atom der Hydroxy-Gruppe des Phenols bildet sich eine Wasserstoffbrückenbindung aus. Durch diese zwischenmolekularen Kräfte adsorbieren die phenolischen Bestandteile des Weines an Polyvinylpyrrolidon.

Abiturprüfung 2014 Chemie (Bayern G8)
Aufgabe C2: Ambroxol – ein Wirkstoff im Hustensaft

BE

Ambroxol ist eine Substanz mit schleimlösender Wirkung, die in vielen Medikamenten zur Behandlung von festsitzendem Husten eingesetzt wird.

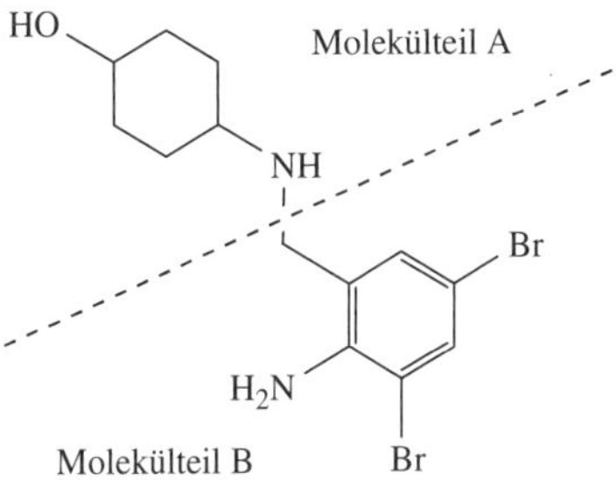

Abb. 1: Strukturformel von Ambroxol

1 Bei der Herstellung von Ambroxol werden zunächst die Vorstufen der Molekülteile A und B getrennt synthetisiert.
Zur Synthese der Vorstufe von Molekülteil A wird Phenol mit Nitriersäure zu 4-Nitrophenol umgesetzt. Durch Reaktion mit Zinn in essigsaurer Lösung reagiert 4-Nitrophenol zu 4-Aminophenol, das anschließend durch katalytische Hydrierung zu 4-Aminocyclohexanol reduziert wird.
Formulieren Sie den Reaktionsmechanismus mit Strukturformeln für die Bildung von 4-Nitrophenol aus Phenol! Das reagierende Teilchen in der Nitriersäure ist das Nitronium-Ion (NO_2^+). Für Phenol kann vereinfacht die gleiche Reaktivität wie bei Benzol angenommen werden. 6

2 Im Ambroxolmolekül finden sich zwei Ringstrukturen aus Kohlenstoffatomen.
Vergleichen Sie die Molekülgeometrie dieser Ringstrukturen! 6

3 Um den Wirkstoff Ambroxol haltbarer zu machen, wird er mit Wasserstoffchlorid versetzt und so in Ambroxolhydrochlorid überführt. Die Protonierung des Ambroxols erfolgt dabei an einem der Stickstoffatome.
Begründen Sie unter Verwendung einer weiteren Grenzstrukturformel, welches Stickstoffatom bevorzugt protoniert wird! 6

4 Ambroxolsaft wird in braunen Plastikflaschen aus Polyethylenterephthalat (PET) vertrieben. PET-Einwegflaschen werden in Deutschland größtenteils werkstofflich recycelt. Hierbei wird in einem Verfahren A durch Zerkleinern, Reinigen und Abtrennen anderer Bestandteile ein Teil des PET als so genannte „Flakes" zurückgewonnen, aus denen nach Zusatz von frischem PET erneut Flaschen hergestellt werden können. In einem Verfahren B können die PET-Abfälle alternativ in einem rohstofflichen Recycling-Verfahren nach Reinigen und Abtrennen anderer Kunststoffabfälle in einer basischen Lösung unter 20 bar Druck und bei einer Temperatur von 200 °C nahezu vollständig in die Kunststoff-Monomere zerlegt werden.

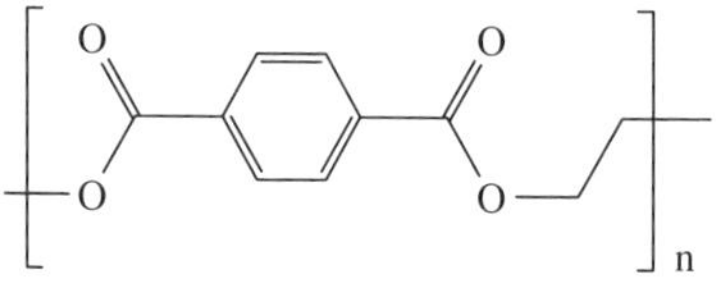

Abb. 2: Strukturformelausschnitt von PET

4.1 Formulieren Sie die Strukturformelgleichung für die Reaktion bei Verfahren B und benennen Sie den Reaktionstyp! 4

4.2 Diskutieren Sie Vor- und Nachteile beider Recycling-Verfahren und gehen Sie dabei auf die prinzipielle Notwendigkeit des Kunststoff-Recyclings ein! 6

5 Die Farbe von Medikamenten ist wichtig für deren Identifizierung, hat aber auch, wie Studien belegen, einen Einfluss auf die Wirksamkeit und die Akzeptanz beim Kunden. Die Ambroxol-Tabletten eines deutschen Herstellers enthalten zwei Lebensmittelfarbstoffe: Das rote Amaranth (E 123) gehört zu den Azofarbstoffen. Das blaue Indigocarmin (E 132) ist chemisch eng mit dem Textilfarbstoff Indigo verwandt.

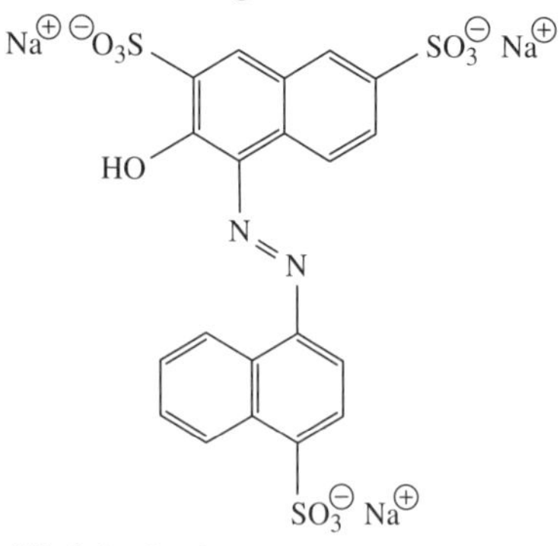

Abb. 3: Strukturformel von Amaranth

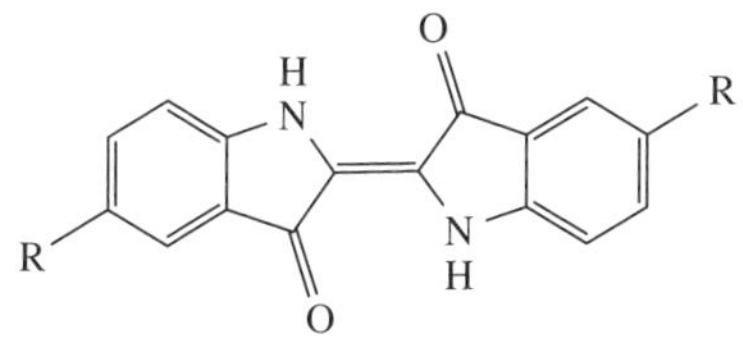

Indigo: R = H
Indigocarmin: R = SO_3^- Na^+

Abb. 4: Strukturformeln von Indigo und Indigocarmin

5.1 Die Synthese von Amaranth erfolgt ausgehend von zwei reaktiven aromatischen Komponenten in zwei Schritten.
Formulieren Sie die Reaktionsgleichungen für die beiden Syntheseschritte und benennen Sie diese! 8

5.2 Begründen Sie anhand der Strukturformel, warum Indigocarmin im Gegensatz zu Indigo zum Färben von wässrigen Arzneimittel-Lösungen geeignet ist! 4

40

Lösungsvorschläge

1 *Die Zweitsubstitution (Nitrierung) von Phenol wird als Transferbeispiel zum Lehrplanpunkt „Halogenierung (von Aromaten)" für die elektrophile Substitution verwendet. Durch die positive Ladung des Nitronium-Ions, wird klar, dass es sich dabei um das elektrophile Teilchen handeln muss. Die Bildung eines π-Komplexes ist nicht erforderlich. Die weiteren Angaben zur Reaktion mit Zinn etc. sind für die Aufgabe nicht von Bedeutung.*

Elektrophile Substitution von Phenol in p-Stellung:

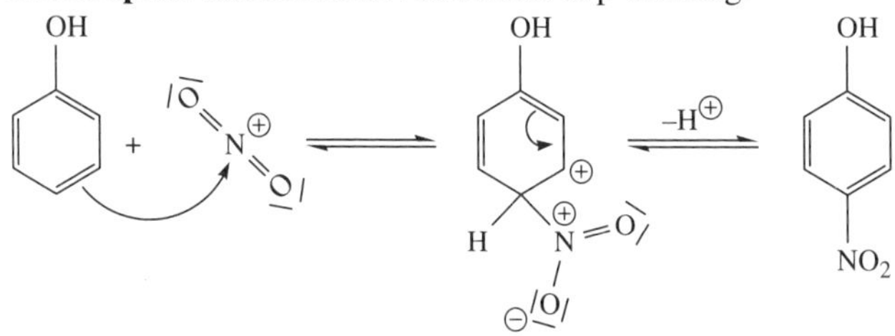

2 Das aromatische Ringsystem in Ambroxol besteht aus drei konjugierten Doppelbindungen und ist planar. Alle Bindungswinkel betragen 120° und die Bindungslänge zwischen den C-Atomen ist stets gleich. Sie liegt zwischen der einer isolierten Doppelbindung und der einer isolierten Einfachbindung, sodass sich ein regelmäßiges Sechseck bildet.
Der zweite, aliphatische Sechsring besteht nur aus Einfachbindungen. Die vier Bindungspartner sind an jedem C-Atom tetraedrisch angeordnet, d. h., der Bindungswinkel beträgt 109°. Die Bindungen zwischen den C-Atomen sind länger als im aromatischen Ringsystem.

3 *Prinzipiell lassen sich zahlreiche Grenzstrukturen formulieren. In der Lösung ist aber nur eine gefordert. Alternativlösungen sind demnach denkbar.*

Das Ambroxol-Molekül enthält zwei Stickstoffatome mit mindestens einem freien Elektronenpaar, die beide protoniert werden könnten. Das freie Elektronenpaar des Stickstoffatoms im Molekülteil B ist Teil des delokalisierten Elektronensystems des Benzolringes. Im Gegensatz zu dem freien Elektronenpaar des Stickstoffatoms im Molekülteil A steht es dadurch nicht vollständig zur Protonierung zur Verfügung. Das Stickstoffatom im aliphatischen Teil A des Ambroxol-Moleküls wirkt daher stärker basisch als die Aminogruppe im aromatischen Teil B. Die Protonierung erfolgt also im Molekülteil A.
Folgende Abbildung zeigt die Beteiligung des freien Elektronenpaares der Aminogruppe im Molekülteil B am System der delokalisierten Elektronen im Ambroxolmolekül:

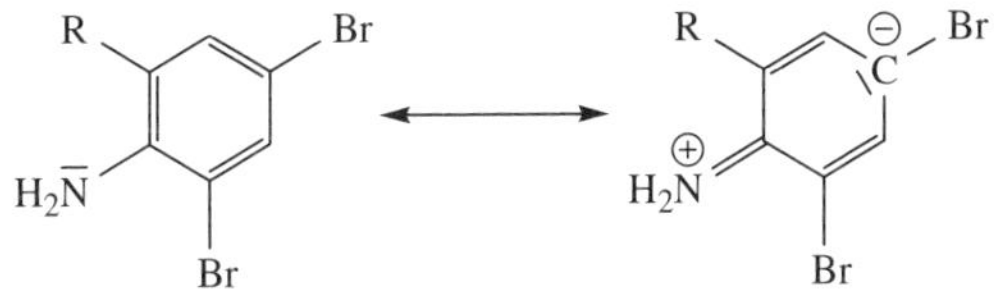

4.1 *Bei der alkalischen Hydrolyse muss darauf geachtet werden, dass die bei der Hydrolyse eines Carbonsäureesters entstehende Carbonsäure in deprotonierter Form vorliegt (vgl. Verseifung eines Fettmoleküls).*

Bei dem in Verfahren B gebräuchlichen Reaktionstyp handelt es sich um eine **alkalische Hydrolyse** von Carbonsäureestern ähnlich der Verseifung von Fettmolekülen.

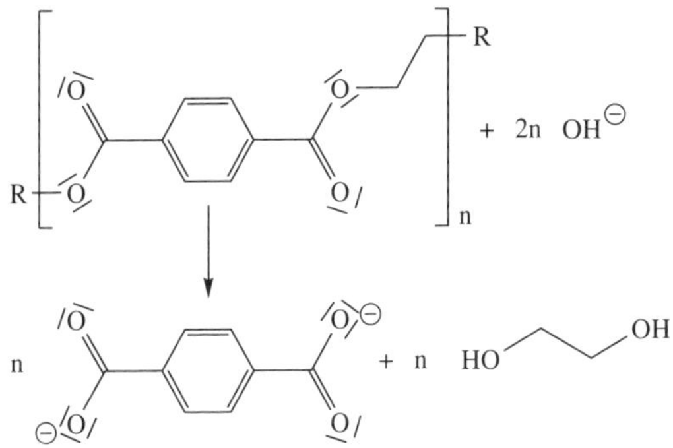

4.2 Bei dem werkstofflichen Recycling (Verfahren A) ist der Aufwand wesentlich geringer, da nur eine Trennung der Kunststoffabfälle erfolgt, aber keine chemische Aufbereitung des PET wie es in Verfahren B nötig ist. Die Wiedergewinnung der Edukte der PET-Synthese (Verfahren B) erfordert einerseits viel Energie und außerdem die Konstruktion spezieller Reaktoren. Deshalb ist Verfahren B im Vergleich zu Verfahren A aufwändiger und teurer. Ein wesentlicher Vorteil von Verfahren B ist aber die fast vollständige Rückgewinnung der Edukte und somit eine Schonung der begrenzten Erdölvorräte.

5.1 *Bei der Lösung der Aufgabe muss die Azo-Gruppierung zwischen den aromatischen Systemen in Gedanken auseinander „geschnitten" werden. Das am Benzolkern gebundene N-Atom wird mit 2 H-Atomen vervollständigt und man erhält das Edukt für die Diazotierung. Das andere N-Atom des bei der Diazotierung entstehenden Kations stammt von der salpetrigen Säure. Das zweite aromatische System bildet die Kupplungskomponente für die Azokupplung. Welche von beiden aromatischen Komponenten diazotiert wird, spielt für diese Aufgabe keine Rolle.*

Diazotierung:

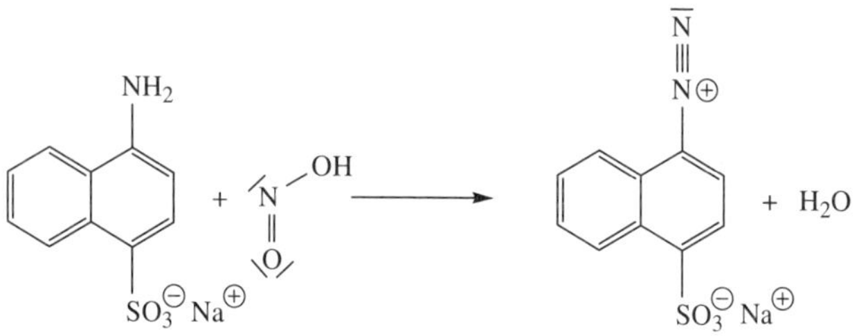

Azokupplung:

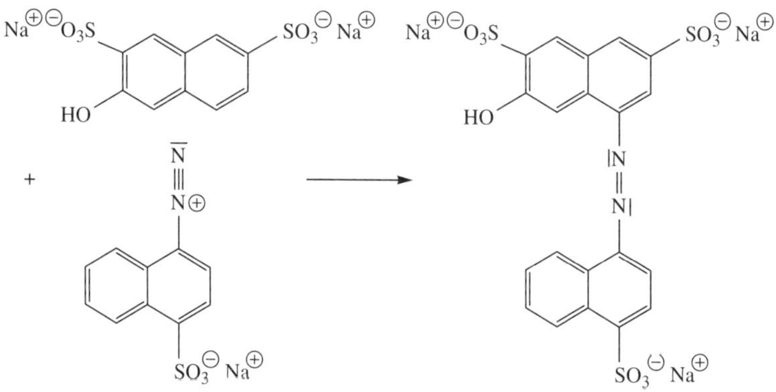

5.2 Indigocarmin trägt im Gegensatz zu Indigo zwei negativ geladene Sulfonsäuregruppen. Das Indigocarmin ist somit deutlich polarer und besser wasserlöslich als Indigo, der sich nicht in Wasser löst. Deshalb kann Indigo auch nicht zum Färben wasserlöslicher Arzneimittel benutzt werden.

Abiturprüfung 2015 Chemie (Bayern G8)
Aufgabe A1: Milch

BE

1 Kuhmilch besteht zu über 80 % aus Wasser. Zudem enthält sie etwa 3,4 % Proteine. Der überwiegende Anteil davon gehört zu den Caseinen, die in der Milch große Micellen bilden. Eine besondere Rolle spielt dabei das Kappa-Casein.

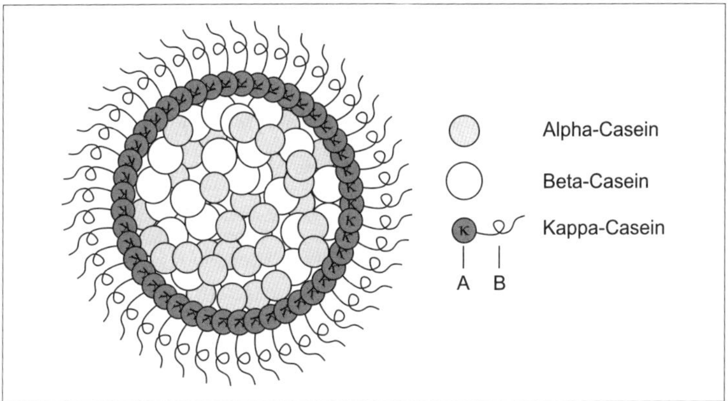

Abb. 1: Modellhafte Darstellung des Querschnitts durch eine Caseinmicelle (verändert nach: C. Phadungath: Casein micelle structure: a concise review. In: Songklanakarin Journal of Science and Technology (2005) 27, S. 201–212)

1.1 Bei der Quarkherstellung wird das Enzym Chymosin aus Kälbermägen zur Milch gegeben. Es spaltet den mit B gekennzeichneten Teil des Kappa-Caseins ab. Nach kurzer Zeit flockt das gesamte Casein aus und kann abgeschöpft werden.
Erläutern Sie, weshalb die Caseinmicellen vor Enzym-Zugabe wasserlöslich sind, und beschreiben Sie, wie die enzymatisch unterstützte Veränderung der Kappa-Caseinmoleküle zum Ausflocken der Proteine aus der Milch führt! 7

1.2 Es wurde nach Alternativen zur Verwendung von Chymosin gesucht. Abbildung 2 zeigt das Ergebnis der Untersuchung zweier Proteasen, die ebenfalls zum Ausflocken der Caseine in der Milch verwendet werden können. Hierbei wurden gleiche Mengen von Enzym A aus einem Schimmelpilz und Enzym B aus der Wilden Artischocke verwendet.

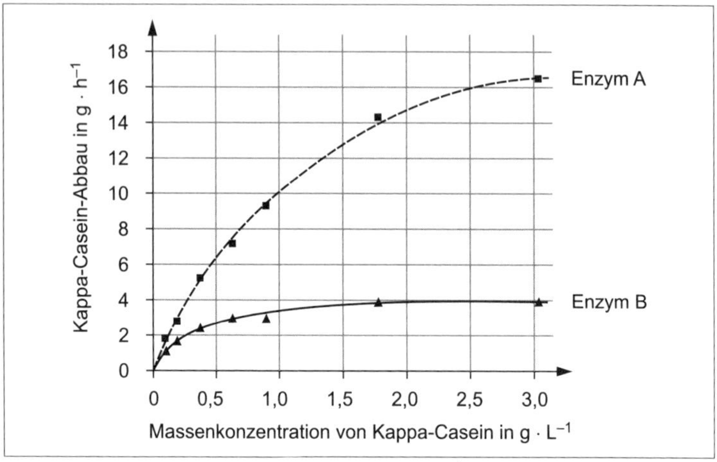

Abb. 2: Abhängigkeit der Enzymaktivität der Enzyme A und B von der Kappa-Casein-Massenkonzentration
(Reprinted from Journal of Dairy Science, Vol 89, Iss. 10, J.M. Ageitos, J.A. Vallejo, M. Poza, T.G. Villa, Fluorescein Thiocarbamoyl-Kappa-Casein Assay for the Specific Testing of Milk-Clotting Proteases, p. 3774. Copyright 2006, with permission from Elsevier.)

Vergleichen Sie die Abbaugeschwindigkeit der Enzyme A und B bei einer Kappa-Casein-Massenkonzentration von $2{,}5\ g \cdot L^{-1}$ und erklären Sie die Auswirkung einer Konzentrationserhöhung des Kappa-Caseins um $0{,}5\ g \cdot L^{-1}$ auf die Aktivität der beiden Enzyme! 6

2 Im Jahr 1935 wurden Versuche durchgeführt, um aus Casein technisch verwertbare Kunststoffe herzustellen. Hierzu wurde das Casein mit Methanal behandelt. Dadurch entstanden Methylenbrücken zwischen den Caseinmolekülen:

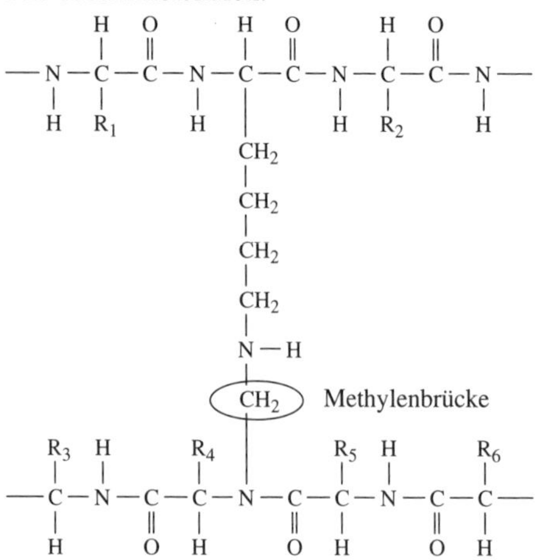

Abb. 3: Strukturformelausschnitt aus dem mit Methanal behandelten Casein

2.1 Im Caseinmolekül findet man verschiedene Sekundärstrukturen.
Nennen Sie zwei Sekundärstrukturen und vergleichen Sie diese! 5

2.2 Beschreiben Sie, zwischen welchen Bestandteilen der Caseinmoleküle die Methylenbrücke ausgebildet wird, und erläutern Sie, welche Auswirkung die Behandlung mit Methanal auf die Zugfestigkeit des Materials hat! 6

2.3 Während Kunststoffe auf Basis von Casein bereits seit langem bekannt sind, stellen Polyesterhydrazide (PEH) neuartige Kunststoffe dar, die aufgrund ihrer mechanischen Eigenschaften und ihrer biologischen Abbaubarkeit von Interesse sind.
Die Abbildung zeigt die Repetiereinheit eines solchen Polymers:

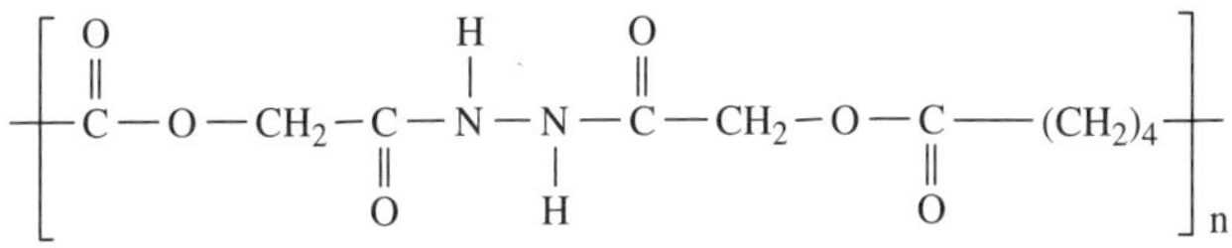

Abb. 4: Repetiereinheit eines PEH-Polymers

Die Polymerketten zeigen strukturelle Ähnlichkeiten zu anderen Polykondensaten. Beim biologischen Abbau werden die Esterbindungen im Polymer enzymatisch gespalten.
Formulieren Sie die Strukturformelgleichung für diese Hydrolyse! 5

3 Milchbestandteile können auch zur Herstellung von Hautcremes verwendet werden. Dazu wird z. B. Lecithin aus der Milch durch das Enzym Phospholipase A1 enzymatisch gespalten. In mehreren Versuchsreihen wurde die Abhängigkeit der Enzymaktivität von der Temperatur und dem pH-Wert der Lösung untersucht. Das folgende Diagramm zeigt die Untersuchungsergebnisse:

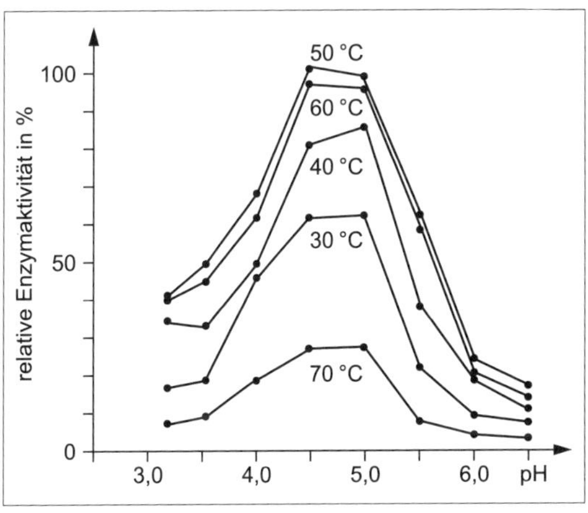

Abb. 5: Abhängigkeit der Enzymaktivität der Phospholipase A1 von pH-Wert und Temperatur (verändert nach: Sankyo Lifetech Company Ltd (Hrsg.): Novel phospholipase A1, process for its preparation and the use thereof. Patentschrift EP 0 575 133 B2, Tokyo 1993)

3.1 Erläutern Sie die dargestellte Abhängigkeit der Enzymaktivität vom pH-Wert der Lösung bei einer Temperatur von 30 °C anhand einer Modellvorstellung! 7

3.2 Zeichnen Sie ein vollständig beschriftetes Diagramm der Abhängigkeit der Enzymaktivität von der Temperatur bei pH = 4,5! 4

40

Lösungsvorschläge

1.1 Kappa-Casein Moleküle bestehen aus einem lipophilen Molekülteil A und einem hydrophilen Molekülteil B. Dieser **amphiphile** Charakter der Moleküle ist dafür verantwortlich, dass Kappa-Casein Moleküle **grenzflächenaktiv** sind. Dabei ragt der polare Molekülteil B in die wässrige Phase der Milch-Emulsion und ist somit für die Wasserlöslichkeit der Micelle verantwortlich. Der unpolare Rest A wird von den Wassermolekülen abgeschirmt.
Das Enzym Chymozym spaltet den Molekülteil B aus dem Kappa-Casein-Molekül ab. Dadurch verlieren sie den polaren, d. h. hydrophilen Teil und die unpolaren Reste A werden nicht mehr abgeschirmt. Die Spaltprodukte B sind lipophil und **aggregieren** zu größeren Einheiten. Dies entspricht der Beobachtung, dass Milch nach Zugabe des Enzyms ausflockt.

1.2 *Bei dem Operator „vergleichen" wird nach Gemeinsamkeiten und Unterschieden gefragt.*

In beiden Fällen steigt die Geschwindigkeit des enzymatischen Abbaus mit der Substratkonzentration.
Die maximale Abbaugeschwindigkeit von Enzym A ist bei der Substratkonzentration von 2,5 g · L^{-1} Casein mit über 16 g · h^{-1} jedoch viermal so groß, wie die Abbaugeschwindigkeit des Enzyms B. Steigert man die Substrakonzentration um 0,5 g · L^{-1} auf 3,0 g · L^{-1} Casein, so beobachtet man bei Enzym A eine weitere Steigerung der Abbaugeschwindigkeit, während bei B keine weitere Steigerung mehr eintritt. Dies lässt sich dadurch erklären, dass bei Enzym B bei 2,5 g · L^{-1} Substratkonzentration bereits alle Enzym-Substrat-Komplexe gebildet sind, während vom Enzym A noch freie Enzym-Moleküle vorliegen, die durch weitere Zugabe von Substratmolekülen besetzt werden können.

2.1 Mögliche Sekundärstrukturen von Peptid-Molekülen sind:

α-Helix: Dabei handelt es sich um eine schraubenförmige Struktur, bei der die Reste der Aminosäuren nach außen ragen.

β-Faltblatt: Dabei handelt es sich um eine Faltblattstruktur ähnlich einer Ziehharmonika, bei der die Reste der Aminosäure abwechselnd nach oben bzw. unten aus der Faltblattstruktur herausragen.

2.2 Durch die Gabe von Methanal reagieren freie Aminogruppen der Aminosäurereste mit der **Säureamid-Bindung** (Peptidbindung) unter Wasserabspaltung (Kondensation). In der Folge entsteht eine Methylenbrücke.
Die Verknüpfung der einzelnen Peptidmoleküle durch diese zusätzlichen Elektronenpaarbindungen führt zu einer Vernetzung. Die Zugfestigkeit erhöht sich, da nun mehr Kraft benötigt wird, um die einzelnen Moleküle gegeneinander zu verschieben.

2.3 *Die Produkte der Hydrolyse lassen sich leicht erschließen, in dem man das Molekül – wie in der Angabe beschrieben – an den Esterbindungen spaltet.*

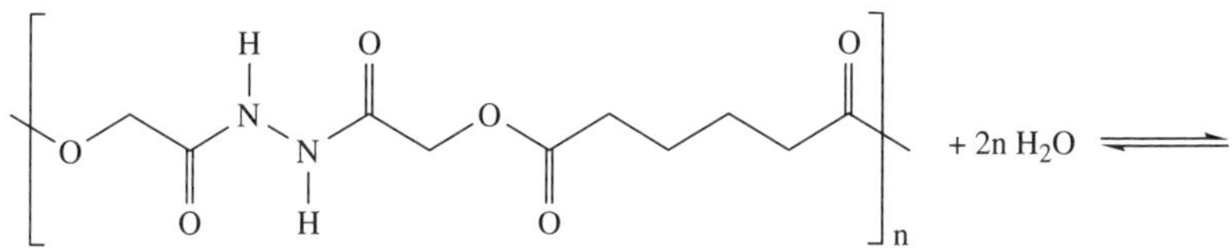

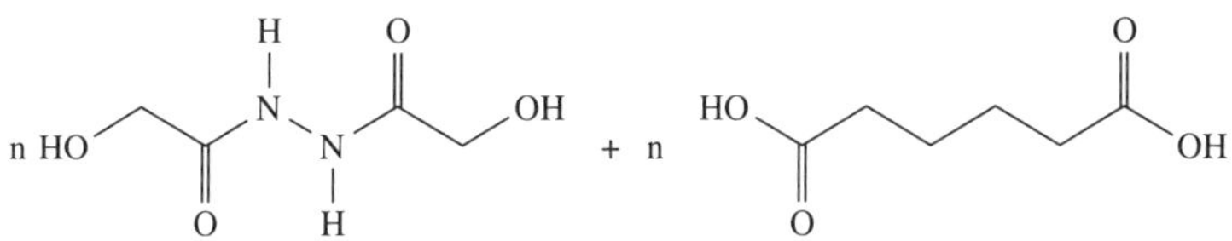

3.1 Bei einer enzymatischen Reaktion bindet ein Substrat an das aktive Zentrum des Enzyms nach dem sog. **Schlüssel-Schloss-Prinzip**. Der räumliche Bau eines Substrates muss demnach genau komplementär zum räumlichen Bau des aktiven Zentrums des Enzyms sein. Dann findet die enzymatische Reaktion statt.
Aus den Messdaten im Diagramm für die Enzymaktivität bei 30 °C (Optimumskurve) ergibt sich, dass die Enzymaktivität von Phospholipase A1 bei einem pH-Wert von ca. 4,5 am größten ist.

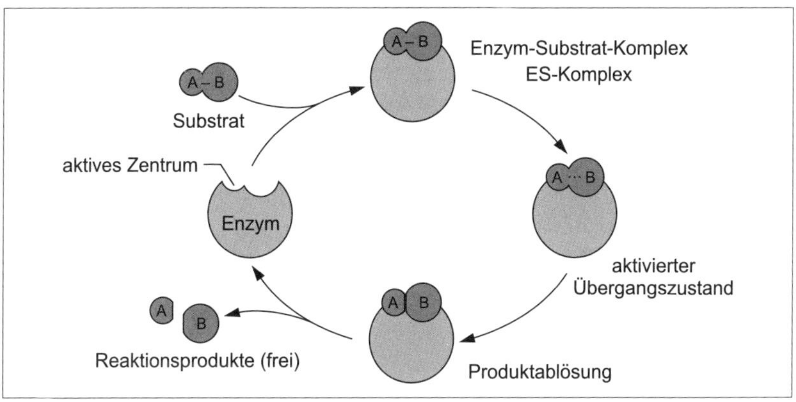

Verändert sich der pH-Wert, ändert sich auch der räumliche Bau des Proteinanteils der Phospholipase A1. In der Folge sinkt die Enzymaktivität, weil das Substrat nicht mehr an das aktive Zentrum des Enzyms passt und es daher nicht mehr von diesem umgesetzt werden kann.

3.2 *Bei dieser Aufgabe muss man die Informationen aus Abb. 5 über die von der Temperatur sowie dem pH-Wert abhängige maximale Enzymaktivität benutzen. Dafür werden die Enzymaktivitäten bei pH = 4,5 für die unterschiedlichen Temperaturen ermittelt und in einem Diagramm gegen die Temperatur aufgetragen.*

Bei pH = 4,5 ergeben sich für die gegebenen Temperaturen folgende Enzymaktivitäten:

Temperatur	30 °C	40 °C	50 °C	60 °C	70 °C
relative Enzymaktivität	60 %	80 %	100 %	95 %	35 %

In dem folgenden Diagramm ist die Abhängigkeit der relativen Enzymaktivität von der Temperatur dargestellt:

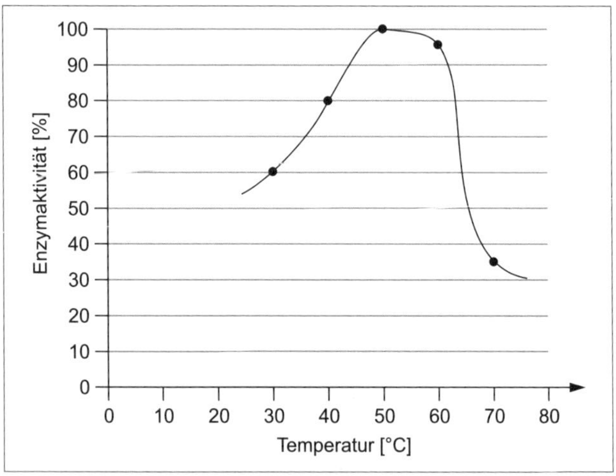

Abiturprüfung 2015 Chemie (Bayern G8)
Aufgabe A2: Polyamide

BE

1 Das Zeitalter der synthetischen Polyamide begann in den dreißiger Jahren des letzten Jahrhunderts. Mit Produkten wie Nylon oder Perlon revolutionierte die neue Kunststoffgruppe damals die Textilbranche. Polyamide werden auch heute noch in großen Mengen zu Fasern verarbeitet, jedoch haben sie dank ihrer guten mechanischen Eigenschaften und der großen chemischen Beständigkeit längst in vielen anderen Branchen Einzug gehalten.
Folgende Monomere können zur Herstellung von Polyamiden verwendet:

A	Hexandisäure
B	1,6-Diaminohexan
C	1,10-Diaminodecan
D	Decandisäure

Tab. 1: Monomere zur Synthese von Polyamiden

Aus diesen Monomeren lassen sich folgende Kunststoffe herstellen:

Monomer 1	Monomer 2	Polymer
A	B	PA 6,6
A	C	PA 10,6
D	B	PA 6,10
D	C	PA 10,10

Tab. 2: Polyamide, die aus den Monomeren in Tabelle 1 hergestellt werden können

1.1 Formulieren Sie die Strukturformelgleichung der Polyreaktion, die der Synthese von PA 6,6 zugrunde liegt! 4

1.2 Im Vergleich zu anderen Kunststoffen können Polyamide relativ viel Wasser binden. Das Wasseraufnahmevermögen variiert dabei je nach Polyamidsorte:

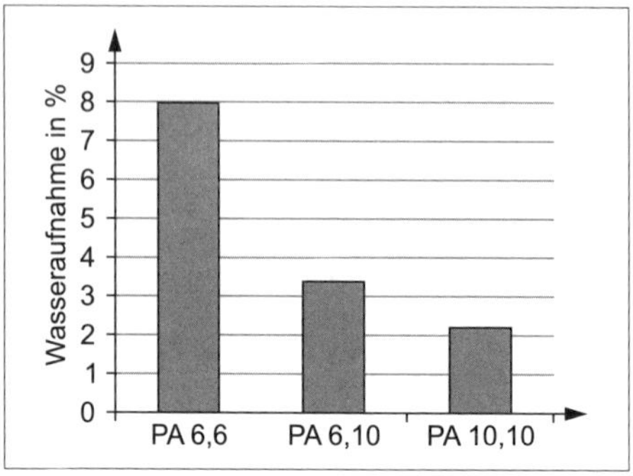

Abb. 1: Wasseraufnahme verschiedener Polyamidsorten bei 100 % Luftfeuchtigkeit (Wasseraufnahme in Prozent der Kunststoffmasse)
(verändert nach: A. Müller: Neue langkettige Polyamide für Automotive. EMS-Chemie AG, Pressemitteilung vom 25.11.2011, http://plasticker.de/news/images/_news/15561_f.03.jpg, zuletzt aufgerufen am 16. 4. 14)

Erklären Sie mithilfe des Diagramms den Zusammenhang zwischen der Molekülstruktur und dem Wasseraufnahmevermögen der drei Polyamide! 5

2 Polyamide sind wie andere erdölbasierte Kunststoffe meist schwer biologisch abbaubar. In den Meeren sammeln sich diese Materialien und werden mit der Zeit zu winzigen Partikeln, sogenanntem Mikroplastik, zerrieben.
Die Bedeutung des Mikroplastiks für die Umwelt wird in folgendem Schema dargestellt:

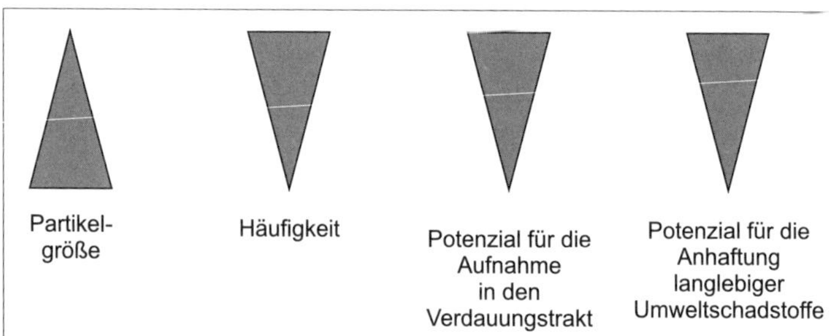

Abb. 2: Bedeutung von Mikroplastik für die Umwelt
(verändert nach: P. Holm, G. Schulz, K. Athanasopulu: Mikroplastik – ein unsichtbarer Störenfried. In: Biologie in unserer Zeit. 43. Jg. 2013 / 1, S. 29)

2.1 Begründen Sie mithilfe von Abbildung 2, weshalb kleine Kunststoffpartikel eine größere Umweltgefahr darstellen als große! 3

2.2 Ein niederländisches Forschungsteam um einen 20-jährigen Forscher arbeitet derzeit an Lösungen, die Kunststoffpartikel aus dem Meer zu fischen und einer Verwertung zuzuführen.
Begründen Sie, weshalb dieser Kunststoffabfall nicht durch Umschmelzen (werkstoffliches Recycling) wiederverwertet werden kann, und schlagen Sie eine alternative Form der Verwertung vor! 3

2.3 Polyamide können enzymatisch gespalten werden. Forscher haben hierzu eine Polyamidase aus dem Bakterium Nocardia farcinica isoliert und deren Eigenschaften untersucht. Das Enzym weist ein Temperaturoptimum von ca. 60 °C und ein pH-Optimum zwischen 10 und 11 auf.

2.3.1 Beschreiben Sie eine Versuchsreihe, mit der das pH-Optimum eines Enzyms ermittelt werden kann! 4

2.3.2 In einer weiteren Versuchsreihe wurde festgestellt, dass das genannte Enzym neben Polyamiden auch Polyurethane abbauen kann. Eine Spaltung von Polyethen (PE) fand dagegen nicht statt.
Stellen Sie unter Mitverwendung von Strukturformelausschnitten eine begründete Hypothese auf, die beide Beobachtungen erklärt! 8

2.3.3 Zur Analyse der Primärstruktur des Enzyms wird dieses säurekatalysiert hydrolysiert. Das entstehende Aminosäuregemisch soll durch Elektrophorese aufgetrennt werden.
Die folgende Abbildung zeigt das Wanderungsverhalten einer Aminosäure bei verschiedenen Elektrophoreseversuchen:

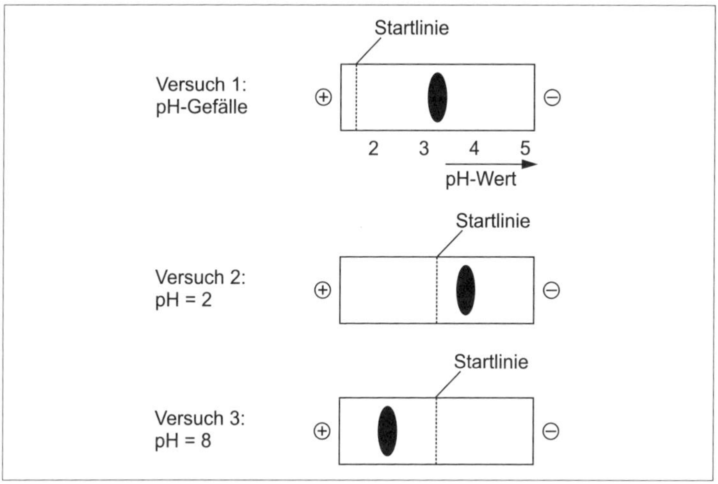

Abb. 3: Wanderungsverhalten einer Aminosäure bei unterschiedlichen Elektrophorese-Versuchen

In der folgenden Tabelle sind die isoelektrischen Punkte verschiedener Aminosäuren angegeben:

Aminosäure	IUPAC-Name	IEP
Serin (Ser)	2-Amino-3-hydroxypropansäure	5,7
Alanin (Ala)	2-Aminopropansäure	6,1
Lysin (Lys)	2,6-Diaminohexansäure	9,7
Glutaminsäure (Glu)	2-Aminopentandisäure	3,2

Tab. 3: Isoelektrische Punkte verschiedener Aminosäuren

Leiten Sie ab, welche dieser Aminosäuren aufgetragen wurde, und erläutern Sie deren Wanderungsverhalten in den Versuchen 1 bis 3 unter Verwendung geeigneter Strukturformeln! 9

3 Die folgende Struktureinheit tritt sowohl in Proteinen als auch in Polyamiden auf:

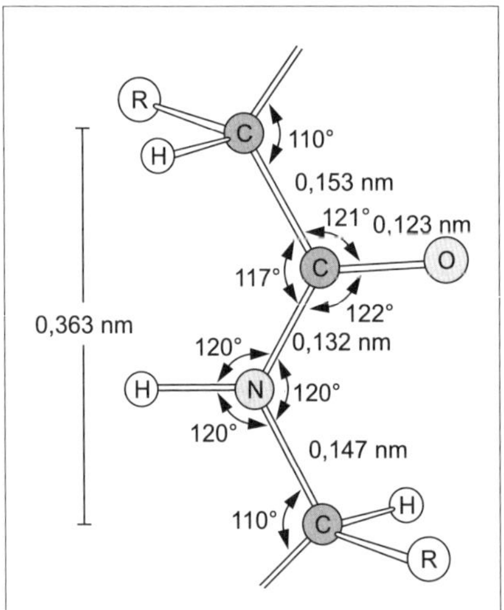

Abb. 4: Strukturausschnitt eines Proteinmoleküls (verändert nach: D. Doenecke, J. Koolman, G. Fuchs, W. Gerok: Karlsons Biochemie und Pathobiochemie. Thieme Verlag, Stuttgart, 2005, 15. Auflage)

Begründen Sie unter Mitverwendung von Grenzstrukturformeln die unterschiedlichen Bindungslängen der beiden in Abbildung 4 dargestellten Kohlenstoff-Stickstoff-Bindungen! 4

40

Lösungsvorschläge

1.1 Synthese von PA 6,6 aus Hexandisäure und 1,6-Diaminohexan:

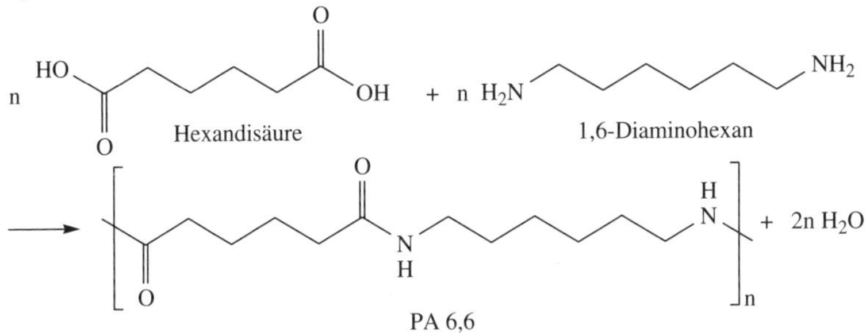

1.2 Von den drei untersuchten Makromolekülen nimmt PA 6,6 am meisten und PA 10,10 am wenigsten Wasser auf.
Dies lässt sich dadurch erklären, dass sich umso mehr Wassermoleküle über Wasserstoffbrücken an die Säureamidgruppe anlagern können, je polarer das Makromolekül insgesamt ist.
Da PA 10,10 den größten Anteil unpolarer Alkylketten zwischen den (polaren) Säureamidgruppen hat, können vergleichsweise wenig Wassermoleküle aufgenommen werden. Umgekehrt ergibt sich für PA 6,6, dass dieses Polymer aufgrund der kleinen Alkylketten stärker polar ist und somit viele Wassermoleküle einlagern kann.
Grundsätzlich gilt: Je geringer der Anteil der Alkylketten am Makromolekül ist, desto polarer ist es und kann dementsprechend mehr Wasser anlagern.

2.1 Das Schema in Abbildung zeigt, dass kleinere Partikel häufiger als große vorkommen. Da kleinen Partikeln zudem mehr Umweltschadstoffe anhaften und sie leichter in den Verdauungstrakt aufgenommen werden, stellen sie im Vergleich zu größeren Partikeln eine höhere Gefahr für die Umwelt dar.

2.2 Da sich verschiedene Kunststoffsorten in dem Abfall befinden, kann man die einzelnen Kunststoffe nicht sortenrein aus dem Meer zurückgewinnen, d. h. man erhält ein Gemisch, das sich nicht werkstofflich recyceln lässt.
Eine mögliche Alternative wäre die thermische Verwertung des Abfalls bei dem die Kunststoffe verbrannt werden und die dabei frei werdende Wärmeenergie genutzt wird.

2.3.1 Um das pH-Optimum eines Enzyms zu ermitteln bietet sich die folgende Versuchsdurchführung an:
Als Messgröße für die Enzymaktivität wird z. B. die Abbaurate des Substrates genutzt. In dem Experiment wird nun diese bei verschiedenen pH-Werten und ansonsten gleichen Versuchsbedingungen ermittelt und verglichen. Am pH-Optimum ist die Abbaurate des Substrates am höchsten.

2.3.2 Vergleicht man die Struktur der drei genannten Kunststoffe so ergibt sich folgendes Bild:

Polyamide:

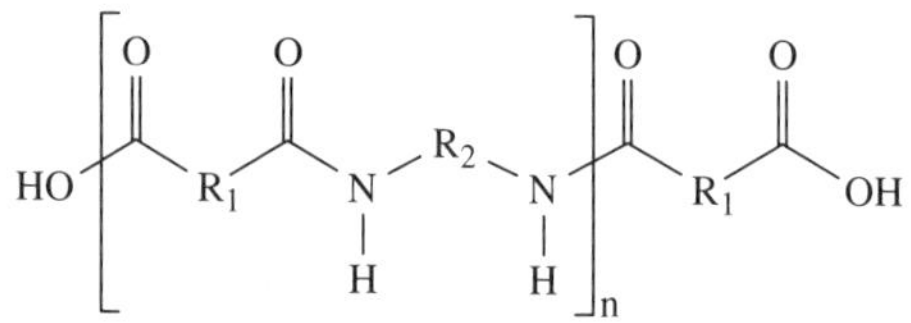

Polyurethan:

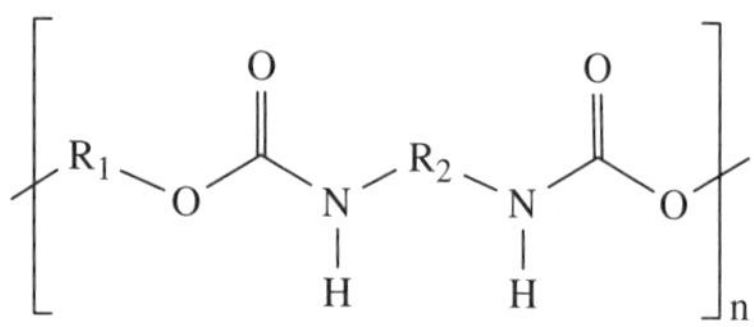

Polyethen:

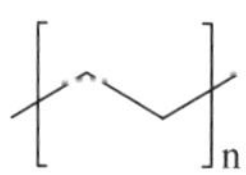

Eine mögliche Hypothese, warum Polyethen im Gegensatz zu den anderen beiden Kunststoffen nicht von dem Enzym Polyamidase abgebaut wird, ist, dass Enzyme auf Grund des **Schlüssel-Schloss-Prinzips** sehr substratspezifisch sind. Während Polyamide und Polyurethane aufgrund ihrer ähnlichen räumlichen Struktur beide in das aktive Zentrum des Enzyms passen, scheint das bei dem kleineren Polyethen-Molekül nicht der Fall zu sein. Deshalb wird es wahrscheinlich von der Polyamidase nicht katalytisch abgebaut.

2.3.3 In Versuch 1 wandert die gesuchte Aminosäure durch einen pH-Wert Gradienten bis zu einem pH-Wert knapp über 3. Hier stoppt die Wanderungsbewegung, d. h. das Molekül muss bei diesem pH-Wert nach außen hin ungeladen (neutral) sein. Bei Aminosäuren ist das Fall, wenn die zwitterionische Form vorliegt. Dieser pH-Wert wird als der isoelektrische Punkt (IEP) der Aminosäure bezeichnet.
Vergleicht man diesen experimentellen Befund mit den tabellierten Werten, so muss es sich bei der Aminosäure um **Glutaminsäure** (IEP = 3,2) handeln.

Am isoelektrischen Punkt liegt die Glutaminsäure als sogenanntes Zwitterion vor (a).
Ist der pH-Wert im Experiment kleiner als der IEP, so liegt die Aminosäure in kationischer Form (b) vor und wandert dementsprechend (wie in Versuch 2) zum Minuspol.
Ist der pH-Wert in der Elektrophorese größer als der IEP, so liegt die Aminosäure in anionischer Form vor und wandert (wie in Versuch 3) zum Pluspol. Dabei steht das einwertige (c) mit dem zweiwertigen Anion (d) im Gleichgewicht.

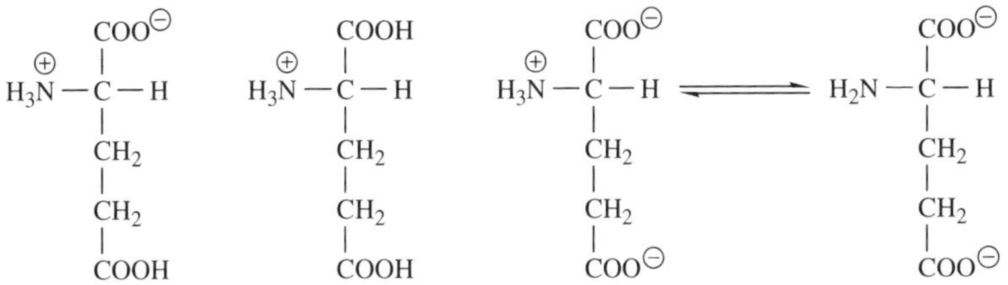

(a) (b) (c) (d)

Die zu ermittelnde Aminosäure Glutaminsäure bildet zwei verschiedene anionische Strukturen aus. Bei pH = 8 liegen beide Formen nebeneinander in einem Gleichgewicht vor und wurden deshalb beide als Lösung angeben. Je nach Lehrkraft kann hier aber auch eine der beiden anionischen Formen bereits zur völligen Lösung der Aufgabe reichen.

3 Eine der C-N-Bindungen ist Teil der Peptidbindung und damit auch Teil eines mesomeren Systems mit delokalisierten Elektronen:

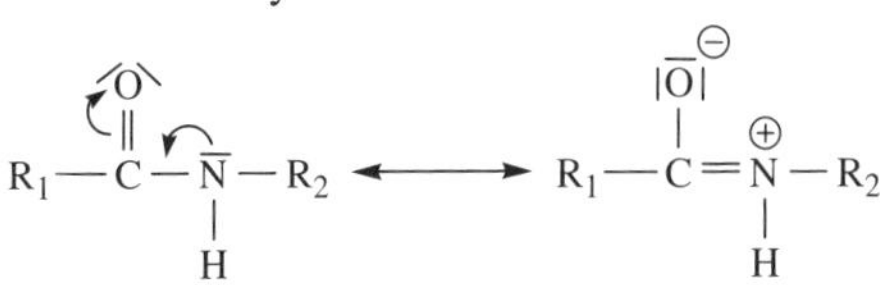

Die mesomere Grenzstruktur verdeutlicht den **partiellen Doppelbindungscharakter** dieser C-N-Bindung (in Abb. 4 die obere). Daher ist diese kürzer als die untere C-N-Bindung in Abb. 4. Diese C-N-Bindung (entspricht oben der N-R_2-Bindung) ist nicht Teil eines mesomeren Systems und hat damit den Charakter und die Länge einer reinen Einfachbindung.

Abiturprüfung 2015 Chemie (Bayern G8)
Aufgabe B1: Erfrischungsgetränke

BE

1 Bei längerer Lagerung von Erfrischungsgetränken kann es zu einer Hydrolyse der darin enthaltenen Saccharose kommen. Der Grad dieser Hydrolyse kann durch die Bestimmung der optischen Aktivität der Lösung ermittelt werden.
Um Vergleichswerte zu erhalten, wird Saccharose in saurer wässriger Lösung vollständig hydrolysiert und währenddessen die optische Aktivität des Versuchsansatzes gemessen. Hierbei ergibt sich folgendes Diagramm:

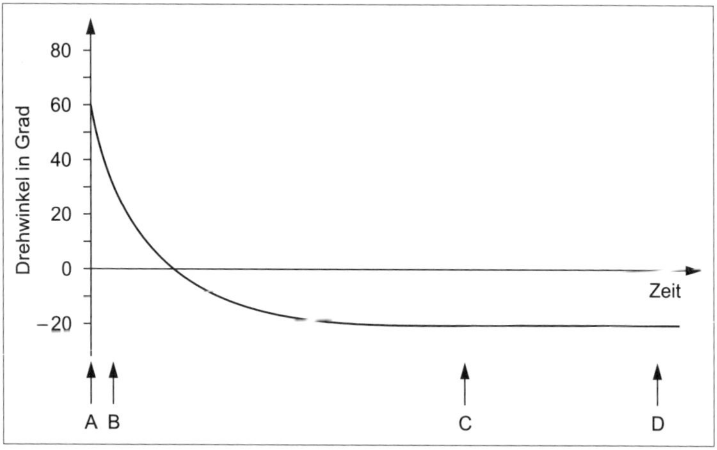

Abb. 1: Veränderung des Drehwinkels während der säurekatalysierten Hydrolyse einer Saccharoselösung

1.1 Formulieren Sie die Reaktionsgleichung für die säurekatalysierte Hydrolyse von Saccharose unter Mitverwendung von HAWORTH-Projektionsformeln und leiten Sie aus dem Diagramm Aussagen über die optische Aktivität der Saccharose und der Produkte ab! 7

1.2 Der Reaktionsverlauf der Hydrolyse kann auch untersucht werden, indem zu den mit A, B, C und D markierten Zeitpunkten Proben aus dem Ansatz entnommen werden, mit denen eine FEHLING-Probe durchgeführt wird. Die FEHLING-Probe verläuft in Abhängigkeit von der Konzentration der nachzuweisenden Substanzen unterschiedlich stark.

1.2.1 Vergleichen Sie die Ergebnisse der FEHLING-Proben bei den Versuchen A, B, C und D und begründen Sie Ihre Aussagen! 8

1.2.2 Das Redoxpotential des FEHLING-Reagenz hängt vom pH-Wert der Lösung ab.
Formulieren Sie die Reduktionsgleichung der Fehling-Probe und berechnen Sie mithilfe der NERNST-Gleichung, wie sich das Redoxpotential bei Änderung des pH-Wertes von pH = 11 auf pH = 13 ändert! Sie können hierbei von einer Konzentration $c(Cu^{2+}) = 0{,}28\ mol \cdot L^{-1}$ ausgehen. 9

2 Der Geschmack von Apfelsaft beruht unter anderem auf im Saft enthaltenem Butansäureethylester (Ethylbutanoat).
Butansäureethylester lässt sich auch im Labor herstellen. Dazu werden in Experiment A je eine Stoffmenge von 0,5 mol Butansäure und 0,5 mol Ethanol in einem geschlossenen System zur Reaktion gebracht.
Abbildung 2 zeigt die Veränderung der Stoffmengen von Butansäure und Ester in Abhängigkeit von der Zeit:

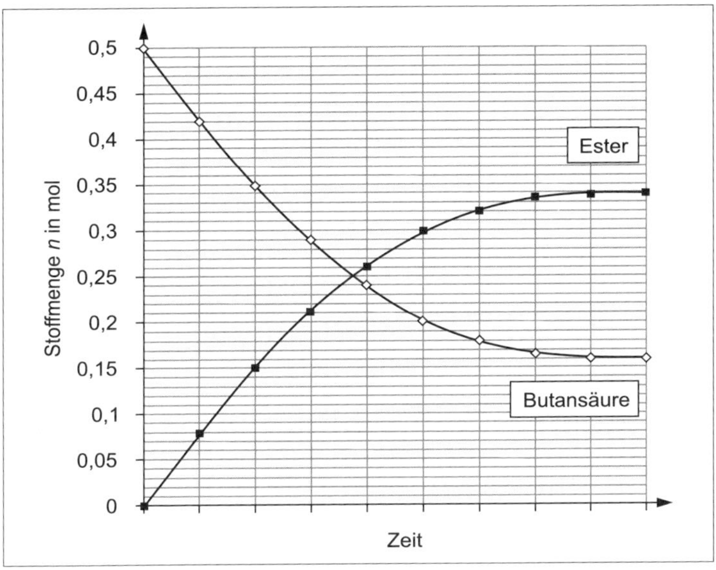

Abb. 2: t/n-Diagramm zur Synthese von Butansäureethylester

2.1 Formulieren Sie die Strukturformelgleichung für die Estersynthese und berechnen Sie mithilfe der Angaben aus dem Diagramm die Gleichgewichtskonstante K für die Synthese von Butansäureethylester! 6

2.2 Bei einem Experiment B wird unter sonst gleichen Bedingungen konzentrierte Schwefelsäure als Katalysator zugesetzt.
Zeichnen Sie in Abbildung 2 die zu erwartenden Kurvenverläufe für dieses Experiment ein und erklären Sie deren Verlauf! 7

2.3 Die Synthese von Butansäureethylester verläuft exotherm.
Begründen Sie die Auswirkung einer Temperaturerhöhung auf die Gleichgewichtslage anhand des Prinzips von LE CHATELIER! 3

40

Lösungsvorschläge

1.1 Die **säurekatalysierte Hydrolyse** von Saccharose verläuft nach folgender Reaktionsgleichung:

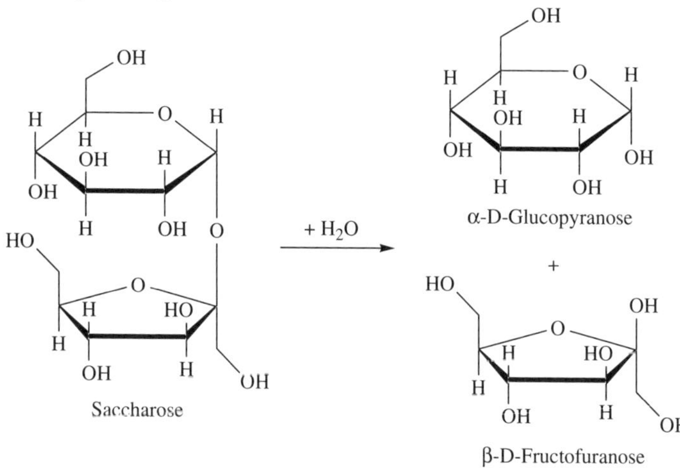

Saccharose-Moleküle drehen die Schwingungsebene von linear polarisiertem Licht unter den Versuchsbedingungen um 66° im Uhrzeigersinn. Das entstehende Produktgemisch aus α-D-Glucose und β-D-Fruktose dreht die Schwingungsebene linear polarisierten Lichts in dem Versuch um 20° gegen den Uhrzeigersinn.

1.2.1 **Zeitpunkt A:** In der Lösung liegen nur Saccharose-Moleküle vor, bei denen die anomeren C-Atome an der glykosidischen Bindung beteiligt sind. Dadurch ist in wässriger Lösung keine Ringöffnung möglich und dementsprechend verläuft die FEHLING'sche Probe negativ. Saccharose ist daher ein nicht-reduzierender Zucker.

Zeitpunkt B: Zum Zeitpunkt B liegen in der Lösung neben Saccharose-Molekülen auch bereits einzelne α-Glucose und β-Fructose Moleküle vor. Diese Hydrolyseprodukte wirken beide reduzierend, da in der offenkettigen Form eine freie Aldehydgruppe (bei Glucose) vorliegt bzw. durch Umlagerung entstehen kann (bei Fructose). Die FEHLING'sche Probe verläuft zu diesem Zeitpunkt daher schwach positiv.

In wässrigen Zuckerlösungen steht die offenkettige Form mit den den ringförmigen Halbacetalen (α- und β-Form) im Gleichgewicht. Dabei liegt das Gleichgewicht stark auf der Seite der Halbacetale. Aber schon der geringe Prozentsatz der offenkettigen (Aldehyd-)Form sorgt für eine positive FEHLING-Probe, da im Verlauf der Reaktion diese zunächst dem Gleichgewicht entzogen und in der Folge aus den Halbacetalen nachgebildet wird.
Fructose ist in der offenkettigen Form eine Ketose, die jedoch durch die Keto-Enol-Tautomerie zu Glucose umgelagert werden kann:

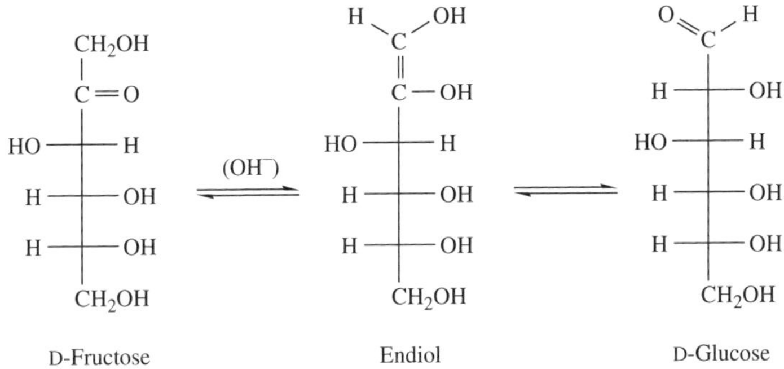

Zeitpunkt C: Die Konzentration der Hydrolyseprodukte β-Fructose und α-Glucose ist wesentlich höher als bei B, d. h. die FEHLING'SCHE Probe verläuft stärker positiv als bei B.

Zeitpunkt D: Hier trifft die gleiche Beobachtung wie bei C zu, da die Konzentration der Hydrolyseprodukte gleich bleibt.

1.2.2 *Bei der Berechnung des Redoxpotenzials muss man beachten, dass Kupfer(I)-oxid bei der FEHLING'schen Probe als Feststoff vorliegt und die „Konzentration" dieser Substanz bei der NERNST'schen Gleichung dementsprechend mit dem Faktor 1 in das Argument des Logarithmus eingeht.*
Zudem ist das Redoxpotenzial abhängig vom pH-Wert, weil es durch die Konzentration der Hydroxidionen beeinflusst wird. Das Standardredoxpotenzial $E°(Cu^{2+}/Cu_2O)$ lässt sich nicht direkt aus der Formelsammlung entnehmen und wird durch das Standardredoxpotenzial $E°(Cu^{2+}/Cu^{+})$ ersetzt.

Reduktion:

$$2\,Cu^{2+} + 2\,e^- + 2\,OH^- \longrightarrow Cu_2O + H_2O$$

Geg.: $c(Cu^{2+}) = 0{,}28\ mol \cdot L–1$

Berechnung der **Konzentration** $c(OH^-)$:

$c(OH^-) = 10^{-pOH} = 10^{-(14-pH)}$

Für pH = 11 folgt damit $c(OH^-) = 10^{-3}\ mol \cdot L^{-1}$
Für pH = 13 folgt damit $c(OH^-) = 10^{-1}\ mol \cdot L^{-1}$

Berechnung des **Redoxpotenzials** $E(Cu^{2+}/Cu_2O)$ mithilfe der NERNST'schen Gleichung:

$$E(Cu^{2+}/Cu_2O) = E^0(Cu^{2+}/Cu_2O) + \frac{0,059\ V}{2} \cdot \lg\left\{\frac{c^2(Cu^{2+}) \cdot c^2(OH^-)}{c(Cu_2O)}\right\}$$

Für pH = 11 folgt damit

$$E(Cu^{2+}/Cu_2O) = 0,15\ V + \frac{0,059\ V}{2} \cdot \lg\left\{\frac{0,28^2 \cdot (10^{-3})^2}{1}\right\} = -0,059\ V$$

Für pH = 13 folgt damit

$$E(Cu^{2+}/Cu_2O) = 0,15\ V + \frac{0,059\ V}{2} \cdot \lg\left\{\frac{0,28^2 \cdot (10^{-1})^2}{1}\right\} = 0,058\ V$$

Somit ändert sich das Redoxpotenzial der FEHLING-Reaktion bei der Änderung des pH-Wertes von pH = 11 auf pH = 13 um ca. 0,117 V.

2.1 *Im dynamischen Gleichgewicht ändern sich die Stoffmengen der Reaktionspartner nicht mehr, d. h. sie lassen sich aus dem Diagramm ablesen, sobald ihr Wert konstant ist.*

Die **Estersynthese** läuft nach der folgenden Reaktionsgleichung ab:

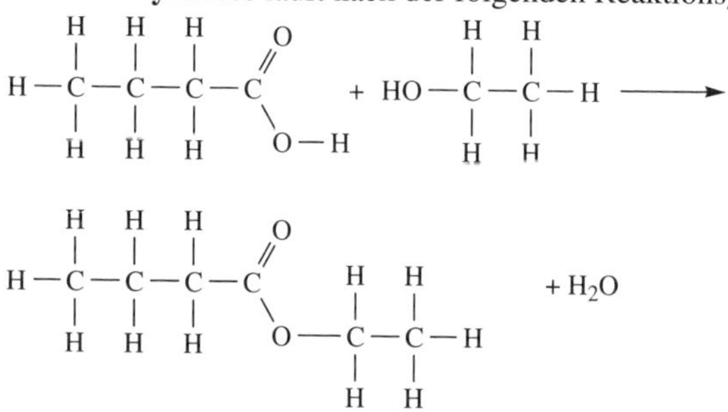

Im **Gleichgewicht** gilt:
n(Wasser) = n(Butansäureethylester) und n(Butansäure) = n(Ethanol)

Aus dem Diagramm lassen sich die Werte wie folgt ablesen:
n(Butansäureethylester) = 0,34 mol und n(Butansäure) = 0,16 mol

Mit dem **Massenwirkungsgesetz** ergibt sich:

$$K = \frac{n(\text{Wasser}) \cdot n(\text{Butansäureethylester})}{n(\text{Butansäure}) \cdot n(\text{Ethanol})}$$

$$= \frac{(0,34\ mol \cdot L^{-1})^2}{(0,16\ mol \cdot L^{-1})^2} = 4,5$$

Für das gegebene Ester-Gleichgewicht ergibt sich eine Gleichgewichtskonstante K von 4,5.

2.2 Mit Schwefelsäure als **Katalysator** (gestrichelte Linie) ändert sich die Gleichgewichtslage nicht, aber die Reaktionsgeschwindigkeit der Hin- und Rückreaktion erhöht sich, so dass sich das Gleichgewicht insgesamt schneller einstellt. Die Stoffmengen im Gleichgewicht mit Katalysator sind genauso groß wie ohne Katalysator.

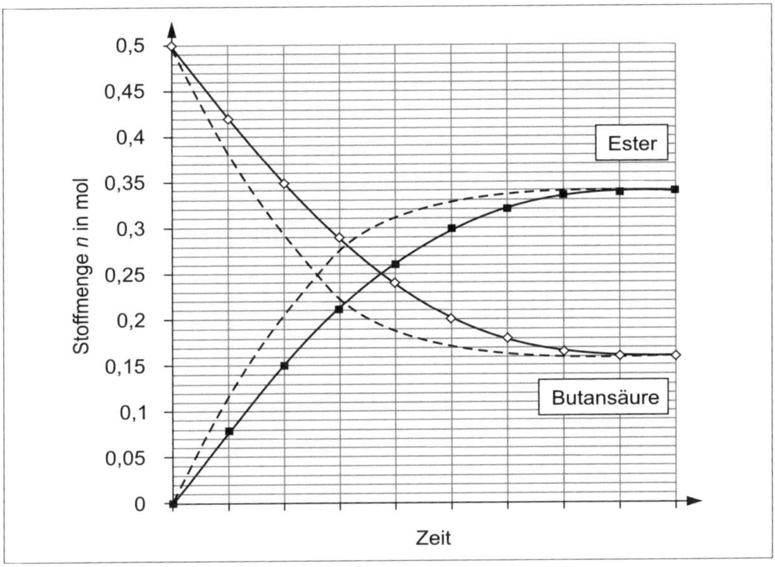

2.3 Durch eine **Temperaturerhöhung** (entspricht einer Energiezufuhr) läuft nach dem Prinzip vom kleinsten Zwang (von LE CHATELIER) die endotherme Teilreaktion bevorzugt und die exotherme Teilreaktion weniger stark ab. Bei der Estersynthese verschiebt sich daher die Gleichgewichtslage bei höheren Temperaturen auf die Eduktseite (linke Seite), d. h. es liegt mehr Ethanol und Butansäure im Gleichgewicht vor als bei niedrigeren Temperaturen.

BE

1 Silberlöffel werden heutzutage nur noch selten verwendet, da sie im Lauf der Zeit dunkel anlaufen. Bei diesem dunklen Belag handelt es sich um Silber(I)-sulfid (Ag_2S). Eine sehr einfache Methode der Reinigung basiert auf elektrochemischen Prozessen, die in einem Laborversuch näher untersucht werden.

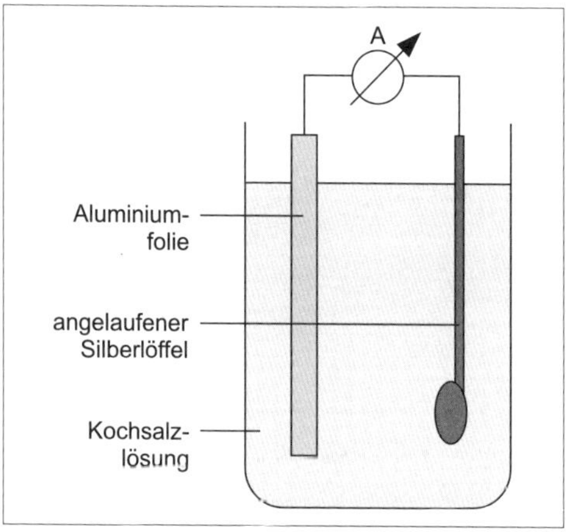

Abb. 1: Versuchsskizze zur Untersuchung der elektrochemischen Reinigung eines angelaufenen Silberlöffels

1.1 Beschreiben Sie die Versuchsbeobachtungen und geben Sie die Teilreaktionen für die ablaufenden Vorgänge an! 6

1.2 Zur Herstellung von versilberten Löffeln wird ein Rohling aus Edelstahl elektrolytisch mit einer fest haftenden Silberschicht überzogen.
Zeichnen Sie eine beschriftete Versuchsskizze für diesen Vorgang! 5

2 Für das Füttern von Kleinkindern gibt es mittlerweile Löffel, die in Abhängigkeit von der Temperatur ihre Farbe ändern. Eine solche reversible Farbänderung bezeichnet man als Thermochromie.

2.1 Die thermochromen Farbstoffe sind in eine Polymermasse eingebettet.
Die folgende Abbildung zeigt ein Monomer, das zur Herstellung des hierfür verwendeten Materials in einer Polykondensationsreaktion eingesetzt wird:

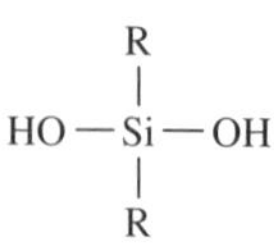

R = Seitengruppe

Abb. 2: Strukturformel eines möglichen Monomers

Geben Sie an, zu welcher Substanzklasse das Polymer gehört, und formulieren Sie eine entsprechende Synthesegleichung! 4

2.2 Die Thermochromie lässt sich im Labor mithilfe einfacher Systeme untersuchen: Erhitzt man eine schwach rosa gefärbte Lösung von Natriumethanoat (Natriumacetat) und Phenolphthalein in Wasser, so kann eine deutliche Farbvertiefung der Lösung beobachtet werden. Wird die Lösung anschließend in Eiswasser gestellt, so hellt sich die Farbe wieder auf. Im pH-Bereich zwischen 8,2 und 10,2 ändert sich die Farbe des Indikators Phenolphthalein von farblos nach rosa.
Die folgende Gleichung beschreibt das zugrunde liegende Protolyse-Gleichgewicht in wässriger Lösung:

$$H_3C-COO^- + H_2O \rightleftharpoons H_3C-COOH + OH^-$$

Abb. 3: Protolyse-Gleichgewicht

Erläutern Sie auf Grundlage des Prinzips von LE CHATELIER den Farbumschlag beim Erwärmen der Lösung! 6

3 Einweglöffel können aus Kunststoffen auf Stärkebasis hergestellt werden.

3.1 Zeichnen Sie einen zwei Baueinheiten umfassenden Strukturformelausschnitt eines Moleküls der Stärke! 3

3.2 Bei der Herstellung der Einweglöffel wird der Stärke unter anderem D-Sorbit als Weichmacher zugesetzt:

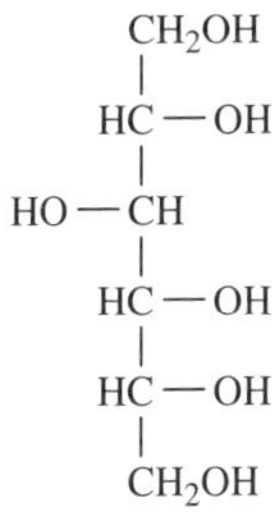

Abb. 4: FISCHER-Projektionsformel von D-Sorbit

D-Sorbit kann sowohl durch Reduktion von D-Glucose als auch durch Reduktion von D-Fructose hergestellt werden. Bei der Herstellung von D-Sorbit aus D-Fructose entsteht neben D-Sorbit auch D-Mannit, ein weiteres, zu D-Sorbit isomeres Produkt.

3.2.1 Erklären Sie unter Mitverwendung von FISCHER-Projektionsformeln, weshalb bei der Reduktion von D-Glucose nur ein Produkt auftritt, bei der Reduktion von D-Fructose hingegen zwei Isomere entstehen, und beschreiben Sie die stereochemische Beziehung zwischen D-Sorbit und D-Mannit! 8

3.2.2 Mit D-Glucose und D-Sorbit wird jeweils die Silberspiegel-Probe durchgeführt.
Beschreiben Sie die Durchführung der Probe, begründen Sie das jeweilige Ergebnis und formulieren Sie für die ablaufenden Reaktionen Reaktionsgleichungen! 8

40

Lösungsvorschläge

1.1 Bei dem Experiment werden folgende **Beobachtungen** gemacht:

- Die Masse der Aluminiumfolie nimmt ab.
- Der dunkle Belag auf dem Silberlöffel verschwindet. Der Löffel glänzt wieder silbern.
- Das Strommessgerät zeigt einen elektrischen Strom an.

Dabei laufen folgende **Teilreaktionen** ab:

Ox.: $Al \longrightarrow Al^{3+} + 3\,e^-$

Red.: $Ag_2S + 2\,e^- \longrightarrow 2\,Ag^+ + S^{2-}$

bzw. einfacher:

$Ag^+ + e^- \longrightarrow Ag$

1.2 Für die Herstellung eines versilberten Löffels kommt die folgende **Elektrolysezelle** zum Einsatz:

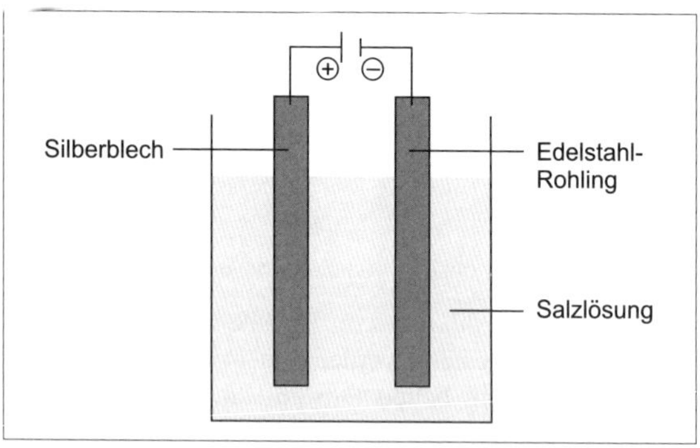

2.1 Das entsprechende Polymer gehört zu den **Silikonen**. Es lässt sich gemäß der folgenden Gleichung synthetisieren:

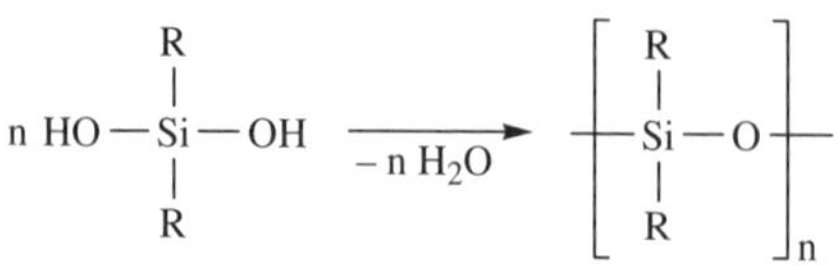

2.2 Durch die Reaktion der Ethanoat-Ionen mit Wasser bilden sich Hydroxid-Ionen, die mithilfe des Indikators Phenolphthalein nachgewiesen werden können. Je mehr Hydroxid-Ionen in der Lösung sind, desto größer ist ihr pH-Wert und desto intensiver ist Phenolphthalein gefärbt.
Die Lage des Gleichgewichts ist **temperaturabhängig**. Mithilfe des Prinzips vom kleinsten Zwang von LE CHATELIER lassen sich die Auswirkungen einer Temperaturänderung wie folgt beschreiben: Bei einer Temperaturerhöhung verschiebt sich das Gleichgewicht auf die Produktseite, da die Hinreaktion endotherm abläuft. Die beim Erhitzen beobachtete Farbvertiefung lässt sich also auf eine größere Hydroxid-Ionen-Konzentration zurückführen.

3.1 Folgende Abbildung zeigt einen Strukturformelausschnitt aus einem **Stärke-Molekül** aus zwei α-D-Glucose Einheiten, die 1,4-glykosidisch verknüpft sind:

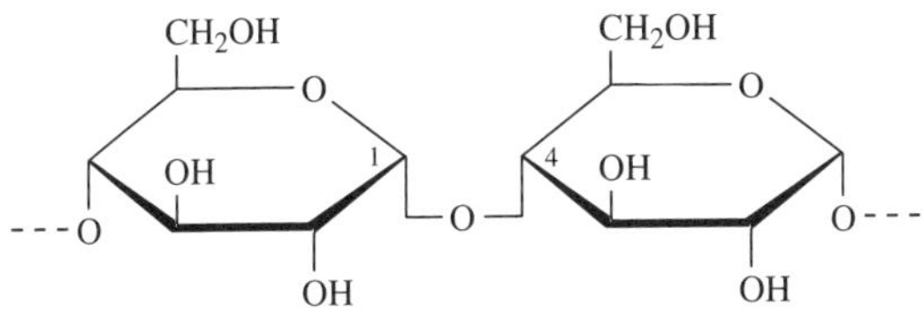

3.2.1 D-Glucose ist eine **Aldose**, d. h. es erfolgt eine Reduktion der Carbonyl-Gruppe an C_1-Atom:

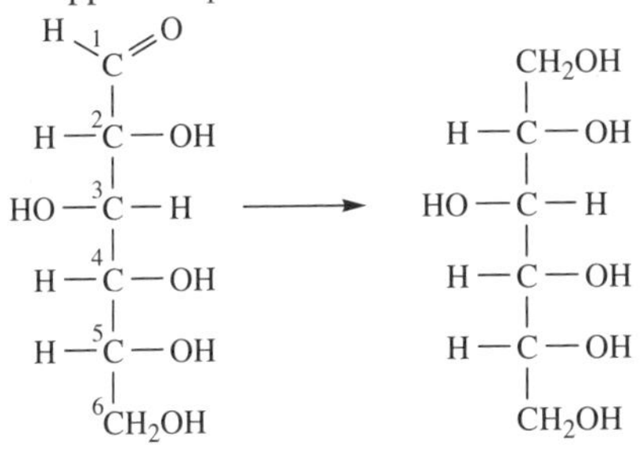

D-Glucose D-Sorbit

Es entsteht kein neues Chiralitätszentrum und somit nur das Produkt D-Sorbit. Die Chiralitätszentren am C_2, C_3, C_4 und C_5 bleiben erhalten.

Bei der Reduktion der Carbonylgruppe am C_2-Atom von Fructose bildet sich an diesem C-Atom ein neues **Chiralitätszentrum** (auch Stereozentrum) aus. Da bedeutet an dem C-Atom befinden sich nach der Reaktion 4 unterschiedliche Substituenten. An diesem neuen chiralen C-Atom sind nun zwei Konfigurationen *(R- oder S-)* möglich, wodurch zwei unterschiedliche Zucker entstehen: D-Mannit und D-Sorbit. Diese beiden Hexosen werden daher als **Diastereomere** oder sogar Anomere (unterscheiden sich in der Konfiguration an genau einem chiralen C-Atom) bezeichnet.

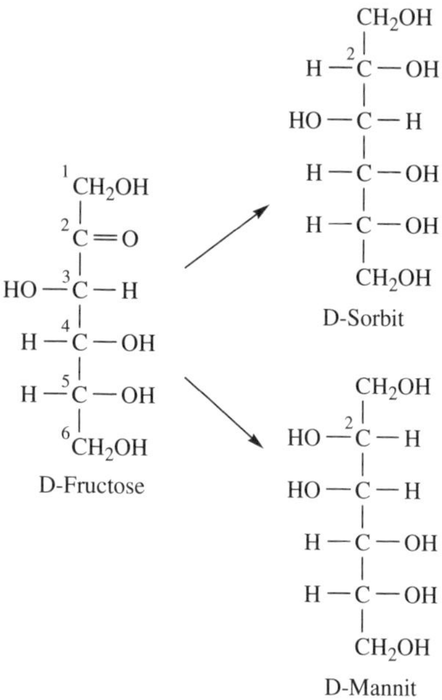

3.2.2 Bei der **Silberspiegelprobe** wird eine alkalische Silbernitratlösung solange mit Ammoniak versetzt bis sich der entstandene Niederschlag (Silber(I)-oxid) auflöst. Nach Zugabe der in Wasser gelösten Testsubstanz wird das Gemisch erwärmt. Bei einem positiven Nachweis bildet sich ein schwarzer bzw. silbrig glänzender Niederschlag. Im besten Fall überzieht das entstandene Silber das Reaktionsgefäß innen mit einem spiegelnden Belag.

Mit **D-Glucose** verläuft die Silberspiegel-Probe positiv, weil D-Glucose eine unter den entsprechenden Bedingungen oxidierbare Aldehyd-Gruppe am C_1-Atom trägt:

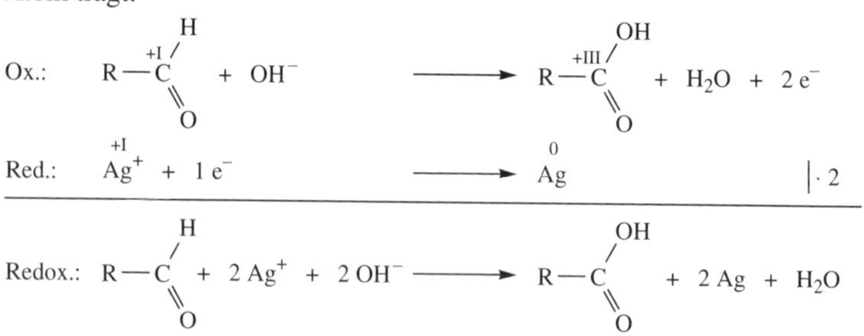

Bei **D-Sorbit** verläuft die Silberspiegel-Probe negativ, weil D-Sorbit keine oxidierbare Aldehydgruppe hat.

Abiturprüfung 2015 Chemie (Bayern G8)
Aufgabe C1: Vanillin

BE

Vanillin ($C_8H_8O_3$) ist der weltweit am häufigsten produzierte Aromastoff. Es wird unter anderem in Getränken, Speiseeis und Backwaren verwendet.

1 Vanillin kann in zwei tautomeren Formen auftreten. Als Tautomere bezeichnet man Isomere, die sich reversibel ineinander umlagern können. Die folgende Abbildung zeigt das Tautomerie-Gleichgewicht des Vanillins.

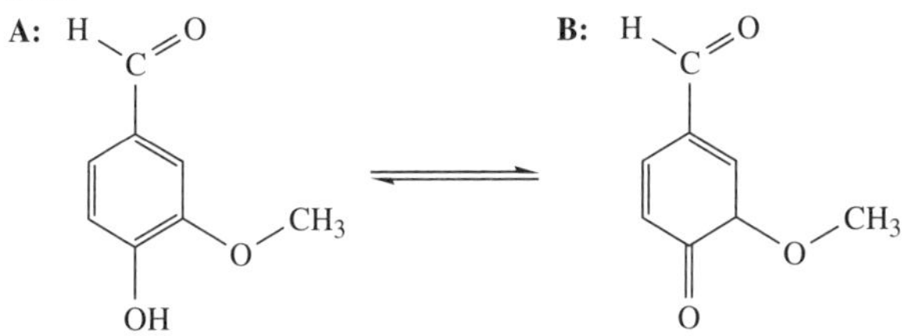

Abb. 1: Tautomerie-Gleichgewicht des Vanillins

Begründen Sie unter Berücksichtigung energetischer Aspekte, warum Vanillin bevorzugt in Form A vorliegt! 4

2 Der Inhalt eines Päckchens Vanillinzucker hat eine Masse von 8,0 g und enthält neben dem Aromastoff Vanillin nur Saccharose. Der Vanillingehalt muss aufgrund einer Norm zwischen 1,6 und 2,4 % liegen. Die Gehaltsbestimmung von Vanillin kann durch Titration mit Natronlauge erfolgen. Hierbei werden zur vollständigen Neutralisation des Vanillins aus einem Päckchen Vanillinzucker 8,6 mL Natronlauge mit der Konzentration $c(\text{NaOH}) = 0{,}10 \text{ mol} \cdot \text{L}^{-1}$ benötigt.
Ermitteln Sie, ob der Gehalt der Probe den Vorgaben der Norm entspricht! 8

3 Die folgende Abbildung zeigt die Titrationskurve der Titration einer Vanillinlösung mit Natronlauge der gleichen Konzentration:

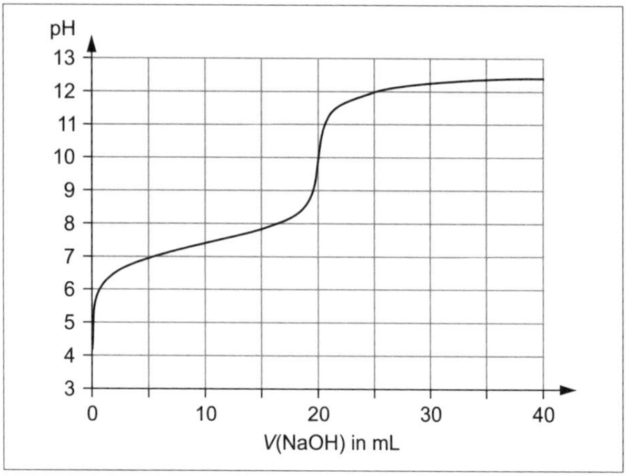

Abb. 2: Titrationskurve der Titration einer Vanillinlösung mit Natronlauge

3.1 Leiten Sie aus der Titrationskurve den pK_S-Wert des Vanillins ab! 5

3.2 Für eine weitere Titration wird der Indikator Methylrot mit einem Umschlagsbereich zwischen pH = 4,4 und pH = 6,2 verwendet.
Beurteilen Sie, ob die Titration mit diesem Indikator das richtige Ergebnis liefern kann! 3

4 Das für den Farbumschlag entscheidende Protolysegleichgewicht des Indikators Methylrot wird mit folgender Gleichung beschrieben:

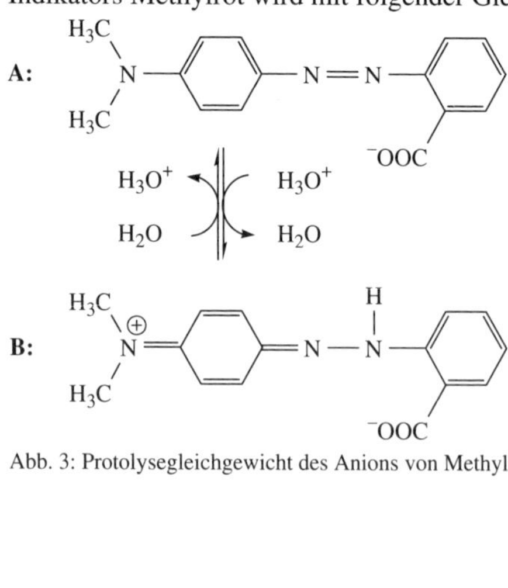

Abb. 3: Protolysegleichgewicht des Anions von Methylrot

4.1 Die folgende Abbildung zeigt die Absorptionsspektren von Methylrot bei verschiedenen pH-Werten in wässriger Lösung:

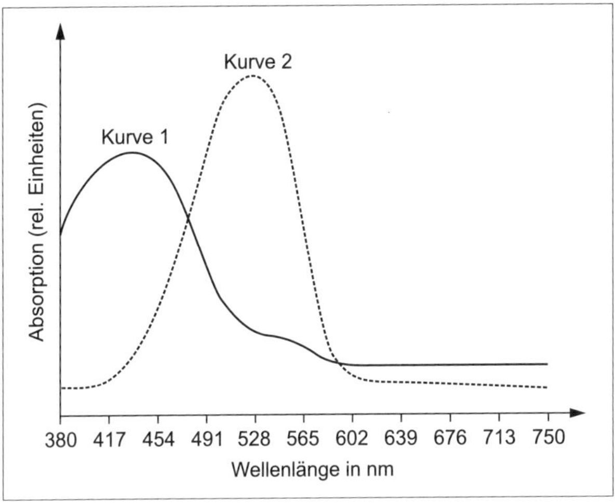

Abb. 4: Absorptionsspektren von Methylrot bei verschiedenen pH-Werten (experimentelle Messung mit Novospec II und analytik.net am 02. 02. 2014)

Ordnen Sie die beiden Graphen den Strukturformeln A und B zu und begründen Sie Ihre Aussage unter Mitverwendung von Grenzstrukturformeln! 9

4.2 Die Synthese von Methylrot erfolgt ausgehend von zwei reaktiven aromatischen Komponenten in zwei Schritten.
Formulieren Sie Strukturformelgleichungen für die beiden Syntheseschritte und benennen Sie diese! 7

5 Vanillezucker wird im Gegensatz zu Vanillinzucker aus Saccharose und dem fein geriebenen Mark der Vanilleschoten hergestellt. Er enthält daher eine Vielzahl verschiedener Inhaltsstoffe, unter anderem auch Fette.
Beschreiben Sie den Aufbau eines natürlichen Fettmoleküls! 4

40

Lösungsvorschläge

1 In der tautomeren Form A liegt mit dem Benzolkern ein System aus 3 konjugierten Doppelbindungen vor. Die beteiligten **Elektronen** sind **delokalisiert**, so dass sich ein energiearmes, mesomer stabilisiertes System bildet. Da dies bei der tautomeren Form B nicht der Fall ist, ist Molekül B energiereicher und Vanillin liegt bevorzugt in Form A vor.

2 *Einige für die Berechnung notwendige Angaben (z. B. molare Masse von Vanillin) müssen aus der Summenformel mithilfe des Periodensystems ermittelt werden. Eine Reaktionsgleichung der Neutralisation ist notwendig, um das entsprechende Stoffmengenverhältnis von Vanillin und Natronlauge ermitteln zu können.*

Geg.: $c(\text{NaOH}) = 0{,}1\ \text{mol} \cdot \text{L}^{-1}$
$V(\text{NaOH}) = 0{,}0086\ \text{L}$
$m(\text{Vanillinzucker}) = 8{,}0\ \text{g}$
$M(\text{Vanillin}) = 152\text{g} \cdot \text{mol}^{-1}$
Ges.: $w(\text{Vanillin})$

Reaktionsgleichung der Neutralisation:

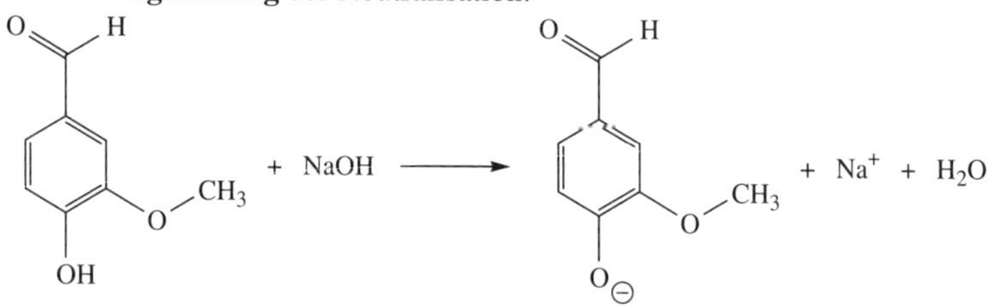

Berechnung des **Massenanteils** von Vanillin:

$$n(\text{Vanillin}) = n(\text{NaOH})$$
$$= c(\text{NaOH}) \cdot V(\text{NaOH})$$
$$= 0{,}1\ \text{mol} \cdot \text{L}^{-1} \cdot 0{,}0086\ \text{L} = 8{,}6 \cdot 10^{-4}\ \text{mol}$$
$$m(\text{Vanillin}) = n(\text{Vanillin}) \cdot M(\text{Vanillin})$$
$$= 8{,}6 \cdot 10^{-4}\ \text{mol} \cdot 152\ \text{g} \cdot \text{mol}^{-1} = 0{,}13\ \text{g}$$
$$w(\text{Vanillin}) = \frac{m(\text{Vanillin})}{m(\text{Vanillinzucker})}$$
$$= \frac{0{,}13\ \text{g}}{8{,}0\ \text{g}} = 0{,}016 = 1{,}6\ \%$$

Die Probe enthält einen Massenanteil von **1,6 % Vanillin** und entspricht damit den Vorgaben.

3.1 Am **Halbäquivalenzpunkt** dieser Titration gilt:
$pH = pK_S$, da c(Vanillin) = c(Vanillat).
Der Halbäquivalenzpunkt lässt sich direkt aus dem Diagramm ermitteln. Dazu liest man am ersten Wendepunkt der Titrationskurve, d. h. dem Halbäquivalenzpunkt, den pH-Wert an der Y-Achse des Diagramms ab. Es ergibt sich ein Wert von ca. 7,4.

Alternativ kann das Volumen der zugegebenen Natronlauge bis zum Äquivalenzpunkt der Titration, d. h. dem zweiten Wendepunkt der Kurve („Mitte des steilen Anstiegs") ermittelt werden. In der dargestellten Titration beträgt das zugegebene Volumen der Natronlauge 20 mL. Der Halbäquivalenzpunkt wird bei der Hälfte dieses Volumens, also 10 mL erreicht. Nun liest man in dem Diagramm wieder den pH-Wert bei V(NaOH) = 10 mL ab. Es ergibt sich ebenfalls der pK_S-Wert von ca. 7,4.

3.2 Damit ein Indikator für eine Titration geeignet ist, muss der pH-Wert am **Äquivalenzpunkt** der Titration innerhalb des **Indikatorumschlagbereiches** liegen. Bei der dargestellten Titration beträgt der pH-Wert am Äquivalenzpunkt ca. 10 und liegt damit außerhalb des angegebenen Umschlagsbereiches von Methylrot. Es würde ein zu geringer Vanillingehalt ermittelt werden, weil der Indikator bereits bei Zugabe von ca. 1–2 mL Natronlauge, also weit vor dem Äquivalenzpunkt, umschlagen würde. Methylrot ist somit für diese Titration als Indikator nicht geeignet.

4.1 *In den gegebenen Strukturformeln wurden alle nichtbindenden Elektronenpaare weggelassen. Für die Bildung der mesomeren Grenzformeln ist es jedoch wichtig, diese zu ergänzen.*

Folgende **mesomere Grenzstrukturen** können beispielsweise für die beiden gegebenen Moleküle formuliert werden:

Molekül A

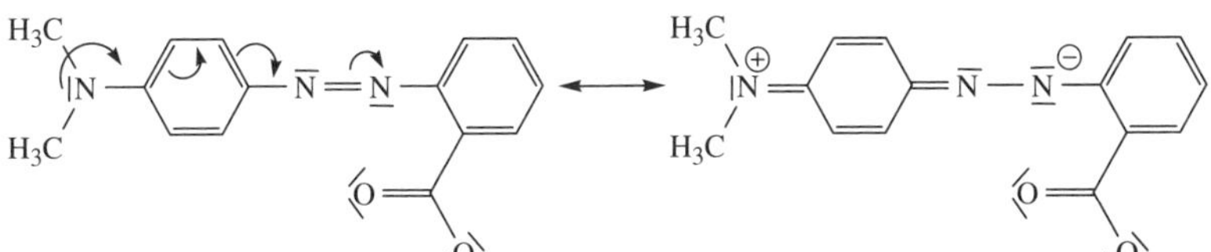

Molekül B

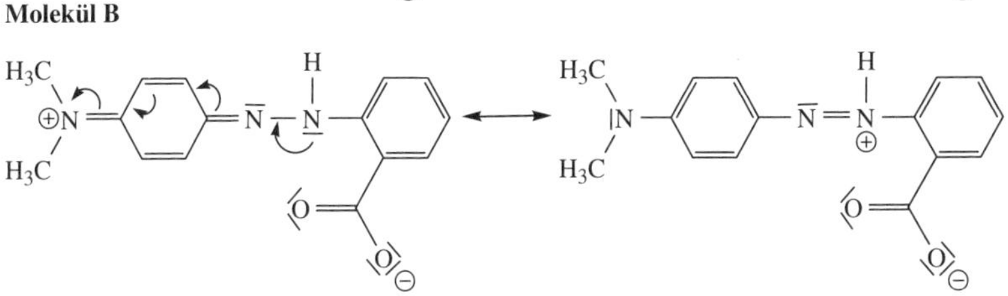

Die delokalisierten Elektronen im **Molekül B** benötigen weniger Anregungsenergie, um vom Grundzustand in einen angeregten Zustand überzugehen, als im Molekül A. Das kann daran begründet werden, dass sich bei Molekül B mehr Grenzstrukturen ohne Ladungstrennung formulieren lassen als bei Molekül A:

Aus diesem Grund absorbiert Molekül B im längerwelligen Bereich des Spektrums und entsprechend wird die **Kurve 2** der Strukturformel B zugeordnet.

4.2 Bei Methylrot handelt es sich um einen **Azofarbstoff** der durch die folgenden zwei Schritte hergestellt wird:

Diazotierung:

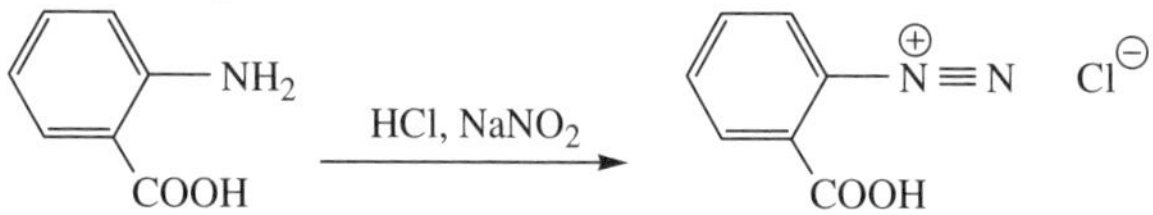

Azokupplung:

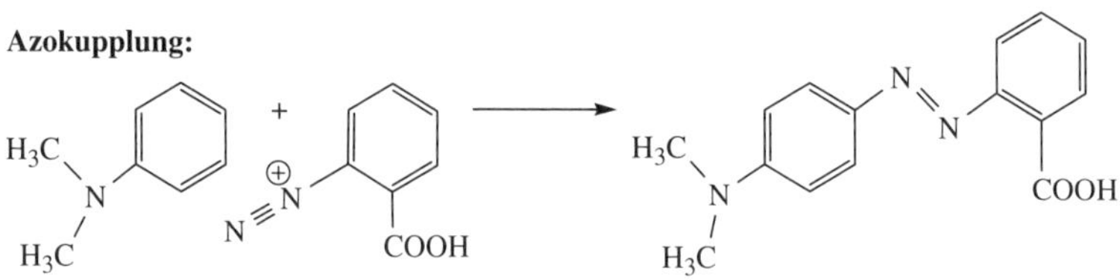

5 *Bei der Lösung der Aufgabe ist keine Strukturformel verlangt. Sie visualisiert aber natürlich die Beschreibung des Fettmoleküles und wird deshalb hier mit abgedruckt.*

Alle natürlich vorkommenden Fette sind **Triacylglyceride**, d. h. Tricarbonsäureester bei denen Propan-1,2,3-triol (Glycerin) mit drei langkettigen Carbonsäuren kondensiert. Die Carbonsäuren werden auch als Fettsäuren bezeichnet und sind bei allen natürlich vorkommenden Fetten geradzahlig. Enthalten sie Doppelbindungen (ungesättigte Fettsäuren), stehen die Substituenten an der Doppelbindung in Z-Konfiguration.

Der Aufbau eines typischen Fettmoleküls kann wie folgt dargestellt werden (R_1, R_2 und R_3 stellen die Fettsäurereste dar):

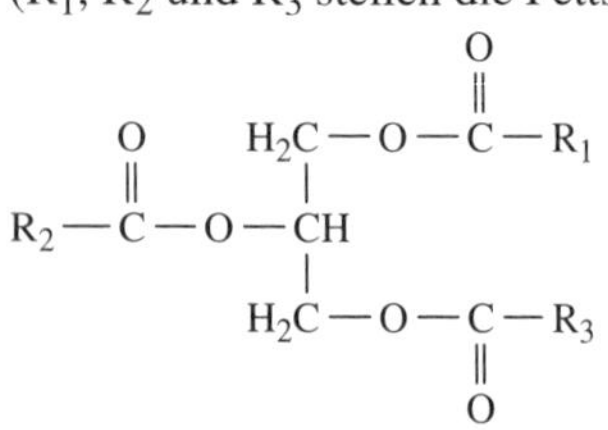

Abiturprüfung 2015 Chemie (Bayern G8)
Aufgabe C2: Diesel

BE

Der Verbrauch an Dieselkraftstoff liegt in Deutschland jährlich bei etwa 30 Millionen Tonnen. Damit ist Diesel der prozentual wichtigste Energieträger im Verkehrssektor.

1 Dieselkraftstoff wird im Wesentlichen durch fraktionierte Destillation aus fossilem Rohöl gewonnen und hat einen Siedebereich von ca. 170 °C bis 390 °C, da sich das Gemisch aus mehreren Hundert verschiedenen Verbindungen zusammensetzt. Tabelle 1 fasst die wesentlichen Substanzgruppen im Dieselkraftstoff zusammen:

Kohlenwasserstoffe (nach Gruppen gegliedert)	**typische Massenanteile in %**
Alkane (n- und i-Paraffine)	
– im Bereich C10 bis C25	30 bis 50
– im Bereich > C25	max. 0,5
Cycloalkane (Naphthene)	
– Monocyclische	10 bis 20
– Dicyclische	15 bis 25
Monoaromaten	
– C8-Aromaten (Dimethylbenzole, Ethylbenzol)	max. 0,2
– C9-Aromaten	max. 1
– sonstige (z. B. Indane)	max. 28
Diaromaten	
z. B. alkylierte Naphthaline und Biphenyle	0 bis 7
tri- und polycyclische Aromaten	0,7 bis 12

Tab. 1: Zusammensetzung von Dieselkraftstoff
(verändert nach: Dieselkraftstoff – Anforderungen, Qualität, Perspektiven. Aral, 4. Auflage Bochum: Mai 2010, www.fip.de/fileadmin/pdf_s/Aral-Dieselkraftstoff.pdf, zuletzt aufgerufen am 19. 11. 2014)

1.1 Die im Dieselkraftstoff enthaltenen Alkane und Aromaten reagieren unter unterschiedlichen Bedingungen mit Halogenen. Dabei finden in beiden Fällen Substitutionsreaktionen statt.
Erklären Sie den Begriff Substitutionsreaktion und formulieren Sie exemplarisch anhand je einer Verbindung des Dieselkraftstoffs eine Reaktionsgleichung für die Umsetzung von Chlor mit einem Alkan bzw. einem Aromaten! 7

1.2 Dieselkraftstoff enthält einen hohen Anteil an Indan.

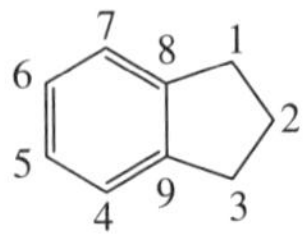

Abb. 1: Strukturformel von Indan

Beschreiben Sie die Molekülgeometrie des Indanmoleküls! 6

2 Pflanzenöle unterscheiden sich von mineralischem Dieselkraftstoff in wichtigen Kenngrößen, z. B. in der Viskosität. Sie können jedoch durch entsprechende chemische Prozesse in geeignete Kraftstoffe umgewandelt werden. Das Fettsäuremuster hierfür relevanter Öle ist in Tabelle 2 wiedergegeben.

	Rapsöl	Sonnenblumenöl	Olivenöl	Palmöl
Palmitinsäure (Hexadecansäure)	4,0	6,5	11,5	43,8
Palmitoleinsäure (Z-Hexadeca9-ensäure)	–	–	1,5	0,5
Stearinsäure (Octadecansäure)	1,5	5,0	2,5	5,0
Ölsäure (Z-Octadeca9-ensäure)	63,0	23,0	75,0	39,0
Linolsäure (Z,Z-Octadeca9,12diensäure)	20,0	63,0	7,5	10,0
Linolsäure (Z,Z,Z-Octadeca9,12,15triensäure)	9,0	< 0,5	1,0	0,2

Tab. 2: Fettsäuremuster verschiedener Öle (prozentuale Durchschnittswerte)
(verändert nach: B. Widmann, M. Kaltschmitt (Hrsg.): Energie aus Biomasse. Springer Verlag, Berlin, 2009, 2. Auflage)

2.1 Dieselkraftstoff enthält in Deutschland derzeit eine Beimischung von maximal 7 % Fettsäuremethylestern (Biodiesel). Biodiesel wird hierzulande vor allem aus Rapsöl hergestellt. Dabei wird das Öl mit Methanol zur Reaktion gebracht.
Formulieren Sie für die Umsetzung eines charakteristischen Fettmoleküls aus dem Rapsöl mit Methanol eine Strukturformelgleichung! 7

2.2 Ein alternatives Verfahren zur Gewinnung von Kraftstoffen aus Pflanzenölen läuft über die vollständige Hydrierung der Öle mit Wasserstoff. Hierbei werden alle im Fettmolekül vorhandenen Sauerstoffatome zu Wassermolekülen umgesetzt und die Kohlenstoffketten nicht gebrochen. Erklären Sie, weshalb bei der Hydrierung aller in der Tabelle genannten Öle stets ein Produktgemisch entsteht, das neben Wasser nur noch drei andere Stoffe enthält, und beurteilen Sie, welche dieser drei Stoffe dem mineralischem Dieselkraftstoff problemlos beigemischt werden können! 8

3 Um zu verhindern, dass steuerbegünstigtes Heizöl als Kraftstoff in Fahrzeugen verwendet wird, wird dieses mit dem Farbstoff Sudan I eingefärbt.

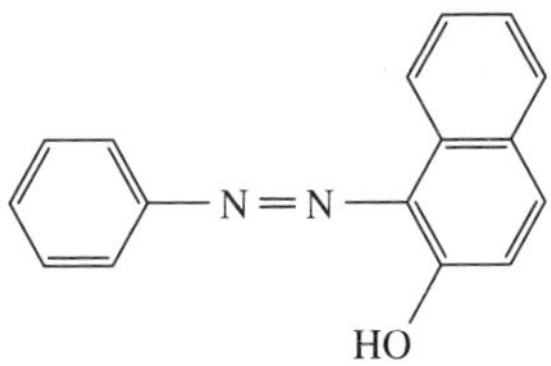

Abb. 2: Strukturformel von Sudan I

Begründen Sie die Farbigkeit dieser Verbindung unter Mitverwendung einer weiteren Grenzstrukturformel! 5

4 Bei der Verbrennung von Dieselkraftstoffen wird Kohlenstoffdioxid gebildet, das unter anderem für einen sinkenden pH-Wert des Meerwassers verantwortlich ist.

4.1 Kohlenstoffdioxid aus der Atmosphäre löst sich zunächst physikalisch im Wasser und reagiert dann zum Teil zu Kohlensäure (H_2CO_3). In einer weiteren Gleichgewichtsreaktion erfolgt die Umsetzung von Kohlensäuremolekülen mit Wassermolekülen.
Formulieren Sie für die beschriebenen Vorgänge Reaktionsgleichungen! 3

4.2 Eine Meerwasserprobe besitzt einen pH-Wert von pH = 8,33.
Berechnen Sie unter diesen Bedingungen das Konzentrationsverhältnis der Carbonat- und Hydrogencarbonat-Anionen! Der Einfluss des gelösten Kohlenstoffdioxids kann vernachlässigt werden. 4

40

Lösungsvorschläge

1.1 *Der Vergleich der Substitution am Aromaten mit der radikalischen Substitution bei Alkanen setzt Grundwissensinhalte aus der Jahrgangsstufe 10 voraus. Aufgrund der Formulierung „Reaktionsgleichungen" sind keine Mechanismen verlangt.*

Unter einer **Substitutionsreaktion** versteht man chemische Reaktionen, bei denen Atome durch ein anderes Atom oder eine funktionelle Gruppe ausgetauscht werden.

Beispiel für eine **radikalische Substitution:**

$$C_{10}H_{22} + Cl_2 \longrightarrow C_{10}H_{21}Cl + HCl$$

Beispiel für eine **elektrophile aromatische Substitution** mit Eisen(III)-chlorid als Katalysator:

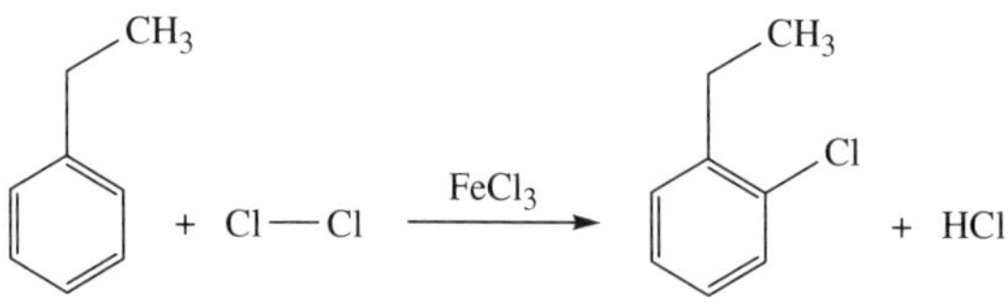

1.2 Der Bindungswinkel zwischen den C-Atomen 4–9 beträgt im Indan-Molekül genau 120°. Diese Atome bilden ein **aromatisches Ringsystem**, in dem die C-Atome und ihre zugehörigen Substituenten (4 H-Atome bzw. die C_1 und C_3) in einer Ebene liegen.
Der Bindungswinkel an den C-Atomen 1–3 beträgt 109°, d. h. jedes dieser C-Atome **tetraedrisch** von 4 Substituenten umgeben ist.

2.1 *Da die Aufgabenstellung ein charakteristisches Fettmolekül aus Rapsöl verlangt, muss man bei der Wahl der Fettsäurereste im Triacylglycerid beachten, dass diese auch in Rapsöl vorkommen. Hierbei hilft die Interpretation der Tabelle 2. Aus Gründen der Einfachheit ist es legitim ein homoacides Fettmolekül mit einem gesättigten Fettsäurerest (z. B. Palmitinsäure) zu wählen.*

Reaktionsgleichung für die Bildung eines Fettsäuremethylesters aus Rapsöl durch **Umesterung** mit Methanol:

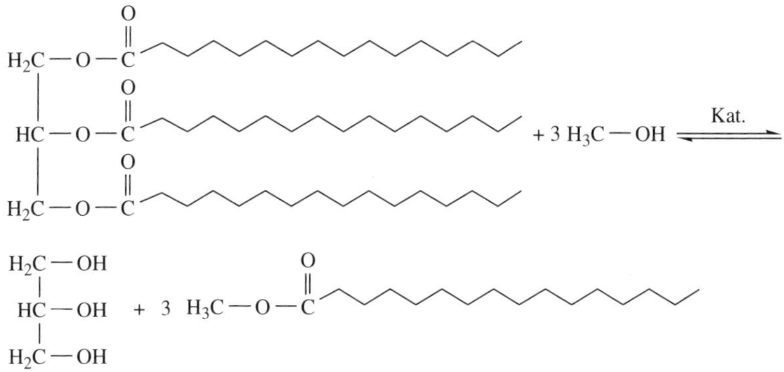

2.2 Wenn alle Sauerstoff-Atome in einem Fettmolekül mit elementarem Wasserstoff zu Wasser reagieren, werden die Esterbindungen zwischen dem Glycerin-Baustein (Propan-1,2,3-triol) und der Fettsäure aufgebrochen.
Aus Propan-1,2,3-triol und Wasserstoff entsteht dabei Propan und Wasser.

Die verbleibenden Fettsäuren haben alle entweder 16 oder 18 C-Atome. Ihre Carboxylgruppe wird genauso wie ihre Doppelbindungen durch Wasserstoff hydriert, sodass letztlich die langkettigen Alkane Hexadecan und Octadecan entstehen.

Für den Einsatz im Dieselkraftstoff eignet sich von den drei entstehenden Alkanen Propan auf Grund seines niedrigen Siedepunktes nicht. Die unpolaren Substanzen Hexadecan und Octadecan lösen sich dagegen gut in dem Dieselkraftstoff und können deshalb problemlos beigemischt werden.

3 *Eine einfache Variante eine weitere Grenzstrukturformel zu zeichnen, ist das „Verschieben" der Doppelbindungen in den aromatischen Ringsystemen. In der hier vorgestellten Antwort wird aber eine Variante gezeigt, die berücksichtigt, dass die Elektronen über das gesamte Molekül delokalisiert sind.*

Im Sudan I Molekül findet sich ein ausgedehntes System an **konjugierten Doppelbindungen**. Dieses Chromophor erstreckt sich praktisch über das gesamte Molekül. Zudem wirkt eine **auxochrome** Hydroxy-Gruppe auf das konjugierte Doppelbindungssystem ein. Dadurch lassen sich Elektronen durch Licht aus dem sichtbaren Bereich des Spektrums elektromagnetischer Wellen anregen und gehen vom Grund- in den angeregten Zustand über. Dieser Teil des sichtbaren Lichts wird dementsprechend absorbiert, während der verbleibende Anteil reflektiert wird und vom menschlichen Auge farbig wahrgenommen wird.

Eine von mehreren möglichen **mesomeren Grenzstrukturformeln** könnte folgendermaßen aussehen:

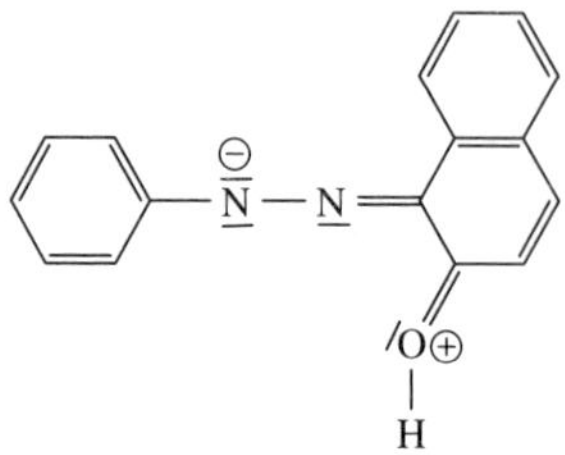

4.1 Reaktion von Kohlenstoffdioxid mit Wasser:

$$CO_2 + H_2O \rightleftharpoons H_2CO_3$$

Reaktion von Kohlensäure mit Wasser:

$$H_2CO_3 + H_2O \rightleftharpoons H_3O^+ + HCO_3^-$$

4.2 *Für die Lösung der Aufgabe muss die HENDERSON-HASSELBALCH-Gleichung verwendet werden. Diese und der pK_S- Wert der Hydrogencarbonat-Anionen sind in der Formelsammlung nachzuschlagen.*

Gegeben: pH = 8,33; $pK_S(HCO_3^-) = 10{,}33$

Gesucht: $\dfrac{c(CO_3^{2-})}{c(HCO_3^-)}$

Reaktionsgleichung:

$$HCO_3^- + H_2O \rightleftharpoons H_3O^+ + CO_3^{2-}$$

Berechnung:

$$pH = pK_S + \lg\left\{\frac{c(CO_3^{2-})}{c(HCO_3^-)}\right\}$$

$$\lg\left\{\frac{c(CO_3^{2-})}{c(HCO_3^-)}\right\} = pH - pK_S$$

$$= 8{,}33 - 10{,}33 = 2$$

$$\frac{c(CO_3^{2-})}{c(HCO_3^-)} = 10^{-2}$$

Die Carbonat- und Hydrogencarbonationen liegen unter den gegebenen Bedingungen im Verhältnis von **1 : 100** vor.